Innovationssysteme und Wohlstandsentwicklung in der Welt

Ordnungspolitische Dialoge

Herausgegeben von
Bernhard Seliger, Jüri Sepp und Ralph Wrobel

Band 4

PL ACADEMIC RESEARCH

Bernhard Seliger / Jüri Sepp / Ralph Wrobel (Hrsg.)

Innovationssysteme und Wohlstandsentwicklung in der Welt

PL ACADEMIC RESEARCH

Bibliografische Information der Deutschen Nationalbibliothek
Die Deutsche Nationalbibliothek verzeichnet diese Publikation in der DeutschenNationalbibliografie; detaillierte bibliografische Daten sind im Internet über http://dnb.d-nb.de abrufbar.

Gedruckt auf alterungsbeständigem,
säurefreiem Papier.

ISSN 1868-7989
ISBN 978-3-631-65024-0 (Print)
E-ISBN 978-3-653-03975-7 (E-Book)
DOI 10.3726/ 978-3-653-03975-7

PL Academic Research ist ein Imprint der Peter Lang GmbH.

Peter Lang – Frankfurt am Main · Bern · Bruxelles · New York ·
Oxford · Warszawa · Wien

Dieses Buch erscheint in einer Herausgeberreihe bei PL Academic Research und wurde vor Erscheinen peer reviewed.

www.peterlang.com

Vorwort

> „Wenn irgendjemand tatsächlich all das wüsste, das die ökonomische Theorie als „Daten" bezeichnet, so wäre Wettbewerb gewiss eine höchst verschwenderische Methode zur Herbeiführung einer Anpassung an diese Tatsachen. (...) Demgegenüber ist es nützlich, sich ins Gedächtnis zu rufen, dass überall dort, wo wir uns des Wettbewerbs bedienen, dies nur damit gerechtfertigt werden kann, dass wir die wesentlichen Umstände nicht kennen, die das Handeln der im Wettbewerb Stehenden bestimmen."
>
> Hayek (1968/ 2003, S. 107)

Die seit fünf Jahren andauernde Wirtschafts- und Finanzkrise in Europa hat nicht nur in zahlreichen europäischen Volkswirtschaften heftige Verwerfungen angerichtet, sondern auch in der wirtschaftspolitischen Debatte. Wer die vorherrschenden europäischen wirtschaftspolitischen Diskurse der vergangenen Jahre anschaut, könnte meinen, dass Wohlstandsentwicklung im Wesentlichen als Folge von wohlgemeinten, breitgestreuten und „mutigen", d.h. tiefgreifenden Staatseingriffen besteht. Egal, ob es um die Rettung von einzelnen Unternehmen geht, von Staaten, die Rettung des Klimas, oder die Bildungspolitik, staatlich gesetzte Zielmarken ersetzen Ergebnisse des Marktes, Teleologie ersetzt die Katallaxie, die spontan aus Wettbewerbsbeziehungen entstehende Ordnung. Die Einschränkung der wettbewerblichen Freiheit wird dabei hingenommen und meistens gar nicht thematisiert. Das kann aber nur dann zu zufriedenstellenden Ergebnissen führen, wenn man die schon das beste mögliche Ergebnis des Marktprozesses kennt und vorwegnehmen kann. Diese von Hayek zuerst im Rahmen der „*socialist economic calculation debate*" thematisierte Problematik ist letztlich das Grundproblem der staatlichen Innovationspolitik. Wie kann der Staat am besten Innovationen fördern, die er nicht kennt, nicht im Sinne eines stochastischen Risikos, sondern in Sinne der von Frank Knight definierten Ungewissheit, die eben nicht vorausberechenbar ist. Innovationen wiederum betreffen nicht nur Technologien oder Produkte, sondern im Wesentlichen auch die Institutionen der Gesellschaft selber. Welche Institutionen sich als „besser" (es wäre verfehlt, von optimal zu reden) herausstellen, ist eben selber nur in einem wettbewerblichen Entdeckungsverfahren herauszufinden. Europa muss derzeit – wieder einmal – schmerzlich lernen, dass in diesem Wettbewerb eben auch schlechtere Systeme identifiziert werden. Doch dies ist kein Grund, in Kulturpessismissmus zu verfallen. Deutschland selber, das noch vor einer Dekade als „kranker Mann Europas“ Schlusslicht beim Wachstum war, ist jetzt europäischer Wachstumsmotor und zeigt mit einer Arbeitslosenrate, die nur noch halb so hoch ist wie der europäische Durchschnitt, die Erfolge tiefgreifender ordnungspolitischer Reformen.

Dennoch ist die Euro-Krise auch für Deutschland zu einem großen ordnungspolitischen Problem geworden. Dies gilt zunächst für die untrennbar mit Europa verwobene gesamtwirtschaftliche Entwicklung. Die großen makroökonomischen Risiken gehen aber auch mit der weiteren Verwässerung ordnungspolitischer Grundprinzipien einher. Dies gilt für das strapazierte *„too big to fail“* Argument, das politisch interpretiert wird, nicht strikt finanzwirtschaftlich, und damit stark das Haftungsprinzip verwässert, mit einer Tonnenideologie, z.B. in der Bildungspolitik, und populistischen Lösungen durch direkte Staatseingriffe, wie etwa bei der geforderten europäischen Ratingagentur, die die gewünschten Rating-Ergebnisse bringen soll. Auslöser der Verwässerung der ordnungspolitischen Prinzipien ist dabei meist die Kritik, dass der Markt nicht die „richtigen“ Ergebnisse hervorbringt. Das Ziel der staatlichen Eingriffe ist es deshalb, Gerechtigkeit hervorzubringen im Sinne von Ergebnisgerechtigkeit. Dies ist allerdings ausdrücklich nicht das Ziel der Marktordnung als Katallaxie im Sinne von Hayek (1963). Diese will zwar eine Wohlfahrtssteigerung durch eine freiheitliche, wettbewerbliche Ordnung erreichen, diese ist aber legitimiert nicht durch ihre Ergebnisse, sondern durch die Befolgung allgemeiner Regeln. Dadurch kann sie den Zielen aller in ihrer Vielfältigkeit und sogar Gegensätzlichkeit dienen.

Diese Argumentation wird von den Befürwortern von Staatseingriffen in das Marktgeschehen zum Herstellen von sozialer Gerechtigkeit negiert. Dabei wird natürlich nicht Innovation als solche abgelehnt, für den technologischen Bereich wird sie sogar ausdrücklich gefordert. Auch die Organisation von Innovationssystemen durch den Staat ist mit einem Ansatz kompatibel, bei dem Staatseingriffe die Marktergebnisse korrigieren. Aber die Einschränkung der wettbewerblichen

Freiheit zum Zweck der Herstellung der sozialen Gerechtigkeit bedeutet eine Einschränkung der Möglichkeit, überhaupt innovativ tätig sein zu können. Dies gilt umso mehr für den gesellschaftspolitischen Wettbewerb als Grundlage von Wohlstandsentwicklung. Während einerseits die Globalisierung einen solchen Wettbewerb stark ausgeweitet hat, wird nun teilweise versucht, ihn und vor allem die Träger eines solchen Wettbewerbs, seien es Staaten, ausländische Firmen, Banken oder Finanzinstitute, als unethische Monster darzustellen.

Dennoch bleiben Innovationssysteme und Wohlstandsentwicklung unauflösbar miteinander verbunden. Staatliche Lenkung alleine wird weder Wachstum noch Innovationen bringen. Damit scheinen wir wieder am Anfang einer Debatte zu stehen, die die bahnbrechenden Beiträge der Ordnungspolitik seit Hayek eigentlich schon zu Ende geführt hatten. In diesem Band finden sich im Wesentlichen die Beiträge des 4. Ordnungspolitischen Dialogs, der vom 6. bis 8. Juni 2011 in Zwickau stattfand und sich mit Innovationssystemen und Wohlstandsentwicklung in der Welt befasste und bei dem Ingenieurwissenschaftler und Ökonomen, aber auch Historiker und Architekten gemeinsam über Innovationssysteme und ihre Auswirkungen auf die nationale wirtschaftliche Entwicklung diskutierten. Dieser interdisziplinäre Ansatz ermöglichte es, einen möglich eingefassten Innovationsbegriff zu verwenden, der technologische wie auch institutionelle Aspekte berücksichtigte.

Der erste Teil des Buchs befasst sich mit Innovationssystemen in der Sozialen Marktwirtschaft. Der Beitrag von Stefan Kolev stellt den Zusammenhang von Ordnungspolitik, Innovation und Nachhaltigkeit am Beispiel der aktuellen Wirtschafts- und Finanzkrise da. Dem kurzfristigen Denken, dass letztlich eine moderne Variante von Keynes‘ Primat der Kurzfristigkeit („in the long run we are all dead) sei, stellt er das Prinzip der intertemporalen Haftung entgegen, dass zu einer „Fristentransformation“ führe und politische, nachhaltige Alternativen für die Fiskal- und Geldpolitik aufzeige. Im zweiten Beitrag diskutiert Urmas Varblane die Möglichkeit institutionellen Lernens beim Transfer eines Innovationssystems am Fall von Estland und Finnland. Die Pfadabhängigkeit und der jeweilige technologische Stand eines Landes mache eine einfache Kopie unmöglich, dennoch werde diese oft angewandt und führe zu ungewünschten Ergebnissen. Die stärker werdende Konkurrenz aus den „emerging economies“ in Osteuropa, Lateinamerika und Ostasien führen dazu, dass die Innovationssysteme der europäischen Länder und der USA unter Druck geraten. Michael Nusser untersucht im Rahmen des Innovationssystem-Forschungsansatzes, welche Faktoren innovationsfördernd und innovationshemmend sind und welche Handlungsoptionen zur Stärkung der Leistungsfähigkeit von Innovationssystemen es gibt.

Aus Sicht von Firmen und Staaten gibt es neben eigener Forschung und Entwicklung verschiedene Wege, Innovationen zu adaptieren. Dabei wird die Internationalisierung sowie die Nutzung externen Wissens (z.B. durch Lizenzen oder Kooperationen) immer wichtiger. Martin Effelsberg analysiert in seinem Beitrag diese Entwicklung und diskutiert Politikmaßnahmen, die die nationale Absorptionsfähigkeit von Innovationen erhöhen können. Die Zusammenarbeit von staatlicher Innovationspolitik und der Forschung und Entwicklung einzelner Wirtschaftsakteure ist für die Gestaltung von Innovationspolitiken die wichtigste Variable. Janno Reiljan und Ingra Paltser untersuchen das Wechselspiel zwischen öffentlichem Sektor und privaten Unternehmen und die Konsequenzen, die das Eingreifen des Staates in Innovationspolitik hat. Dabei kommt dem Humankapital naturgemäß eine wichtige Rolle zu. Der letzte Beitrag im ersten Teil des Buches befasst sich mit der Operationalisierung des Begriffs Innovationssystem für den Fall einer kleinen offenen Volkswirtschaft, die sich in einem aufholenden Wachstumsprozess befindet. Am Beispiel Estlands stellen Dorel Tamm und Kadri Ukrainski die Co-Evolution von öffentlichem Sektor und privatem Sektor als Voraussetzung für erfolgreiche, aufholende Innovationspolitik dar.

Zu den größten aktuellen Herausforderungen für nationale Innovationssysteme gehören umwelt- und energiepolitische Fragen. Sie stehen im Mittelpunkt des zweiten Teils des Buches. Dabei wird deutlich, wie sehr sich wirtschaftspolitische Diskurse und konkrete Umsetzung von Maßnahmen ergänzen können. Im ersten Beitrag schreibt ein Architekt, Jörg Gerl, über ein konkretes Beispiel der Senkung von Energiekosten durch Wärmedämmung an Wohngebäuden. Es wird geschätzt, dass in Deutschland über 100 Millionen Tonnen des CO_2-

Ausstoßes auf schlecht gedämmte Wohngebäude zurückgeht. Die Wärmedämmung betrifft also klimapolitische, volkswirtschaftliche und betriebswirtschaftliche Aspekte. Vor dem Hintergrund knapper Ressourcen sollte das Ziel der Klimapolitik in der Etablierung eines möglichst effizienten Klimaschutzsystems bestehen. Dabei gilt der Emissionsrechtehandel in der volkswirtschaftlichen Theorie als effizientes Instrument zur Reduktion. Janina Jänsch untersucht das Problem, inwieweit natürliche und anthropogene Effekte bei der Kohlenstoffbindung in Senken und der Kohlenstofffreisetzung unterschieden werden können und welche Implikationen dies für ein neues Klimaabkommen hat.

Durch die Katastrophe von Fukushima im Frühjahr 2011 ist ein beschleunigter Atomausstieg in Deutschland beschlossen worden. Die Energiewende scheint aber bisher zu einer neuen staatlich gelenkten Energiepolitik zu führen, die durch regionale Monopole oder Oligopole und massive staatliche Eingriffe wie Subventionen und Regulierungen charakterisiert ist. Ralph Wrobel schlägt vor stattdessen ein marktwirtschaftliches Energiekonzept zu entwickeln, das auf der Marktordnung Walter Euckens beruht. Umweltpolitik und Klimapolitik nicht nur als zusätzlichen Kostenfaktor, sondern als Wachstumssektor zu sehen, ist das Ziel der „grünen Wachstumspolitik“, die zunächst so in Südkorea definiert wurde, von internationalen Organisationen (UNDP, UNEP, G 20) aufgegriffen wurde. Doch geht es um eine grüne Ordnungspolitik oder verbirgt sich dahinter nicht letztlich verschleierter Keynesianismus oder eine Neuauflage von paternalistischer, lenkender staatlicher Wirtschaftspolitik? Diese Fragen werden im Beitrag von Bernhard Seliger untersucht. Die Argumente gegen die Konsumgesellschaft und für nachhaltige Entwicklung reichen schon einige Jahrzehnte zurück. Doch wie kann nachhaltige Entwicklung erreicht werden? Joost Platje untersucht diese Frage mit Hilfe der neuen Institutionenökonomie. Er argumentiert, dass nachhaltige Entwicklung zu einem Clubgut wird, wenn das gegenwärtige technikzentrierte Wirtschaftsmodell aufrechterhalten werde und gleichzeitig der technologische Fortschritt zu langsam sei.

Innovationssysteme haben nicht nur eine nationale, wirtschaftspolitische Komponente, sondern auch eine strukturelle sowie sektorale Dimension. Der dritte Teil des Buchs untersucht Innovationssysteme in verschiedenen Sektoren. Zu den am meisten umstrittenen Regulierungen gehören die sogenannten „Ausnahmebereiche", die aus verschiedenen politischen und ökonomischen Gründen nicht-marktlich bzw. nur mit Staatseingriffen reguliert werden. Jüri Sepp untersucht am Beispiel des estnischen Postwesens Innovationen zwischen nationaler und europäischer Regulierung einen solchen Ausnahmebereich mit Hilfe normativer Regulierungstheorie. Trotz der Liberalisierung im Rahmen der EU hat es hier bisher kaum Impulse für stärkeren Wettbewerb gegeben. Das Internet ist ein neuer und noch weitgehend offener Regulierungsbereich. Justus Lenz hält die radikale Senkung von Kommunikationskosten und Informationsverarbeitung für den Auslöser eines neuen Transformationsschubs, der Wirtschaft, Gesellschaft und Politik verändert und so frühere institutionenökonomische Theorien teilweise herausfordert – etwa durch die Möglichkeit, auch heterogene Interessengruppen kostengünstig zusammenzubringen, die Olsons Analyse der Interessengruppen widerspricht - und neue Antworten in Wirtschaftspolitik und -theorie erfordert. Innovationen im Dienstleistungssektor spielen in modernen Volkswirtschaften eine besondere Rolle, weil der Dienstleistungssektor bei weitem der größte Sektor ist. Eine empirische Arbeit von Kärt Rõigas gleicht Innovationsdaten (in den Bereichen Produkt- und Prozessinnovationen, organisatorische Innovationen und Marketing) mit den Produktivitätsdaten in Estland von 2004 bis 2006 ab, gemessen an dem Mehrwert pro Beschäftigten. Rõigas findet durchweg positive Beziehungen zwischen den Variablen. Innovationen brauchen nicht nur geeignete ordnungspolitische Rahmenbedingungen, sondern auch ein geeignetes kulturelles Umfeld und nicht zuletzt Unternehmerpersönlichkeiten, die in diesem Umfeld agieren. Der Aufstieg der großen Marken aus Korea wie Hyundai oder Samsung ist durch einen solchen Mix ermöglicht worden, wie Chang-Jai Chun im letzten Beitrag des Bandes argumentiert. Gerade die Geschwindigkeit, mit der diese Firmen auf neue Anforderungen und Kundenwünsche reagierten, seien für diesen Aufstieg mitverantwortlich.

Die Bandbreite dieser Beiträge zeigt, welche ordnungspolitischen Herausforderungen es für Deutschland in den nächsten Jahren zu meistern gilt. Sie wurde wesentlich ermöglicht durch die freundliche Unterstützung der Universitas-Initiative der Hanns Martin Schleyer Stiftung und der Heinz Nixdorf Stiftung, die eine solche interdisziplinäre Kooperation wie bei den ordnungspolitischen Dialogen fördert. Auch die Förderung der Otto Wolff Stiftung war für das Erscheinen dieser Publikation sehr wichtig. Aber auch eine Vielzahl von einzelnen Personen ist zu danken, die es möglich gemacht haben, dass dieser Band nun erscheint. Wir danken neben den Autoren, welche die vielseitigen Beiträge für diesen Band erarbeitet haben, insbesondere Frau Antje Hübner und Herrn Benjamin März für die redaktionelle Bearbeitung der Manuskripte sowie Dina Preischkat im Büro der Hanns-Seidel-Stiftung in Seoul.

PD Dr. Bernhard Seliger, Seoul – Südkorea

Prof. Dr. Jüri Sepp, Tartu – Estland

Prof. Dr. Ralph M. Wrobel, Zwickau – Deutschland

Literatur

Hayek, Friedrich August (1963) „Arten der Ordnung" *Ordo* Bd. 14 (1963), S. 1-20.

Hayek, Friedrich August (2003) Der Wettbewerb als Entdeckungsverfahren (1968), in: Rechtsordnung und Handelsordnung, Aufsätze zur Ordnungs-ökonomik, Tübingen: Mohr Siebeck, S. 107-120.

Inhaltsverzeichnis

A) Innovationssysteme in der Sozialen Marktwirtschaft

Stefan Kolev

Wider die "Après nous le déluge"- Logik: Ordnungspolitik, Innovation und Nachhaltigkeit

1. Einleitung

Der öffentliche Diskurs über wirtschaftspolitische Zusammenhänge weist sicherlich viele Merkwürdigkeiten auf. Eine zentrale Besonderheit ist dabei der Umgang mit wissenschaftlichen Begriffen und die Transformation, die solche Begriffe erfahren. Es wäre nicht übertrieben zu behaupten, dass das Schicksal häufig eines ist, bei dem mehr oder weniger präzise definierte wissenschaftlich Termini im Laufe der Zeit zu politischen Schlagworten geradezu verkommen. So ist es der Sozialen Marktwirtschaft ergangen, dem Neoliberalismus und eben auch der Ordnungspolitik. Alle sprechen darüber und versuchen vom Kapital des Begriffes zu zehren, wenige sagen aber, was sie damit genau meinen. Dieser Beitrag nimmt sich also ein ambitioniertes Ziel vor, wenn im Mittelpunkt der Analyse drei Begriffe stehen, die von einer solchen Sinnentstellung bedroht sind: Ordnungspolitik, Innovation und Nachhaltigkeit bilden den Dreiklang des Papiers. Sie werden von zahlreichen Politikern, Intellektuellen sowie Journalisten aus allen Teilen der Zeitung verwendet und bilden einen wesentlichen Punkt des heutigen wirtschaftspolitischen Diskurses.

Wie kann man aber im theoretischen Sinne über sie und besonders über ihren Zusammenhang nachdenken? Die folgende Abbildung zeigt das Dreieck, in dem diese Begriffe thematisiert und ihre möglichen Beziehungen erörtert werden können.

Abb. 1: Mögliche Interdependenzen zwischen den drei zentralen Konzepten, Eigene Darstellung

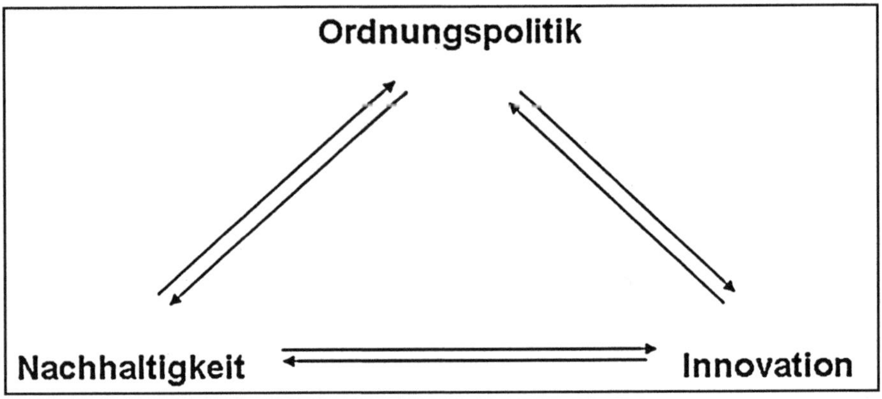

Wie kommt man aber dazu, drei so unterschiedlich gelagerte Konzepte überhaupt zueinander in Beziehung setzen zu wollen?

Wir leben in einer Krise, die bereits etliche Jahre dauert und bei der sich ein baldiges Ende nicht abzeichnet. Auch wenn Sozialwissenschaftler sehr wahrscheinlich lange benötigen werden, um alle Ursachen dieses Phänomens auszumachen und einen Konsens zu formulieren (was über die Große Depression noch nicht gelungen ist), sind bereits viele Erklärungsmuster im Umlauf. In diesem Beitrag wird eine Deutung gewählt, aus der sich die Verknüpfung der Konzepte Ordnungspolitik, Innovation und Nachhaltigkeit ergibt und die deshalb für die Argumentation von zentraler Bedeutung ist: Die Krise ist demnach eine Krise des kurzfristigen Denkens. Im Folgenden wird zunächst diese These erläutert, bevor anschließend überprüft wird, ob mittels der drei Konzepte eine „Fristentransformation" im Denken und Handeln hin zu einer längeren Frist möglich ist.

2. Die Krise als Krise des kurzfristigen Denkens

Wie bereits angesprochen, konkurrieren viele Deutungen um die Erklärungshoheit über die momentanen krisenhaften Phänomene. Die Gier der Banker, die Geldflut der Zentralbanker sowie die Ausgabefreudigkeit der Politiker sind nur einige Ansätze, die Schieflagen der vergangenen Jahrzehnte zu erfassen. „Der" Schuldige ist noch nicht ausgemacht, vielmehr handelt es sich um ein ganzes Orchester aus unterschiedlichsten Akteuren, deren interdependente Handlungen im Mittelpunkt des öffentlichen Verdachts stehen. Dieser Beitrag fokussiert seine Diagnose nicht auf einen einzelnen „Sündenbock", sondern auf eine Verhaltensweise, die fast alle der obigen Akteure gemeinsam zu haben scheinen: die Priorität der kurzen Frist.

Wenn der menschliche Erwartungshorizont im Sinne der klassischen Dreiteilung in kurz-, mittel- und langfristige Intervalle unterteilt wird, so ist jedem nicht nur aus den unterschiedlichen Sozialwissenschaften, sondern auch aus den eigenen täglichen Verhaltensroutinen klar, dass jeder diesen drei Zeitfenstern unterschiedliches Gewicht zumessen kann. Die Präferierung der Gegenwart bei einem Haushalt mündet in mehr Konsum, eine höhere Gewichtung der längeren Frist tendenziell zu mehr Konsumverzicht und damit Ersparnis. Mit solchen intertemporalen Aspekten menschlicher Handlungen beschäftigt sich die Wissenschaft, seit es eine Wissenschaft über das Individuum und seine sozialen Interaktionen gibt. Auch in der Ökonomik ist der intertemporale Charakter des Wirtschaftsprozesses seit Jahrhunderten ein wichtiger Topos der Theorieentwicklung, so steht er etwa bei den zahlreichen Debatten über Zins- und Kapitaltheorien stets an vorderster Stelle. Diese zu rekapitulieren, wäre hier der falsche Ort (vgl. Skousen (1990), S. 13-130). Jedenfalls kann es hilfreich sein, die unterschiedliche Gewichtung von kurzer und langer Frist einen Moment näher zu betrachten.

Die Ausgangsthese dieses Beitrages ist, dass das kurzfristige Denken in den letzten Jahrzehnten die politischen Prozesse dominierend geprägt hat. Politiker aller Couleur und aller Institutionen in der westlichen Welt zeichnen sich sehr oft dadurch aus, dass sie Politiken präferieren, deren Vorteile sich (häufig nur) in der kurzen Frist auswirken. Ausgerüstet mit dem Keynes'schen Ausspruch „In the long run we are all dead" (Keynes (1923), S. 80), dessen Logik Friedrich August von Hayek in die Nähe der bekannten französischen Faustregel „Après nous le déluge" rückte (vgl. Hayek (1941), S. 410), waren und sind sowohl die Fiskal- als auch die Geldpolitik der westlichen Welt maßgeblich von einer Kurzfristorientierung gekennzeichnet. Die keynesianische Fiskalpolitik betrieb, Keynes' Rat ignorierend, ein „deficit spending" nicht nur in konjunkturellen Schwächephasen, sondern fast ständig. Die Verschuldungsprobleme, mit denen die USA, die Eurozone und Japan zu kämpfen haben, sind das Ergebnis dieser Politik der dauerhaften Geschenke auf Kosten künftiger Generationen. Auch in der Geldpolitik dominiert bis heute in vielen Währungsräumen eine solche Perspektive. Unvergessen ist die Greenspan'sche Handlungsmaxime des „First things first" (Overtveldt (2009), S. 63), nach welcher der damalige Fed-Chef oft jede kleine Schwächephase des Zyklus mit Liquidität zuflutete und - von den Märkten als „Zauberer" bewundert - die Vorstellung weckte, dass das ohne Blasen auf den Vermögensmärkten und ohne Inflation auf dem Gütermarkt möglich ist. Ersteres wurde bereits durch die Ereignisse der letzten zehn Jahre mit äußerst schmerzvollen Folgen widerlegt, wie es mit Zweiterem bestellt ist, wird die nahe Zukunft zeigen.

Die zweite These ist, dass das kurzfristige Denken keinesfalls auf die Politik beschränkt ist, sondern dass es auch die Ökonomie im Allgemeinen und die Finanzmärkte im Besonderen vielfach beherrschte und immer noch beherrscht. Dass bei börsennotierten Unternehmen die Quartalszahlen im Mittelpunkt stehen, ist zwar verständlich, es besteht aber natürlich keine Garantie, dass aus denen die mittel- und langfristige Leistungsfähigkeit des Unternehmens ablesbar ist. Eine ausschließliche Fokussierung auf solche Zahlen wurde in den letzten Jahren ausführlich in der Governance-Literatur thematisiert und kann mikroökonomisch unterschiedlich gewertet werden. Interessant sind aber auch und vor allem die makroökonomischen Konsequenzen solcher Einstellungen, die erst in der gegenwärtigen Krise deutlich geworden sind. In der Presse liest man in den vergangenen Jahren wiederholt, dass „die Märkte" auf Zinssenkungen oder auf die verschiedenen Etappen des „Quantitative Easing" regelmäßig euphorisch reagieren bzw. abstürzen, wenn solche Schritte wider Erwarten nicht kommen. Ähnlich häufig ist zu lesen, dass Konjunkturprogramme bejubelt werden, während fiskalische Instrumente à la Schuldenbremse oder Fiskalpakt als „austerity" mit Skepsis registriert werden. Beides, das Herbeiwünschen von noch mehr billigem Geld von der Zentralbank bzw. von schuldenfinanzierten Ausgabenprogrammen, erweckt den Eindruck, dass sich die Märkte wohl an diese kurzfristigen „Wohltaten“ so sehr gewöhnt haben, dass ihr Entzug panikartig gefürchtet wird, obwohl bei Nichtaufgabe dieser Politik langfristig Inflation in Kombination mit Schuldenbergen sicher sind. „Verstehen Finanzmärkte Ordnungspolitik?“ (Wohlgemuth (2011)) ist also eine mehr als berechtigte Frage.

3. Ist eine Rückkehr zur Langfristorientierung möglich?

Sieht man sich mit dieser Phalanx aus Akteuren konfrontiert, die sich (bewusst oder unbewusst) ein extrem kurzfristiges Denken zu eigen machen, ist die Vorstellung eines anders gelagerten Verhaltens vielleicht illusorisch. Aber es lohnt sich, unterschiedliche Quellen auszumachen, die gegen die obige Logik sprechen und die, falls richtig kommuniziert, möglicherweise ein Umdenken bei einigen Akteuren bewirken können. Wie nun gezeigt werden soll, ist die Kurzfristigorientierung keineswegs „alternativlos“.

3.1 Ordnungspoltik

Aus der Krisenhaftigkeit der 1930er Jahre entstand nicht nur das Keynes'sche Denken, sondern - für die angelsächsische Welt zunächst etwas verborgen - auch der deutsche Ordoliberalismus. Gerade um dem wirtschaftspolitischen Chaos der späten Weimarer Republik und der NS-Zeit einen Gegenentwurf entgegenzusetzen, konzipierte die Freiburger Schule die Ordnungspolitik als eine Politik, die den Staat nicht der Passivität verschreibt, ihn aber gleichzeitig dem Interventionismus entreißen will. Wie dieser Staat beschrieben werden kann und was er genau unternehmen soll, darüber herrscht in der Freiburger Schule und ihrem Umfeld kein Konsens. Es lassen sich mindestens drei Leitbilder herausarbeiten, die man jeweils aus dem Werk von Walter Eucken, Friedrich August von Hayek und Wilhelm Röpke extrahieren kann. Hier sind die drei Bilder lediglich in kompakter Form wiedergeben und sollen nur als Inspiration dienen, ohne in allen Details erörtert werden zu können (vgl. Kolev (2011)).

Die zentrale Gemeinsamkeit zwischen den drei Autoren ist eine Figur, die sie sich zueigen machen und die für die Staatsverständnisse fundamental ist. Es handelt sich um das Modellieren der Ökonomie als Spiel. Liberal an diesem Konzept ist, dass die Spielzüge von den privaten Akteuren getätigt werden, ordoliberal daran ist, dass die Spielregeln die primäre Staatsaufgabe schlechthin sind. Diese Trennbarkeit von Spielzügen und Spielregeln ist etwas, was in der Ökonomik seit Adam Smith angelegt ist, allerdings in dieser Deutlichkeit erst nach der Großen Depression herausgearbeitet wird, und zwar neben Freiburg im Chicago der „Old Chicago"-Schule (vgl. Köhler/Kolev (2011)). Obwohl dieses Denken im „rule-of-law"-Paradigma der angelsächsischen Welt verwurzelt ist, fällt es vielen angelsächsischen Ökonomen schwer, seinen Kern zu erkennen. Obwohl Keynes für Hayeks „Road to Serfdom" voll des Lobes ist, kritisiert er gerade die darin enthaltenen ordoliberalen Ansätze als unscharf (vgl. Keynes (1944), S. 385-388)). Dieses Unverständnis gegenüber dem Denken in Ordnungen und den ihnen zugrundeliegenden Regeln zeigt sich bis heute: In der Phase schwachen Wirtschaftswachstums wurde das Denken in Ordnungen ausgerechnet als die zentrale Quelle mangelnder Anpassungsfähigkeit und Konkurrenzfähigkeit der deutschen Wirtschaft ausgemacht (vgl. Krugman (1999)).

Solchem ablehnenden Unverständnis kann möglicherweise begegnet werden, indem man greifbare Leitbilder anbietet, die den Kern der ordoliberalen Staatsverständnisse veranschaulichen und so den Mythos eines seltsamen deutschen Sonderweges ein Stück weit entzaubern. Euckens Staat lässt sich durch das Bild eines Schiedsrichters verdichten, der für die Einhaltung der langfristig angelegten Regeln des Spiels sorgt und außerdem Vermachtungen im Spiel verhindert, indem er den Wettbewerb schützt und fördert. Hayeks Staat ist etwas anders gelagert, er kann als Gärtner eines englischen Gartens beschrieben werden, der das spontane Wachstum der miteinander interagierenden Elemente des Gartens ermöglicht. Bei den Interaktionen handelt es sich um die Prozesse der interpersonellen und intertemporalen Wissensteilung, die für Hayeks katallaktisches Spiel der Ökonomie die zentrale Rolle spielen. Röpkes Spielverständnis ergänzt die ordoliberale Perspektive, indem er „unterhalb" des Spielfeldes blickt und die

Frage stellt, inwieweit das Fundament des Spielfeldes, auf dem die Privaten spielen und der Staat die Regeln setzt, überhaupt stabil ist. Da für ihn eine solche Stabilität nicht immer als gesichert angesehen werden kann, ist Röpkes Staat als Statiker zu sehen, der damit betraut ist, die Säulen der freiheitlichen Ordnung zu beaufsichtigen und zu stabilisieren, also Voraussetzungen auf individueller und interpersoneller Ebene - in Kooperation mit den privaten Akteuren - zu gewährleisten (vgl. Kolev (2012), S. 49-52).

Was haben diese Varianten des mit Ordnungspolitik betrauten Staates gemeinsam? Es ist mehr als nur die Spielregeln-Spielzüge-Metapher. Was den Ordoliberalismus im eigenen Selbstverständnis vom Interventionismus unterscheidet, ist die Vorstellung, dass ordoliberale Regelsetzung nicht nur nicht als freiheitsberaubende Intervention, sondern geradezu als freiheitsermögliche Grundlegung für die freiheitliche Ordnung zu sehen ist. Die Voraussetzung dabei ist, dass der Schiedsrichter-Gärtner-Statiker-Staat durch den allgemeinen Charakter seiner Regeln nicht einzelne Elemente bevorzugt und dass außerdem seine Regelsetzung langfristig angelegt ist. Ordnungspolitik ist bei Eucken konstituierend durch das Prinzip einer „Konstanz der Wirtschaftspolitik“ gekennzeichnet (vgl. Eucken (1952/2004), S. 285-289). Falls sich der Staat diesem Prinzip nicht anschließt und stattdessen eine „nervöse Unrast der Wirtschaftspolitik“ (Eucken (1952/2004), S. 288) an den Tag legt, werden die Unternehmer verunsichert und die relativen Preise der Ökonomie verzerrend destabilisiert, so dass sich die Investitionsneigung entscheidend abschwächt. Eine solche Investitionsschwäche ist für Eucken also - in expliziter Abgrenzung zu Keynes’ Diagnose - nicht das Ergebnis von Sättigung im Kapitalismus, sondern das Ergebnis einer interventionistischen Prozesspolitik.

Zusammenfassend kann man also festhalten, dass der ordoliberale Staat - anders als sein keynesianischer Konkurrent - nicht als der Generator des Wachstums in einer Ökonomie zu sehen ist. Das Wachstum speist sich für die Ordoliberalen aus dem Spiel der Privaten, während der Staat lediglich die Voraussetzungen zu schaffen hat, damit dieses Spiel des gegenseitigen Vorteils sich entfalten kann. Damit unter anderem Innovationen möglich sind, womit wir beim zweiten Element unseres Dreiklangs wären.

3.2 Innovationen

Ökonomisches Denken hat stets im Spannungsverhältnis zwischen Statik und Dynamik stattgefunden. Die Gleichgewichtigkeit ökonomischer Handlungen auf Märkten steht dabei auf der einen Seite, der ständige Wandel im Marktprozess auf der anderen. Diese beiden Perspektiven finden sich bereits bei Adam Smith, in dessen System die Anpassungsprozesse auf Märkten sowohl Richtung Gleichgewicht (im Sinne der Arbitrage) und auch weg von den Gleichgewichten führen können. Es sind bei Smith die einzelnen Unternehmer („speculative merchants“), die sich zwischen den Sektoren der Ökonomie bewegen, Chancen aufspüren, auf Märkten dazustoßen und sich wieder verabschieden, sobald die Gewinnmöglichkeiten des jeweiligen Marktes erneut durchschnittlich werden (vgl. Smith (1776/1976), S. 126-130). Joseph Alois Schumpeter hat die wohl bekannteste Unternehmer-Theorie dargelegt: Nachdem er sich in seiner Habilitationsschrift von 1908 mit der statischen Welt des allgemeinen Gleichgewichts auseinandergesetzt hat, widmet er sich in der drei Jahre später erschienenen „Theorie der wirtschaftlichen Entwicklung“ den verschiedenen Facetten unternehmerischer Betätigung. Von Schumpeter haben wir eines der meistzitiertesten Bilder in der Nationalökonomie, das der „schöpferischen Zerstörung“ (vgl. Schumpeter (1942/1976), S. 81-86). Etwas weniger heroisch ist die Marktprozesstheorie, die innerhalb der Österreichischen Schule (zu der Schumpeter traditionell nicht gezählt wird) entsteht. Bei Ludwig von Mises spielt der Unternehmer eine wesentliche Rolle, besonders wenn es um das Aufspüren und Nutzen der permanent vorhandenen Ungleichgewichte auf Märkten geht (vgl. Mises (1949/2007), S. 289-294). Friedrich August von Hayek thematisiert die dynamischen Kräfte des Wettbewerbsprozesses bei der Entdeckung und Nutzung von neuem bzw. von den Akteuren noch nicht verwendetem Wissen und bezeichnet den Wettbewerb deshalb als ein Entdeckungsverfahren von Wissen (vgl. Hayek (1969), S. 249-265).

Was ist das Ziel dieses theoriegeschichtlichen Exkurses? Die Unternehmerbilder darin divergieren zwar wesentlich, allerdings könnten auch zwei Gemeinsamkeiten ausgemacht werden. Innovationen sind erstens ein unverzichtbarer Bestandteil ökonomischer Dynamik und werden zweitens von privaten Akteuren erbracht. Diese wesentliche Quelle des Wachstums (an materiellen Werten und an Wissen) entsteht also im privaten Spiel und trägt dazu bei, dass in einem Prozess von Versuch und Irrtum neue Kombinationen an Produktionsfaktoren ausprobiert werden, von denen einige den Test der Konsumenten bestehen. Unternehmer - trotz der Unterschiede in den Auffassungen - sind als kaum wegzudenkender Treiber von Entwicklung und Innovation auf Märkten zu sehen.[1]

Innovationen brauchen Vorhersehbarkeit. Während die Invention das Ergebnis eines plötzlichen genialen Einfalls sein kann, ist die Verwertung dieser Invention - also die Innovation im ökonomischen Sinne - meist eine langwierige Angelegenheit. Sie geht sehr wahrscheinlich mit Investitionen einher, und aufwendige Investitionen werden nur getätigt, wenn auch die langfristigen Cashflows rechtlich gesichert sind. Damit Innovationen zustande kommen, ist für die Akteure demnach Planungssicherheit unverzichtbar: Ohne sie wird die Verwertung von Inventionen nur in den Fällen realisiert, in denen schon in der kurzen Frist so viel Ertrag erwartet werden kann, dass die entstandenen Kosten gedeckt wären. Während der Staat mit Milliardenbeträgen Forschung und Entwicklung zu fördern sucht, kann er gleichzeitig mit einer erratischen Wirtschaftspolitik ein Vielfaches an privater F&E-Tätigkeit verhindern. Ohne dass hier die Frage geklärt werden kann, ob der Staat solche Dynamik dauerhaft erzeugen kann, bleibt festzuhalten, dass er sehr wohl die Fähigkeit besitzt, Dynamik zu ersticken. Der ordoliberale Staat, der sich wie erläutert einer Konstanz der Wirtschaftspolitik verschreibt, kann in dieser Sicht auf Innovationen als

1 Dies gilt nicht nur im ökonomischen Kontext. Auch im politischen Prozess werden Innovationen benötigt, um die Problemlösungskapazität der Gesellschaft zu erhöhen. Diese können von politischen Unternehmern „oben" (im Sinne der repräsentativen Demokratie) oder von dezentralen Mechanismen „unten" (im Sinne einer aktiven Bürgergesellschaft) erwartet werden.

geeignetes Komplement zu privaten Innovationen und damit als Komplement zur privaten Dynamik betrachtet werden. Dynamik kommt hier nicht vom Staat, sondern aus der Tätigkeit der Unternehmer: Deren Handlungen werden - ganz im Sinne des Hayek'schen Gärtners eines englischen Gartens - durch einen prognostizierbaren Staat mittels allgemeiner und langfristig angelegter Regeln kultiviert, ohne dass sich der Staat das Wissen anmaßt, den einzelnen Unternehmer zu kontrollieren.

3.3 Nachhaltigkeit

Der dritte Begriff im Dreiklang des Papiers ist die Nachhaltigkeit, ein Begriff, um dessen Gebrauch im öffentlichen Raum eine besondere Inflation betrieben wird. Dass etwas „nachhaltig" ist, heißt heute häufig, dass es einfach gut ist. Somit hat der Begriff eine ähnliche Evolution durchlaufen wie der Begriff „sozial", durch den viele Beteiligte im öffentlichen Diskurs alle möglichen positiven Eigenschaften des zu beschreibenden Objekts kennzeichnen. Damit aber der Begriff der Nachhaltigkeit nicht dem Schicksal der Sinnentleerung wie im Falle des „sozial" anheimfällt, wird hier ein Definitionsversuch gewagt, der an die klassische Definition anknüpft und gleichzeitig den Versuch einer Operationalisierung für die Wirtschaftspolitik versucht.

Bekanntlich stammt der Begriff der Nachhaltigkeit aus der Forstwirtschaft, in der damit eine Bewirtschaftung gemeint wird, die trotz Nutzung des Waldes seine dauerhafte Existenz sichert. Der Fokus ist dabei eindeutig auf die lange Sicht gelegt, d.h. es handelt sich um eine Ausweitung oder Streckung des Erwartungshorizonts über die zu bedenkenden Konsequenzen. Da der Begriff über die Umweltbewegung in den politischen Gebrauch fand, wurde er zunächst als ein „linker" Begriff gesehen. Allerdings ist das sehr missverständlich. Genauso wie Umweltschutz auch ein konservatives und liberales Thema ist, ist das Thema der Nachhaltigkeit eines, welches für die politischen Richtungen übergreifend gilt. In seiner Ausrichtung auf die lange Frist fällt die Parallelität zum Konzept der Ordnungspolitik geradezu ins Auge, und so wurde bereits über eine „grüne Ordnungsökonomik" debattiert (vgl. Gerken/Schick (2000)). Dieser Beitrag versucht, eine Brücke zu jeweils einem Aspekt im Werk von Walter Eucken und Friedrich August von Hayek zu schlagen, um aufzuzeigen, auf welche Weise der Begriff in ihr Gedankengebäude passt.

Für Euckens Wettbewerbsordnung hat das Prinzip der Haftung eine geradezu elementare Rolle (vgl. Eucken (1952/2004), S. 279-285). Der Satz „Wer den Nutzen hat, muss auch den Schaden tragen" (Eucken (1952/2004), S. 279) macht den Kern dieses Prinzips aus, das in den der heutigen Krise vorausgegangenen Jahrzehnten nur zu häufig verletzt wurde (vgl. Kolev/Zweynert (2011)). Das Übernehmen der positiven und negativen Konsequenzen des eigenen Handelns kann zu einzelnen Zeitpunkten, aber auch im Zeitverlauf thematisiert werden, und mit Letzterem kommt die Nachhaltigkeit ins Spiel. Nachhaltigkeit kann als eine Art „intertemporale Haftung" gesehen werden, also als das Bestreben, eine intertemporale Äquivalenz beim Träger von Nutzen und Schaden herzustellen. Wer durch seine Handlungen kurzfristige Vorteile erwirbt, dies aber mit langfristigen Nachteilen einhergeht, sollte im Sinne der intertemporalen Haftung auch für Letztere aufkommen, statt sie unberücksichtigt zu lassen oder der Allgemeinheit anzulasten. Damit verbunden erscheint Euckens regulierendes Prinzip der Wirtschaftsrechnung (vgl. Eucken (1952/2004), S. 301-303), bei dem er (in heutiger Sprache ausgedrückt) das Problem externer Effekte thematisiert und deren Internalisierung erörtert, im Übrigen auch am Beispiel unnachhaltig wirtschaftender Waldbesitzer. Die Nachhaltigkeit kann also als Ergänzung von Euckens Prinzipien Haftung und Wirtschaftsrechnung gesehen werden, die diese Prinzipien aus dem statischen Kontext herauslöst und eine dynamische Perspektive auf sie bietet.

In Hayeks Werk kommt der Begriff der Nachhaltigkeit ebenfalls nicht explizit auf, aber es lassen sich durchaus Brücken bauen. Besonders naheliegend sind sie, wenn man sein Frühwerk auf dem Gebiet der Kapital- und Konjunkturtheorie betrachtet, die man heute auch Austrian Business Cycle Theory (ABCT) nennt. Im Kern dieser Theorie steht die Frage, inwieweit Kapitalbildung in den einzelnen Sektoren der Ökonomie dauerhaft zu einer höheren Produktivität beiträgt. Falls die Zinssätze durch die Politik der Zentralbanken und/oder der Geschäftsbanken unter den so genannten natürlichen Zins fallen, wird die

Illusion erzeugt, dass Kapital weniger knapp geworden ist, so dass in den besonders zinsempfindlichen Sektoren übermäßig viele Investitionen getätigt werden. Da diese Investitionen zunächst unfreiwillig auf Kosten der konsumnahen Sektoren gehen müssen, nennt sie Hayek „Zwangssparen", welches vom freiwilligen Sparen strikt zu unterscheiden ist (vgl. Hayek (1929/1976), S. 131-136). Die durch „Zwangssparen" zustande gekommenen übermäßigen Investitionen sind in der ABCT nicht dauerhaft aufrechtzuerhalten, da das Kapital in der Ökonomie nicht ausreicht, um proportional zu ihnen auch die konsumnäheren Sektoren aufzurüsten, so dass die Folge des mit Zwangssparen finanzierten Booms eine Krise sein muss. Heute würde man solche Fehlinvestitionen Blasen nennen, mit deren Platzen die USA sowie die Länder in Südeuropa momentan schwer zu kämpfen haben. Im Hinblick auf das Konzept der Nachhaltigkeit kann man Hayeks Unterscheidung zwischen freiwilligem Sparen und Zwangssparen sehr gut nutzen: Nur freiwillig gebildete Ersparnisse führen zu nachhaltig aufrechterhaltbaren Investitionen, da diese Investitionen mit tatsächlich vorhandenem Kapital hinterlegt sind, während die Prozesse des Zwangssparens diese Eigenschaft nicht aufweisen und langfristig zusammenbrechen müssen. Die Frage ist also, ähnlich wie bei Eucken, mit welchem Kalkül die wirtschaftlichen Handlungen - hier die Entscheidungen bezüglich Investitionsobjekte - getroffen werden und welcher Zeithorizont bei der Entscheidungsfindung bedacht wird. Hayeks zentrales konjunkturpolitisches Plädoyer besteht darin, den Staat dazu zu bewegen, durch seine Geldpolitik keine Anreize für unnachhaltiges Investitionsverhalten zu setzen, sondern vielmehr die Prozesse innerhalb des Kapitalstocks unverfälscht dem katallaktischen Spiel der Privaten zu überlassen.

4. Fazit und Ausblick: Der Dreiklang und die Krise

Bisher wurde in diesem Beitrag die These aufgestellt, dass die gegenwärtige Krise auch das Produkt einer omnipräsenten Kurzfristorientierung in Politik und Ökonomie ist, was zu der Frage führte, welche Konzepte einer solchen Orientierung entgegengestellt werden können. Dies geschieht keineswegs im Glauben an einen wie auch immer gearteten Paternalismus, bei dem der Autor besser als alle anderen weiß, welche Fristigkeit „die richtige" sei. Der Grund für das vorliegende Plädoyer für eine Fristentransformation ist die Kombination aus den Erfahrungen der Krise und der theoretischen Begründung durch die Ordnungsökonomik, denn sowohl die Empirie als auch die Theorie machen die Gefahren und Kosten einer myopischen Sicht auf Politik und Wirtschaft deutlich.

Wir leben seit einigen Jahren in einer Situation des wirtschaftspolitischen Ausnahmezustandes (vgl. Wohlgemuth (2009), S. 219-220), in der die Pluralität des ökonomischen Denkens wieder sichtbar geworden ist. Die Ordnungsökonomik hat dabei keinen leichten Stand, sind ihre universitären Positionen und Ressourcen doch größtenteils ausgetrocknet. Besteht eine berechtigte Hoffnung, dass dieser „altmodische" Ansatz einen Beitrag zu Diagnose und Therapie in der momentanen Krise bringt? „Eucken, der Eindruck drängt sich auf, ist tot" schrieb zwar Hajo Riese bereits Anfang der 1970er Jahre (Riese (1972), S. 32), aber nicht minder tot sind natürlich auch Smith, Marx, Keynes und Hayek. Trotzdem hat die momentane Krise einen neuen Hunger nach solchen Klassikern ökonomischen Denkens erzeugt. In diesem Beitrag war das Ziel, unterschiedliche argumentative Stränge aufzuzeigen, die deutlich machen, dass ökonomische Dynamik, wenn sie aus individuellen Innovationen entsteht und mit individuellen Ressourcen ausgestattet ist, sehr wohl nachhaltig sein kann. Der Staat wurde hierbei explizit nicht als Generator solcher Dynamik verstanden, denn die dem demokratischen Staat eigene kurzfristige Logik ist hierfür nicht hilfreich. Der Staat kann zur Langfristorientierung beitragen, wenn er durch Selbstbindungen glaubhaft signalisiert, dass er sich einer langfristig vorhersehbaren Ordnungspolitik verschrieben hat. Der Staat ist also kein Generator von Dynamik, im Gegenteil, er ist ein Stabilisator, der statische Gegenpart zum dynamischen Markt.

Keynes und Hayek waren lebenslange Rivalen um die bessere politische Ökonomie, ihre Debatten und deren Nachhall haben das ökonomische Denken des 20. Jahrhunderts ganz wesentlich geprägt (vgl. Wapshott (2011), S. 285-296). In einem Punkt waren sie sich aber einig: Es sind die Ideen, die über den künftigen Gang der Geschichte entscheiden. Die gegenwärtige Krise lässt hoffen, dass aus dem neuen

Hunger nach grundsätzlichen Debatten theoretische Innovationen hervorgehen, welche Krisen in Zukunft weniger wahrscheinlich und weniger tief werden lassen. Damit wir dabei nicht das Rad stets neu erfinden, wäre immer wieder ein Blick in die Geschichte des ökonomischen Denkens hilfreich. Dieser Beitrag widmete sich einem einzelnen Aspekt der Krisendiagnose und hofft damit, die vielen Probleme und die Nicht-Alternativlosigkeit kurzfristigen Denkens in der Wirtschaftspolitik aufgezeigt zu haben. Dieses Anliegen ist keineswegs neu. Einer der großen Ökonomen des 19. Jahrhunderts, Léon Walras, hat bereits den Satz geprägt, dass eine Ökonomie wünschenswert ist, in welcher die Priorität nicht auf das Pflanzen von Möhren, sondern auf das Pflanzen von Nussbäumen gelegt ist (zitiert nach Starbatty (2010), S. 24). Genau in diesem Sinne sind die vorliegenden Zeilen zu verstehen.

Literatur

Eucken, Walter (1952/2004) Grundsätze der Wirtschaftspolitik, 7. Auflage, Tübingen.

Gerken, Lüder / Gerhard Schick (Hrsg.) (2000) Grüne Ordnungsökonomik: Eine Option moderner Wirtschaftspolitik?, Marburg.

Hayek, Friedrich August von (1929/1976) Geldtheorie und Konjunkturtheorie, 2. Auflage, Salzburg.

Hayek, Friedrich August von (1941) The Pure Theory of Capital, Chicago.

Hayek, Friedrich August von (1969) Der Wettbewerb als Entdeckungsverfahren, in: Freiburger Studien, Tübingen, S. 249-265.

Keynes, John Maynard (1923) A Tract on Monetary Reform, London.

Keynes, John Maynard (1944) Letter to Professor F. A. Hayek, 28 June 1944, in: Vol. 27 of the Collected Writings of John Maynard Keynes, Cambridge, S. 385-388.

Köhler, Ekkehard / Stefan Kolev (2011) The Conjoint Quest for a Liberal Positive Program: “Old Chicago”, Freiburg and Hayek, HWWI Research Paper 109.

Kolev, Stefan (2011) Neoliberale Leitideen zum Staat. Die Rolle des Staates in der Wirtschaftspolitik im Werk von Walter Eucken, Friedrich August von Hayek, Ludwig von Mises und Wilhelm Röpke, Hamburg.

Kolev, Stefan (2012) Nicht wie viel Staat, sondern welcher Staat, in: Orientierungen zur Wirtschafts- und Gesellschaftspolitik 131 (1/2012), S. 48-52.

Kolev, Stefan / Joachim Zweynert (2011) Haftung, in: Hasse, R., H. Schneider, K. Weigelt (Hrsg.): Lexikon Soziale Marktwirtschaft, http://www.kas.de/wf/de/71.10198.

Krugman, Paul (1999) Why Germany Kant Kompete, in: Fortune vom 19. Juli 1999.

Overtveldt, Johan van (2009) Bernanke's Test. Ben Bernanke, Alan Greenspan and the Drama of the Central Banker, Chicago.

Riese, Hajo (1972) Ordnungsidee und Ordnungspolitik - Kritik einer wirtschaftspolitischen Konzeption, in: Kyklos 25/1, S. 24-48.

Schumpeter, Joseph Alois (1942/1976) Capitalism, Socialism and Democracy, 3. Auflage, New York.

Skousen, Mark (1990) The Structure of Production, New York.

Smith, Adam (1776/1976) An Inquiry into the Nature and Causes of the Wealth of Nations, Cannan-Ausgabe, Chicago.

Starbatty, Joachim (2010) Was macht die Wirtschaft menschlich? (2. Wilhelm-Röpke-Vorlesung), in: Rieter, Heinz / Joachim Zweynert (Hrsg.): Wort und Wirkung. Wilhelm Röpkes Bedeutung für die Gegenwart, 2. Auflage, Marburg.

Wapshott, Nicholas (2011) Keynes Hayek. The Clash that Defined Modern Economics, New York.

Wohlgemuth, Michael (2009) Die politische Ökonomie des Ausnahmezustandes, in: Wirtschaftsdienst 4/2009, S. 219-223.

Wohlgemuth, Michael (2011) Verstehen Finanzmärkte Ordnungspolitik?, Blogeintrag bei wirtschaftlichefreiheit.de vom 18. August 2011.

Urmas Varblane

National Innovation Systems – Can They Be Copied?

1. Short introduction into the national innovation system concept

Discussions about national innovation systems as an approach started from the desire to explain the differences between countries on the basis of capabilities, strategies and revealed performance. These differences seemed to be stable over time (Dosi 1999: 35–36). The notion of a national innovation system originates from Friedrich List, who developed the concept of the national system of political economy already in 1841 (Freeman 1997: 24). List tried to explain why there is a change in the countries dominating the world's economy. He explained this emphasizing the role of public-sector policy measures related particularly to learning and education to increase the knowledge of different technologies. He also emphasized the importance of learning from other developed countries.

The necessity to treat the innovation process systematically was again raised in the 1980s based on the understanding that most of the new knowledge needed for innovation did not come directly from universities or research institutions, but from a much wider range of sources: customers, production engineers etc. (see Lundvall et al.2002: 215). The need emerged to integrate different producers of new knowledge and their relationships, networks and rules into a holistic approach. This was realised in the form of the concept of the national innovation system (NIS), presented in parallel by C. Freeman (1982) and B-A. Lundvall (1985). NIS consists of three components: 1) institutions; 2) actors, networks; 3) knowledge, technologies. Based on those principles, an innovation system was defined as "the elements and relationships which interact in the production, diffusion and use of new, and economically-useful, knowledge". Lundvall (1992:2)

Soon after seminal publications, the national innovation system approach became widespread and studied by several researchers resulting in a high number of definitions of NIS differing from each other in terms of the scope of the study. These definitions can be divided into two groups – narrow and broad definitions. Narrow definitions like R. Nelson's are similar to a triple helix approach – including links between research institutions, firms and government in the area of R&D efforts. Broader definitions like B.A.Lundvall's define the national innovation system as also including interactive learning, tacit knowledge, economic and political freedoms, norms, culture and so on, besides formal R&D. (Johnson et al 2003: 4, 13).

Figure 1: Broad and narrow definitions of the national innovation system (composed by D. Tamm and U. Varblane)

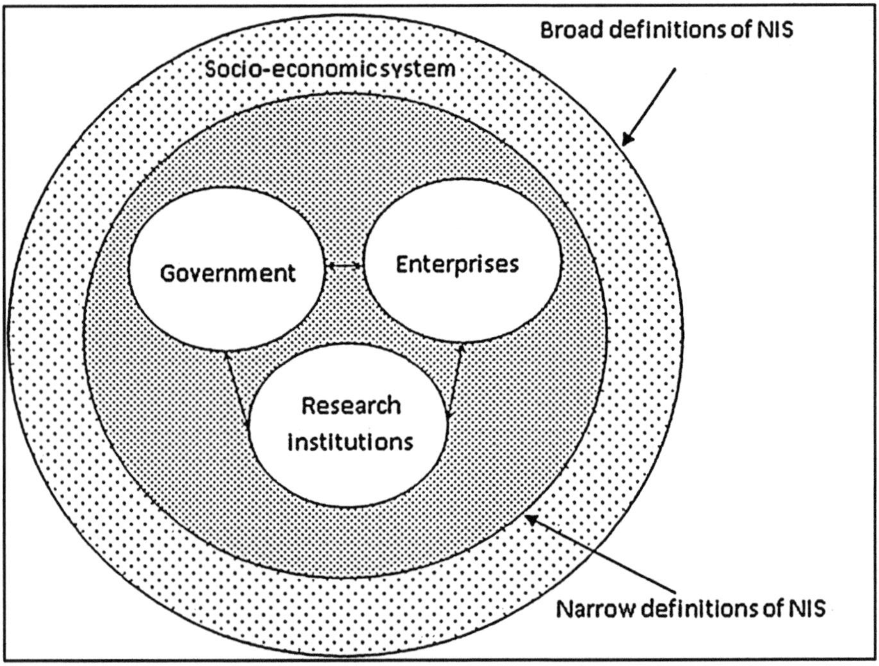

At the same time researchers using a narrow definition usually do not reject the wider institutional environment. They refer to those institutions as the "rules of the game". (Smith 2000: 77) In general the narrow definition takes into account the organizations directly involved in searching, exploring, acquiring and diffusing knowledge, while broader definitions also considers the broader socio-economic system surrounding organizations – all aspects of the external environment influencing learning, searching and exploring activities (Freeman 2002: 194, Smith 2000: 76) (see Figure 1). The socio-economic system includes different sub-systems like politics, religion, science, technology, culture and entrepreneurship. Thus in broader view NIS intersects with other systems and comprises parts of: 1) the economic systems including firms with a wide variety of innovative behaviours; 2) the education- and research systems, and; 3) the political systems, which are responsible for the innovation policy and its institutions and rules. It is important that these sub-systems are in accordance with each other to facilitate the innovation process effectively. (Freeman 2002: 195) At the same time, even broader definitions of IS do not mention explicitly the importance of international links – links with foreign organizations, systems and institutions.

2. Optimality issue of national innovation systems – why copying national innovation system is not a good idea?

The innovation system approach is based on the understanding that innovation processes are evolutionary, which means that they are path dependent over time and it is not clear even to the actors involved - what the end-result is going to be, i.e. which path will be taken (see Edquist, 2001). The system never achieves an equilibrium and in the framework of innovation system is not used the notion of optimality. Due to the complexity of the national innovation systems it is extremely difficult to create a single best instrument or an ideal strategy for the production of innovations.

Among the cornerstones of the national innovation system approach is the understanding that does not exist one optimal system for all countries (Edquist 1997; Metcalfe 1998). Each country has its own technological, cultural, social, political etc. development path, which influences the choice and implementation methods of different policies. Therefore common problem in the building up of national innovation systems could be the path-dependency. Path-dependence processes are characterized as phenomena whose outcomes can only be understood as part of a historical process. But those outcomes are not necessarily optimal, which means that no single ideal national innovation system exists, which would suit nations with different socio-economic, political and cultural development paths. Many researchers believe that a large part of the inefficiencies and ineffectiveness of national innovation systems may be related to the path-dependence and lock-in situations, such as characterized by evolutionary and historical economics (Nelson 1993). Consequently the well-functioning innovation system could be also understood as "smart innovation system" as it takes into consideration specificity of the country and considers the system as a whole.

Historically the theory of national innovation systems was created based on the experience of high-income countries with a strong knowledge base, long-lasting continuous market economy experience, well-functioning markets, long-developed stable institutional framework and a very good infrastructure to support innovation activities. Primarily due to path dependency innovation systems created in those high income countries cannot be automatically transplanted into medium or low-income countries, where the knowledge base is narrower, the infrastructure is less developed and the institutional framework is different and weaker.

Therefore is proposed that lower- income economies should use late-comer advantage, concept first described by the economic historian A.Gerschenkron (1962). He argued that late-comer firms have several advantages against firms from the front running countries. They could acquire and use new knowledge and innovations produced by the frontrunner economies at much lower costs by transfer agreements, inward investment and the recruitment of skilled people and skip certain stages in the trajectories of technological development. In addition the leading firms and countries had already created a growing world market so that the catch-up firms did not have to face all the uncertainties, costs and difficulties of opening up entirely new markets (detailed analyses in Freeman 2002).

But Abramowitz (1994) pointed also to the weaknesses in A. Gerschrenkron's catch-up theory suggesting that the exploitation of the late-comer advantage is not an automatic process. He proposed that the differences in the countries' abilities to exploit this potential might be explained with the help of two concepts: technological congruence and social capability. The first concept signified the degree to which the leader and the follower country resemble in areas such as market size, factor supply, etc. The second concept points to the capabilities that the developing countries have to acquire in order to catch up, especially the improvement of education and business infrastructure (UNIDO 2005). Bell and Pavitt (1997) indicated that it is not sufficient for late-comers to simply install large new plants with foreign technology, but they need a capacity to absorb the new technology, which necessitates serious attention to the development of human capital stock. That requires wide implementation of active learning policies. Further C. Freeman (2002) linked the findings of Abramovitz about technological congruence and social capability with the ability to make institutional changes. He expressed it as follows: „The huge divergence in growth rates which is so obvious a feature of long-term economic growth over the past two centuries must be attributed in large measure to the presence or absence of social capability for institutional change, and especially for those types of institutional change which facilitate and stimulate a high rate of technical change, i.e. innovation systems" (Freeman 2002:191-211).

Hence the latecomers need a properly working innovation system with the wide use of active learning policies. It requires the creation and development of policy capacities. Painter and Pierre (2005:2-4) further unpack policy capacities distinguishing state, policy and administrative capacities. The broadest concept is state capacity, which means achieving appropriate outcomes e.g. sustainable economic development and welfare. Policy capacity refers to the ability to make intelligent policy choices (based on values like coherence, credibility, decisiveness etc.). Administrative capacity refers to effective resource management (based on values like efficiency, responsibility, probity, equity). In short the effective public policy is a combination of three capacities – the administrative capacity helps to manage effectively resources, policy capacity enables to make intelligent choices and state capacity provides with appropriate outcomes.

Figure 2: What is needed for late-comer economies in order to learn from national innovation systems of high income countries?

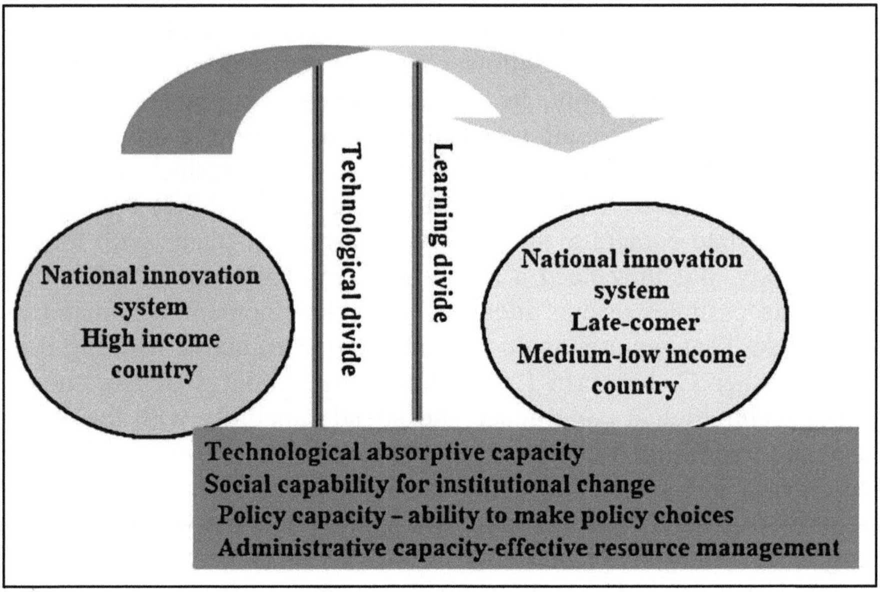

Hence summarising the discussion above late-comer countries should develop wide range of capacities in order to be able to use their late-comer advantage to establish well-functioning innovation systems and achieve dynamic development (see Figure 2). Recent developments in East-Asia have clearly indicated what an important role is played by the institutional changes. Those countries have successfully introduced the mechanisms of the necessary institutional change required for bridging the "learning divide" or the "technological divide" (Arocena and Sutz 2003).

3. How to explain the copying phenomena in the building of national innovation systems in Central Eastern Europe?

But reality is rather different. Our analysis of the experience in building national innovation systems in the EU new member states suggests an existing widespread confusion on how to apply a national system approach. Applications of national innovation systems in new EU member states are characterised by strong belief in the linear innovation model; lack of more interactive innovation models; confrontation between high-tech and traditional industries; insufficient and limited use of the foreign direct investments as knowledge transfer mechanism; lack of social capital and network failure, and; weak innovation diffusion system and low motivation to learn in the society (discussion in Varblane et al, 2007).

Oversimplification about the importance of the development of science-intensive industries prevails in NMS. In their strategic documents the major focus has been on the creation of new high-technology industries – biotechnology, materials technology and ICT. The policy makers tend to believe that growing expenditures into those high-technology industries will automatically help to generate competitiveness and wealth. But overlooked remains the question how those expenditures into high-technologies could be translated into the new business ideas, emerging firms and structural change of their economies. Widely spread misunderstanding in the innovation and research policy documents of the EU new members is the conclusion that bio-, nano and information technologies should be supported as independent sectors of economy, which are the major sources of future growth. The understanding that those are only high-technologies, which need to be combined with the traditional industries and services in order to benefit and create knowledge intensive economies are rare. Already the classification of economic sectors in so called low and high technology sectors can have unintended consequences. Once a sector is classified as "high-tech", it will colour the beliefs of decision makers, who may automatically assume that all firms in a high-tech sector are highly innovative and that the innovations will have only beneficial effects, whereas potential negative effects are not even discussed. This may be summarised as the high technology bias, which manifests itself in the form of mismatch between R&D and education policies on the one hand and industry needs on the other.

New member states also have often set overambitious targets – the best example is the 3 % ratio of R&D expenditures from their GDP in near future. Their economic structure simply is not supporting its obtaining and does need different type of investments in encouraging functioning of their national innovation systems. Instead unrealistically high targets of R&D expenditures the critical issue is how to combine innovation, education, competition, FDI and other policies in order to create environment, which produces change in the economic structure. This leads also to the growth of research and development expenditures from their GDP afterwards.

In short new EU member states governments often fall into the trap of policy imitation without analysis. Perfectly applicable is warning "In many countries, policy makers are simply doing similar things to what has been done previously in other countries (or in the same country)" (Edquist, 2001: 19). Approach used by NMS governments toward the building of their national innovation systems often does not consider specificity of countries (path dependency, existing capacity and network failures). The examples are the many national technology programmes in the fields of information technology, new materials and biotechnology. They are almost identical across countries; the variations in the national characteristics between countries are often not taken into account.

Why this unreflexible copying of recommendations happened among policy makers in Central and Eastern Europe? In the beginning of transition process the governments where faced with serious macroeconomic problems and their major political attention was given to the stabilisation process. The relative importance of systemic development of innovation policies was extremely low. Country specific approach toward solving economic problems was almost unused by governments in CEE. This attitude was even more emphasized with the creation of "Washington consensus" [1] by IMF which gave very simplistic recommendations about policy making. The Washington Consensus assumed that all countries face fundamentally similar problems (be it in Eastern Europe or Latin America) and hence also recommendations to face those issues could be similar. This rather simplistic set of restructuring recommendations contained privatization, liberalisa-

[1] J.Williamson originally developed the phrase in 1990 "to refer to the lowest common denominator of policy advice being addressed by the Washington-based institutions to Latin American countries as of 1989." (Williamson, 2000)

tion of trade and inflows of foreign direct investments, deregulation, tax reform and fiscal discipline as its main elements.

Central and Eastern European countries followed those recommendations with remarkable discipline. Their Washington Consensus inspired policies replaced actual capacity building; the market was seen as the producer of priorities. It took away the burden of domestic capacity building and evaluation and replaced it with a set of universal policies. This is the direct opposite of the previous development consensus. (see details in Karo, Kattel, 2010: 175 -176). The outcome was even worse as Washington Consensus inspired policies were equalised by majority of Central and Eastern European countries with the innovation policy measures. In fact there were no other policy initiatives during the 1990s which could be called as innovation and industrial policies. The whole capacity building of policy making was directed towards macro-economic competencies (at central banks, ministries of finance etc.). In 2001 T.Mickiewicz and S.Radosevic concluded: „In the past 10 years innovation policy was considered as secondary to transition-related concerns. " (Mickiewicz, Radosevic, 2001:10)

As Central and Eastern European countries followed by large no innovation policies also the institution building for the innovation systems virtually did not exist. In NMS a rather simplistic understanding about the role of innovation in the society was widely spread, not only among politicians, but also among government officials responsible for developing the national innovation system. The main logic (or hope) was by delivering economic stability oriented policies which must help to attract foreign direct investments. Those were seen as the major technology and knowledge transfer instruments, which will deliver the real restructuring and replacement old Soviet type industry. Washington Consensus influence revealed in the widely spread understanding that market demand delivers economic restructuring and along with it creates also a need and direction for innovation-system reform (R&D, education systems, labour policy, etc.). (Karo, Kattel, 2010)

By the end of 1990's the CEE countries started to negotiate about future joining with the European Union and this process activated policy making process in those countries. Suddenly policy makers in CEE were told by EU officials that your indicators about innovation, first of all research and development expenditures, are very low. It created temptation of CEE policy makers to follow those recommendations (like before Washington Consensus) launch similar innovation system and apply also similar targets. In short CEE catch up economies fall into the trap of policy imitation without analysis.

4. Copying paradox in the designing of Estonian national innovation system

After the regaining of its independence in 1992 Estonia faced typical problems of ex-soviet economy in the process of building market based economy – liberalisation of markets, privatisation state owned firms and stabilisation financial market. Therefore during the first half of 1990's the problems of building national innovation system were not in agenda for Estonian policy makers. They moved ahead without having defined innovation policy and one could define Estonian innovation policy as „no-policy policy" (term proposed by Kalvet et al., 2002).

But in the second half of 1990's awareness about the need for the systemic approach toward innovation spilled slowly from the neighbouring Finland over to Estonia. Already during the Soviet period Estonians tried to use their closeness to the Scandinavian countries, first of all Finland, in order to learn about the principles of market economy, new trends in technologies etc. Estonian policy makers, for above mentioned reasons started to compare their country to their Nordic neighbours also in the field of research and innovation policies. Finland was used as the role model for the systemic approach toward innovation as it has been among the first countries in the world declaring that they build their society using national system of innovation approach. In addition massive inflow of Finnish foreign direct investments into Estonian economy created strong firm level cooperation between Estonia and Finland. Historically close links between Finnish and Estonian universities also facilitated this process.

Late 1990s based on the Finnish model two important documents about the Estonian innovation policy were prepared: The Estonian State Innovation Programme (approved in 1998) and the National Development Plan for the years 2000–2002 (1999), but unfortunately none of these were actually implemented. The major reason was reluctance of allocation of resources to the fulfilling objectives defined in those plans (see detailed analyses in Tiits et al., 2003). Simply speaking the policy makers applied wishful thinking and forgot the differences in the starting positions of Estonia and Finland. In order to provide some insights how deep was the gap between those two countries following Table 1 is constructed with some key indicators about economic development, funding of research and development and higher education.

Table 1: Estonia and Finland compared by some indicators of economic development and funding of research and development and higher education in 1995

Indicators	Finland	Estonia	Estonian level from the Finnish (in %)
GDP per capita in Purchasing Power Standards from EU-27 average (%)	108	36	33
Labour productivity in industry per employee (1000 EUR)	53.5	3.9	7.3
Gross research and development expenditures from GDP (%)	2.26	0.58	25.7
Business research and development expenditures from GDP (%)	1.43	0.08	7.7
Research and development expenditures per full time researchers in higher education (EUR)	71656	9840	13.7
Patents (total EPO filings)	717	3	0.4
Total researchers (full time)	20857	2978*	14.3
Business enterprise researchers	10378	291*	2.8

*Earliest available data from 1998 used by Estonia

Nonetheless, Estonia defined its research and development (R&D) strategy in a document, "Knowledge-based Estonia: Estonian Research and Development Strategy 2002-2006", passed by Estonian parliament end of 2001. The document established a very ambitious goal – to increase the share of R&D expenditures to 1.5% of the GDP by 2006. It also defined three key areas of R&D activities in Estonia: user-friendly information technologies and development of the information society, biomedicine and material technologies. Ironically enough list of Estonian priority technologies was proposed after statement - "no small nation can manage to be successful in all areas of RD&I or to solve all RD&I problems simultaneously". (p.19 Knowledge based 2002-2006.) The proposed actual list of key technologies mirrors the list in Finland and many other highly developed economies and did not considered the real structures of Estonian industry with its dominance of less R&D intensive sectors, which are not likely to change overnight. (Koch et al, 2007).

Still the positive was that the new strategy document outlined the role of state to tackle with different market and other failures and should act as an investor, catalyst and regulator. But due to its political nature, the document was full of value statements and did not provided specific action plan. But without properly functioning public policy instruments, the document remains just a document (Kalvet, 2001:34-35). In short by building this strategy Finland was used as the model for copying, but in reality policy makers were able to copy only tiny fraction of Finnish national innovation system - very linear approach, were expenditures on research and development were seen as the main aim and three key technologies. Unfortunately the whole system of learning aspect of Finnish NIS was not copied - attention was not given to the development of the system of absorption and diffusion of knowledge produced in the world. Estonia is so small country that even in case of increasing its relative R&D expenditures to the level of world leading countries the domestic research potential is extremely limited. It could not alone solve the problems of upgrading the technological capability and productivity of Estonian main economic sectors. Consequently the success of Estonian economy depends heavily on the capability and willingness of firms to search, adapt, utilise knowledge produced outside Estonia (see also Varblane et al, 2007).

Unrealistically high targets set in "Knowledge-based Estonia: Estonian Research and Development Strategy 2002-2006" remained again unfilled. Expenditures on research and development were by far below the targets. Planned by the strategy launching of national programmes in key technologies was also not achieved. But instead analysing reasons why target could not be met a new strategy document was quickly prepared Estonian Research and Development and Innovation Strategy 2007-2013 "Knowledge-based Estonia" (often referred as Knowledge-based Estonia II), which proposed even more ambitious aims: "the target of 3% of GDP expenditures on research and development, as agreed in the Lisbon strategy, is planned to be achieved by 2014" (p. 15 KBE II). It foresees also to double Estonian GDP by 2014, increase productivity by 80% of EU average level etc. In setting such a high targets document often refers to Finland as the model country, which invested in 2004 already 3.51% of GDP in research and development.

Now specifically after the serious economic crises becomes clear that targets set in the Knowledge-based Estonia II strategy remain unfilled too. Following Figure 3 is presenting the actual and planned levels of expenditures of research and development in Estonia 1995-2015. First line about the planned level of gross research and development expenditures (GERD) is derived from the "Knowledge-based Estonia: Estonian Research and Development Strategy 2002-2006" and second from the Knowledge-based Estonia II.

Figure 3: The planned and actual expenditures on research and development in Estonia 1998-2014 (% from GDP)

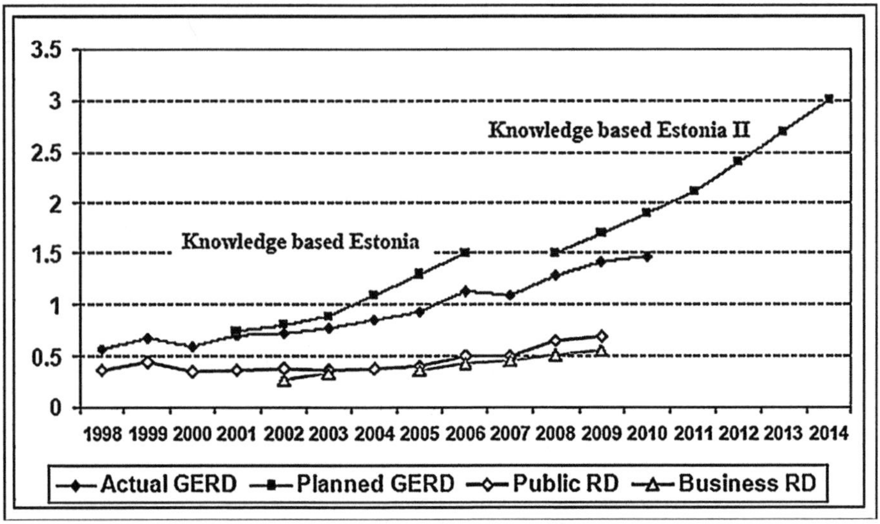

But one should raise a question - why this 3% objective in so near future makes sense in an Estonian context. Knowledge-based Estonia II strategy reveals serious misunderstanding of policy-makers about the mechanistic relationship between increased R&D spending and higher per capita GDP. The proposed rapid increase of R&D expenditures up to the proposed level of 3% in 2013 without significant reforms in the structure of R&D spending would be waste of resources. Experience of Finland, Ireland and Korea revealed that increased R&D spending and GDP per capita goes together with the growing share of private sector R&D. It means that private sector should be involved into this process, but it means that innovation policy should not be limited to promoting only R&D. Important is to keep in mind that this is input target – expenditures, which say very little about how efficiently those expenditures will be made. If not accompanied by sensible policy measures, there is also the risk of spending money not wisely, which is clearly not to the needs of the Estonian innovation system (see Koch et al, 2007).

Instead of talking about unrealistically high level of R&D expenditures Estonian innovation system should address the issue how firms obtain skills to search, understand, use and adapt the knowledge. Estonian firms are in general small and therefore mechanism about the awareness of available innovations and access to the relevant channels of communication should be organised. This system should help to avoid situation that firms are not able to identify which technologies they need and may therefore use inappropriate technologies. But in the Estonian context the technology transfer is really a problem of learning. Hence the future of Estonian society depends heavily about the success to implement learning (technical, managerial etc.) in organisations. Learning is not an automatic process, but certain motivation to enter the learning cycle must exist. Competitive pressure from the world market should be driver for learning. But from the other hand governmental policy should support creation of various learning networks (regional, sectorial clusters) with the aim to increase the capacities of the firms. It reflects the current trends in the innovation policy where the earlier models of science push or market pull interpretations of the innovation model have been further developed and innovation as the social process model is used instead. The importance of social networks in the innovation process is acknowledged. In conclusion the human capital is the major production factor of Estonia and therefore Estonian economy and its innovation system is competitive only when it could utilise the existing and improve the knowledge base in the society.

Smart specialisation as the tool to overcome "copying paradox"

The previous sections revealed the copying paradox in the process of building the innovation systems of the new member states of EU. Hence logical question arises - how to develop national innovation system avoiding „copying paradox". In answering the question we refer first to the D. Rodrik (2007) who stresses the importance of the contextual understanding about the process of innovation and economic development. Three major elements – growth diagnostics; policy design; institutionalization should be taken into consideration. Central importance is playing the self-discovery process of designing national innovation policies. (see Rodrik 2007 and Karo, Kattel, 2010:10).In the context of EU new member states it means that the problems are contextual, the end goal of policies and actions may be universal and consensual, but the path of development has to take into account the content and context of the problem and provide suitable solutions and development patterns. Instead of copying national innovation systems of advanced economies we need contextual understanding of the innovation processes and economic development.

Independent advisory group „Knowledge 4 Growth" (K4G) launched by EU research commissioner J. Potočnik in 2005 and headed by prof. D.Foray has revealed similar trends also by the other countries in EU. Among the most important findings of the K4G Group was the observation that the tendency of countries and regions to do the same things, to « de-specialize » exists, which leads to the uniformization of the knowledge base of Europe as a collection of sub-critical systems. Technology foresight tends to produce the same « priority » ranking regardless of the « clients » (Foray, 2007). The problem is that countries are designing their science and technology policies, investing into their research institutions using copy and paste strategies. Public policies in all over the Europe are designed in order to give priority to the new science based technologies. But this approach results in greater and greater uniformity of their national knowledge bases.

How to overcome this copying paradox Europe wide? The major recommendation of the experts from the K4G group proposed the idea about the smart specialisation as the solution to this antagonism. It means that countries and regions must invest in a particularization process to identify areas for focus while maintaining what makes the knowledge base distinctive and original.

But here is a problem - how is possible to behave smartly by those EU new members states with significantly weaker knowledge base and less experienced public sector. The smart specialisation presumes that countries know and address their system failures. But reality is rather different as describe above – the research and innovation policies of the new member states are trying to copy the policies of old EU member states. They do not take sufficiently into consideration of the specificity of those countries. The whole approach is very far from the smart specialisation idea proposed by the K4G expert group.

It leads to the major problem faced by the new member states - do they have a vision to develop diverse knowledge base. Creation of a vision for the development of knowledge base of the country is extremely difficult task. It requires execution of foresight exercises, but they need to be linked with the deep analysis of the specificity of the certain country, its development path, cultural, social, demographic etc. background and trends. New member states should try to maintain what makes their knowledge base distinctive and original. Otherwise they reach to the outcome, which has happened so far in majority of the new EU countries and described before – the strategic importance is given to the same three major areas – bio-, nano and info technologies.

In the process of creating diversified knowledge base is important to answer at least the following questions:

a) how narrow or wide is the selected niche;

b) how simple is for the potential competitor to imitate prioritised niche of the knowledge base;

c) how well is it linked with our previous development path, could it use the previous knowledge base;

d) how easy is attract interest of foreign investors to invest into the development of this knowledge area;

e) which way is it related with the existing or emerging high potential markets;

f) how probable is the emergence of spillovers from the selected knowledge niche to other parts of the economy, to be used as the innovation sources by different sectors of the economy.

The new member states should pay attention to the development of less capital intensive areas, where integrated knowledge is needed and maybe also technology-based services such as health care, energy, and environment. Particularly important is to find niches inside the broad areas of implementing new technologies in mature industries and services. Here is extremely relevant to link new technologies with the already existing strengths. Diversified knowledge base requires also diversified policies, which help to create well-developed knowledge infrastructure and connectivity or networking, which guarantees knowledge flows. Thus new member states could solve or at least soften the three major groups of systemic failures – capability, infrastructure and networking failures.

Diversified knowledge base requires also strong commitment of private investors. Governments in new member states should be active not only in providing public R&D but also in supporting private R&D with public funds. Unfortunately new member states have been very weak in this direction. But the previous experience indicates to the scale economies and external effects in the public funding of private R&D. The data show that larger EU economies provide relatively more support for private R&D (see Van Horst et al, 2006). Diversified knowledge base could be also attractive to the foreign multinationals in order to channel part of their research and development funding into the research in new members states. This is an extremely important task as the majority of the new member states have very high FDI penetration rate and the urgent problem is how to integrate foreign firms better into the domestic research and technology development process.

Oil shale industry as an example of smart specialization in Estonia

Finally the following section is trying to provide an example how Estonia is seeking to re-establish its field of specialisation and create diversified knowledge base in the use of oil shale. First oil-shale mining in Estonia was opened 1918 and by 1940 the annual production reached 1.7 million tons (excellent historical overview in Holmberg, 2008:83-187). In 1921 Estonian researchers improved the technology how to extract oil out of oil shale and Kiviter technology process was launched. Soon the majority of oil shale in Estonia was used for oil production and upgraded for use as transport fuels.

After the World War II in Estonia being incorporated into Soviet Union the oil shale production increased dramatically peaking in 1980 when 31.4 million tons was mined. (Reinsalu, 1998). It was around two thirds of the world production (see Figure 4). But majority of oil shale was used as a fuel for electric power plants and Estonia was electricity exporter to Russia in that time. Due to the extremely low oil prices in Soviet Union the oil shale was very little used for oil production.

Figure 4: Production of oil shale in millions of metric tons from major deposits of the world 1880-2000 (Source: Dyni, 2006:38)

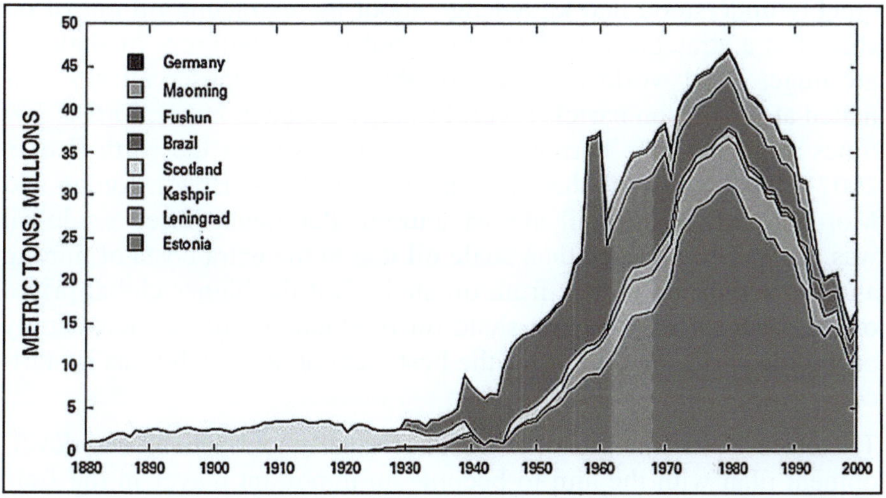

After the collapse of Soviet Union and regaining independence in 1992 the production of oil shale of Estonia declined rapidly down to 10.7 million tons in 1999, partly because the whole industrial sector was smaller and also due to the relatively low price of competing energy sources like natural gas and oil. In that period the Estonian national innovation system almost ignored the existence of such a valuable knowledge – how to mine, process and use oil shale. Particularly unique was the knowledge how to extract oil out of oil shale. Estonia was among the few countries in the world, where these technologies not only existed, but were also commercially used. In 2008 almost 40% of world extracted oil shale was produced in Estonia (World Energy Council, 2011). But following the copying logic the Estonian public funding to oil shale oriented research was heavily reduced. Instead the priority was given to the popular bio-, information- and nanotechnologies (see analysis above). The knowledge base of Estonia was de-specializing – trend was toward doing the same things as others do.

The positive turnaround started from the business sector state-owned Estonian energy company Eesti Energia, which got in early 2000 a new enthusiastic and strategically thinking management team. They quickly understood that knowledge about the extracting oil out of oil shale has a strategic value. The potential world resources of shale oil are huge. Total world resources of shale oil are conservatively estimated at 4.8 trillion barrels (World Energy Council, 2011). This is 3–9 times more than the current proved oil reserves on the earth (Liive, 2007). The biggest oil shale resources are in USA, Brazil, Jordan and Morocco, which are still almost unused. Petroleum based crude oil was cheaper to produce than shale oil due to the extra costs of mining and extracting the energy from oil shale. But the higher global prices of oil products suggest that shale oil production will be increasingly profitable and competition for the best technological solutions is started.

Therefore Eesti Energia behaved strategically and activated a development plan with the aim to become an important player in the field of oil shale based oil production technologies in the world. Eesti Energia has developed in close cooperation with the Tallinn University of Technology a novel technology for extracting oil shale. In order to further optimise its current industrially proven technology in November 2008 Eesti Energia formed a joint venture with Finnish Outotec OYJ for the development and marketing of sustainable, energy-efficient and economically viable oil shale processing methods (Outotec, 2008). It combines Eesti Energia current experience in oil shale mining and processing and Outotec's expertise in circulating fluid bed (CFB) technologies. It will be used already in Narva plant, where by the 2012 Eesti Energia plans to double its shale oil production.

In late 2006 Eesti Energia obtained exclusive right to study about one third of the resources of the El Lajjun oil shale deposit in Jordan. According to the feasibility study company will establish a shale oil plant with capacity of 36,000 barrels per day and construction is planned to begin by 2015. In 2010 Eesti Energia acquired 100% of Oil Shale Exploration Company, a US company with one of the largest tracts of privately owned oil shale properties in Utah. Eesti Energia is planning to construct an oil shale plant with a capacity of 57,000 barrels of shale oil per day at full production within next 5-7 years. „It is a unique opportunity for Estonia to be able to provide one of the largest countries in the world with something they need – technology - which enables them to utilize their domestic oil shale resource and therefore increase the country's energy independence," commented Eesti Energia's CEO, Sandor Liive by the signing of the agreement.

Once those transactions are closed, Eesti Energia will be both the developer of international projects and a provider of the Enefit technology for shale oil production. The presented oil shale case provides an example how the national innovation system could still start to generate smart specialization and abandon simplified copying model.

Conclusions

This chapter discussed the application of the national system approach in the catching up economies. It criticized the assumption that there exists an optimal one-size-fits-all national innovation system model. Chapter shows why this unreflexible copying of recommendations happened among policy makers in Central and Eastern Europe. In the beginning of transition process the governments faced with serious macroeconomic problems and their major political attention was given to the stabilisation process. The relative importance of systemic development of innovation policies was extremely low. Country specific approach toward solving economic problems was almost unused by governments in CEE. The Washington Consensus suggested by IMF assumed that all countries face fundamentally similar problems and hence also recommendations to face those issues could be similar. Central and Eastern European countries followed these rather simplistic restructuring recommendations with remarkable discipline.

Similar rather unreflexible copying of recommendations about building national innovation systems happened among policy makers in Central and Eastern Europe too. An example is the Estonia-Finland case, in which Finland's national innovation system is being applied to Estonia. In chapter author argues that innovation is path dependent and that factors such as distance from the current technological frontier (latecomer or frontrunner) and different national knowledge bases must be considered when developing a national innovation system for a specific country. The future of Estonian society depends heavily about the success to implement learning (technical, managerial etc.) in organisations. Learning is not an automatic process, but certain motivation to enter the learning cycle must exist. Competitive pressure from the world market should be driver for learning. But from the other hand governmental policy should support creation of various learning networks (regional, sectoral clusters) with the aim to increase the capacities of the firms.

Chapter tries to answer to the question - how to develop national innovation system avoiding „copying paradox“. Instead of copying national innovation systems of advanced economies we need contextual understanding of the innovation processes and economic development. The idea proposed by the experts group of K4G (Knowledge for Growth) about the smart specialisation could serve as one potential solution to this antagonism. It means that countries and regions must invest in a particularization process to identify areas for focus while maintaining what makes the knowledge base distinctive and original. CEE countries should develop diverse knowledge base. Creation of a vision for the development of knowledge base of the country is an extremely difficult task. It requires execution of foresight exercises, but they need to be linked with the deep analysis of the specificity of the certain country, its development path, cultural, social, demographic etc. background and trends. Final part of the chapter is trying to provide an example how Estonia is seeking to re-establish its field of specialisation and create diversified knowledge base in the use of oil shale.

References

Abramovitz, M. (1994) "Catch-up and Convergence in the Postwar Growth Boom and After". In Convergence of Productivity – Cross-National Studies and Historical Evidence, W.J. Baumol, R.R. Nelson and E.N. Wolf , eds., Oxford: Oxford University Press.

Arocena, R. and Sutz, J. (2003) "Knowledge, Innovation and Learning: Systems and Policies in the North and in the South". In Systems of Innovation and Development, Cassiolato et al., eds., Edward Elgar Publishing, UK, 291-310.

Bell, M. & Pavitt, K. (1997) "Technological Accumulation and Industrial Growth: Contrasts Between Developed and Developing Countries". In Technology, Globalization and Economic Performance. Archibugi, D., Michie, J.,eds., Cambridge: Cambridge University Press.

Dosi, G. (1999) Some notes on national systems of innovation and production, and their implications for economic analysis. – Archibugi, **D. Howells, J., Michie, J.** Innovation Policy in Global Economy, Cambridge University Press, pp. 35-48.

Dyni, J.R. (2006) Geology and resources of some world oil-shale deposits: U.S. Geological Survey Scientific Investigations Report 2005-5294, 42 p.

Eesti Energia (2011) Eesti Energia will start developing US oil shale industry. 09.03.2011 https://www.energia.ee/en/about/presscentre/news/press/-/asset_publisher/b5Pi/content/modalwindow/486519.

Edquist, C. (1997) Systems of Innovation Approaches – Their Emergence and Characteristics. – Edquist, C. Systems of Innovation: Technologies, Institutions and Organizations. Pinter Publishers, 1, pp. 1-35.

Edquist, C. (2001) "Innovation policy – a systemic approach". In The globalizing learning economy. D. Archibugi and B.-A. Lundvall, eds. Oxford: Oxford University Press.

Edquist, C., Hommen, L. (2008) Comparing national systems of innovation in Asia and Europe: theory and comparative framework. – Edquist, C., Hommen, L. Small Counrty Innovation Systems. Globalization, Change and Policy in Asia and Europe. Edward Elgar, 2008, pp. 1-28.

Foray, D. van Ark, B. (2007) Smart specialisation in a truly integrated research area is the key to attracting more R&D to Europe. Knowledge Economists Policy Brief n° 1, 4 p.

Freeman, C.(1997) The "national system of innovation" in historical perspective. – Archibugi, D., Michie, J. Technology, globalisation and economic performance. Cambridge University Press, pp. 24-49.

Freeman, C. (1982) "Technological Infrastructure and International Competitiveness". Draft paper submitted to the OECD (cited by the help of Carlson, B, 2003)

Freeman, C. (2002) Continental, national and sub-national innovation systems – complementarity and economic growth. – Research Policy, Vol. 31, pp. 191–211.

Gerschenkron, A. (1962) Economic Backwardness in Historical Perspective,Cambridge, MA: Harvard University Press.

Holmberg, R. (2008) Survival of the Unfit.Path-dependency and the Estonian Oil Shale Industry. Linköping University, Linköping Studies in Arts and Science, No.427, p. 345.

Johnson, B., Edquist, C., Lundvall, B.- Å. (2003) Economic Development and the National System of Innovation Approach. – First Globelics Conference, Rio de Janeiro, November 3–6, p. 24. http://www.globelicsacademy.net/pdf/BengtAkeLundvall_2.pdf.

Kaarli, R., Laasberg, T. Research and development in Estonia 1996 – 1999. Structure and trends. Tallinn 2001, Research and Development Council, 78 p.

Kalvet, T. ICT, Innovations and Innovation policy: The Case of Estonia Working Paper.

Archimedes Foundation and PRAXIS Center for Policy Studies, October 2001.

Karo E., Kattel, R. (2010) The Copying Paradox: Why Converging Policies but Diverging Capacities in Eastern European Innovation

Systems? International Journal of Institutions and Economies. Vol. 2, No. 2, pp. 167-206.

Karo E., Kattel, R. (2010) Is 'Open Innovation' Re-Inventing Innovation Policy for Catching-up Economies? Working Papers in Technology Governance and Economic Dynamics no. 30, The Other Canon Foundation, Norway; Tallinn University of Technology, Tallinn.

Knowledge-based Estonia (2002) Estonian Research and Development Strategy 2002-2006.

Research and Development Council, p.32

Knowledge-based Estonia (2007) Estonian Research and Development and Innovation Strategy 2007-2013, Estonian Ministry of Education and Research, Tartu , p.51.

Koch, P., Pukl, B., Wolters, A. (2007) OMC Policy Mix Review Report Country Report Estonia, Tallinn, p.67.

Liive, S. (2007) Oil shale energetics in Estonia. Oil Shale, Vol. 24, pp. 1-4.

Lundvall, B. Å. (1985) Product Innovation and User-Producer Interaction. Aalborg, Aalborg University Press.

Lundvall, B. Å. (ed.) (1992) National Systems of Innovation: Towards a Theory of Innovation and Interactive Learning, Pinter Publishers, London.

Lundvall, B.-Å., Johnson, B., Andersen E.-S., Dalum, B. (2002) „National systems of production, innovation and competence building". Research Policy 31, 213-231.

Metcalfe, J S (1998) "Evolutionary Economics and Creative Destruction". Routledge, London and New York.

Mickiewicz, T., Radosevic, S. (2001) Innovation Capabilities of the Six EU Candidate Countries: Comparative Data Based Analysis. Contract: INNO-99-02. ftp://ftp.cordis.europa.eu/pub/innovation-policy/studies/studies_six_candidate_countries_capabilities_2001.pdf

Nelson RR (1993) National innovation systems: a comparative analysis, Oxford University Press, USA.

Outotec (2008) Outotec and Eesti Energia To Establish A Joint Venture For Development Of Oil Shale Processing.html http://www.investegate.co.uk/article.aspx?id=20081103070000H5458

Painter, M. and Pierre, J. (2005b) "Unpacking Policy Capacity: Issues and Themes", in Painter, M. and Pierre, J. (eds), Challenges to State Policy Capacity: Global Trends and Comparative Perspectives, Basingstoke: Palgrave Macmillan, 1-18.

Reinsalu, E. (1998) Criteria and size of Estonian oil shale reserves: Oil Shale, Vol. 15, no. 2, p. 111-133.

Rodrik, D. (2007) One Economics, Many Recipes. Globalization, Institutions, and Economic Growth, Princeton and Oxford: Princeton University Press.

Smith, K. (2000) Innovation as a Systemic Phenomenon: Rethinking the Role of Policy. – Enterprise and Innovation Management Studies, Vol. 1, No. 1, pp. 73-102.

Tiits, M., Kattel, R., Kalvet T., Kaarli, R. (2003) Eesti majanduse konkurentsivõime ja tulevikuväljavaated. Tallinn: Teadus- ja Arendusnõukogu.http://www.praxis.ee/docs/TAI_TAN_PRAXIS_2003.pdf

UNIDO (2005) Industrial Development Report 2005. Capability building for catching-up. Historical, empirical and policy dimensions. Vienna.

Van der Horst , Lejour, A., Straathof, B. (2006) Innovation Policy: Europe or the Member States? CPB Netherlands Bureau for Economic Policy Analysis, No 132.

Varblane, U., Dyker, D., Tamm, D., von Tunzelmann, N. (2007) Can the National Innovation Systems of the New EU Member States Be Improved? – Post-Communist Economies, 2007, Vol. 19, No. 4, pp. 399-416.

World Energy Council (2011) 2010 Survey of Energy Resources World Energy Council, p. 618 http://www.world-energy.org/documents/ser_2010_report_1.pdf.

Williamson, John. (2000) "What Should the World Bank Think About the Washington Consensus?" World Bank Research Observer.

Washington, DC: The International Bank for Reconstruction and Development, Vol. 15, No. 2, pp. 251-264.

Michael Nusser

Optionen zur Stärkung der Leistungsfähigkeit von Innovationssystemen

1. Einleitung

Innovationen spielen im Wachstumsprozess von Volkswirtschaften eine wichtige Rolle. Denn sie verfügen, insbesondere in forschungs- und wissensintensiven Wirtschaftssektoren und im Bereich von Querschnittstechnologien (z. B. Nano-, Bio-, Informations- und Kommunikationstechnologien), oft über enorme Potenziale für die Entwicklung neuer oder verbesserter Prozesse, Produkte und Dienstleistungen. Neue Märkte entstehen und die Wettbewerbsfähigkeit von (auch traditionellen) Wirtschaftsbranchen kann gestärkt werden. Dadurch werden sowohl bei den Herstellern als auch bei den Anwender- und Zuliefererbranchen neue Arbeitsplätze geschaffen und bestehende gesichert.

Deutschland ist weltweit ein wichtiger Innovationsstandort. Dies ist erforderlich, damit sich ein hoch entwickeltes und rohstoffarmes Land wie Deutschland dauerhaft im internationalen Wettbewerb behaupten kann. Um die mit Innovationen verbundenen Wachstums- und Beschäftigungspotenziale zu nutzen, müssen kontinuierlich bereits existierende Stärken am Innovationsstandort Deutschland weiter ausgebaut und Hemmnisse bzw. Innovationsblockaden abgebaut werden. Denn etablierte Innovationsstandorte in Amerika, Japan und Europa und deren Innovationsakteure stehen nicht nur in einem immer härteren Wettbewerb untereinander, sondern sehen sich mit zunehmender Konkurrenz aus aufstrebenden Ländern konfrontiert. Osteuropäische, südamerikanische und asiatische Länder (z.B. China) unternehmen seit Jahren erfolgreich große Anstrengungen, um nicht nur als kostengünstige Produktions- sondern auch zunehmend als Standorte für Forschung und Entwicklung (F&E) zur Weltelite aufzuschließen.

In Abschnitt 2 wird der Innovationssystem-Forschungsansatz als Analyserahmen beschrieben. In Abschnitt 3 werden wesentliche Wirkungszusammenhänge innerhalb eines Innovationssystems sowie wichtige innovationsfördernde und innovationshemmende Faktoren analysiert. Im abschließenden Abschnitt 4 werden Handlungsfelder sowie Handlungsoptionen zur Stärkung der Leistungsfähigkeit von Innovationssystemen abgeleitet.

2. Methodik: Innovationssystem Ansatz

Zur Analyse der Leistungsfähigkeit von Innovationsstandorten in ausgewählten Wirtschaftsbranchen oder Technikfeldern wurde in vielen Studien erfolgreich ein Innovationssystem-Forschungsansatz (Abb. 9.1) als Analyserahmen verwendet (u.a. Nusser et al. 2007a, Nusser/Gaisser 2005, Reiss et al. 2004). Dieser Ansatz hat einen prägenden Einfluss auf die aktuelle Innovationsforschung und dient inzwischen vielen Regierungen und Institutionen (u.a. der OECD oder der EU) als Orientierungsrahmen für die Gestaltung ihrer Innovationspolitik (Lindner 2009). Mit diesem Ansatz lassen sich im nationalen und internationalen Vergleich sehr gut die Stärken, Schwächen, Chancen und Risiken von Innovationsstandorten herausarbeiten. Denn die Innovationsforschung geht davon, dass Innovationen und die (Markt-) Diffusion neuer Technologien systematisch in einem Innovationssystem entstehen, an dem diverse Akteure und Institutionen in einem interaktiven, interdisziplinären und kollektiven (Lern-)Prozess mit vielen Rückkoppelungsschleifen beteiligt sind (u.a. Nelson/Wright 1993, Freeman 1988, Edquist 1997, Rothwell 1995, Kline 1985, Kline/ Rosenberg 1986, Lundvall 1988/1992, Malerba 2002, Salter/Martin 2001).

Abb. 1: Innovationssystem

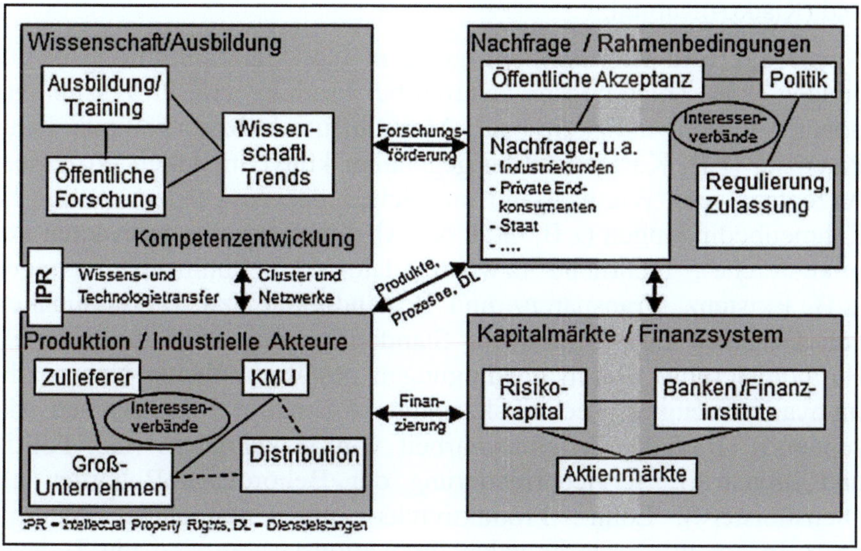

Quelle: In Anlehnung an Nusser 2009

Zur Analyse der Akteure und Institutionen, ihrer Rollen und der wichtigsten Einflussfaktoren werden vier Teilsysteme unterschieden:

Wissenschaft und Ausbildung: u.a. Qualität öffentlicher Grundlagenforschung und angewandter F&E, Wissensbasis bzw. technologischer Stand, Interdisziplinarität von F&E, Ausbildungs- und Qualifikationserfordernisse und Verfügbarkeit qualifizierter Arbeitskräfte, Wissens- und Technologietransfer zwischen öffentlichen F&E-Einrichtungen sowie Transfer zwischen öffentlichen F&E-Einrichtungen und industriellen F&E-Akteuren,

Industrielle Akteure: u.a. Nutzungsgrad neuer Technologien in industrieller F&E (insb. technologische Absorptionsfähigkeit der industriellen Akteure), Kooperationsbereitschaft und Kooperationsfähigkeit der Akteure (z.B. erforderliche technologische Kompetenzen), Mobilität (u.a. von qualifiziertem Personal), Marktstruktur (z.B. Anzahl/Größe der Anbieter), Wettbewerbsintensität hinsichtlich Qualität und Kosten,

Kapitalmärkte und Finanzsystem: u.a. Verfügbarkeit von Krediten und (Risiko-)Kapital,

Nachfrage und Rahmenbedingungen: u.a. Markteinführungsbedingungen (z.B. Zulassungsprozeduren bei Produkt- und Prozessinnovationen), Geschwindigkeit bzgl. Marktdiffusion bzw. kommerzielles Potenzial (z.B. Kostenposition gegenüber konventionellen Prozessen, Akzeptanz und Wissensstand auf Seiten der Anwender), politische Rahmenbedingungen (z.B. Grad der Abstimmung aller relevanten Politikbereiche), rechtliche bzw. regulatorische Rahmenbedingungen (z.B. Existenz, Transparenz und Beständigkeit bzw. Verlässlichkeit von Gesetzen und Direktiven, Standardisierung und internationale Harmonisierung), Rahmenbedingungen gesellschaftlicher Natur (z.B. Innovationsneugier, Technikakzeptanz, Ausmaß der öffentlichen Akzeptanz), Grad der Zusammenarbeit von Stakeholdern (u.a. Politik und Industrie), Serviceorientierung der Behörden (»Behörden als Dienstleister«), Lohn-, Produktivitäts- und Unternehmenssteuerniveau. In einem prosperierenden Innovationssystem sind die Teilsysteme und deren Akteure sowie Institutionen untereinander stark vernetzt: Nicht einzelne Teilsysteme und/oder einzelne Akteure/ Institutionen, sondern das Zusammenspiel und die Vernetzung leistungsstarker Teilsysteme und der Akteure/Institutionen innerhalb des Innovationssystems entscheiden über die Innovations-, Wachstums- und Beschäftigungspotenziale eines Standortes. Der Innovationssystem-Ansatz geht damit deutlich über das Phänomen des Marktversagens (u.a. Marktmacht, positive externe Effekte) als neoklassische Begründung innovationspolitisch motivierter Interventionen des Staates hinaus, da z.B. nicht nur die vorwettbewerblichen und nicht-marktfähigen Phasen des Innovationsprozesses (z.B. Finanzierung von Grundlagenforschung und Forschungsinfrastrukturen aufgrund positiver Wissens-spillover-Effekte) im Fokus stehen, sondern sämtliche Stellhebel, die die Funktionsweise eines Innovationssystems verbessern bzw. systemische Mängel (insb. Infrastruktur-, Anpassungs-, Pfadabhängigkeits-Kapazitäts-, Kompetenz- oder Netzwerkprobleme, starre Institutionen) verringern (u.a. Lindner et al. 2009). Die sich dadurch ergebende große Bandbreite an politischen Eingriffsmöglichkeiten umfasst sämtliche Wertschöpfungsstufen, d.h. von der Wissensbasis, dem Wissens-

und Technologietransfer über die Produktion bis hin zur Markteinführung und Marktdurchdringung.

3. Wesentliche Wirkungszusammenhänge innerhalb eines Innovationssystems

Die Marktdurchdringung neuer Technologien bzw. Innovationen werden von vielen Diffusionsfaktoren beeinflusst und nehmen daher meist längere Zeiträume in Anspruch (»meist Evolution statt Revolution«). Die einzelnen Teilsysteme des Innovationssystems können als Wertschöpfungskette des Innovationsprozesses betrachtet werden, wobei sich neben den sukzessiven linearen Einflüssen entlang der Wertschöpfungskette auch Rückbezüge und Vernetzung beobachten lassen. Entsprechend wirken sich innovationsfördernde und innovationshemmende (Standort-)Faktoren häufig an verschiedenen Stellen eines Innovationssystems aus.

Im Folgenden werden auf Basis praxis- bzw. anwendungsorientierter Forschungsprojekte sowohl wesentliche Wirkungsmechanismen als auch innovationsfördernde Faktoren sowie Innovationsbarrieren bzw. Blockaden bei der Etablierung neuer Technologien zusammenfassend dargestellt. Die nachfolgenden Ergebnisse basieren auf einer Vielzahl von Studien, die im Bereich F&E- und wissensintensiver Wirtschaftsbranchen sowie neuer Technikfelder (u.a. Bio-, Nano- und Informations-/Kommunikationstechnologien) durchgeführt wurden (u.a. Nusser et al. 2007a Kap. 2 und 4, Nusser et al. 2007b Kap. IV, Nusser/Gaisser 2005, Reiss et al. 2004, Thielmann et al. 2008). Im Rahmen dieser Studien kam stets ein breiter Quellen- und Methodenmix zur Anwendung (u.a. umfangreiche Literaturauswertungen[1], Analyse von Innovationsindikatoren wie z.B. Patente, Publikationen oder F&E-Aufwendungen, schriftliche Befragungen, Experteninterviews).

---

[1] Aufgrund der sehr hohen Anzahl an Literaturquellen wird im gesamten Abschnitt 3 auf eine exakte Nennung von Quellen verzichtet. In den oben genannten Studien finden sich entsprechende Literaturhinweise (hinsichtlich der Wirkungszusammenhänge vergleiche insb. Kapitel IV in Nusser et al. 2007b).

Wissensbasis:

Die Fülle und der Zugang zu einer ökonomisch verwertbaren Wissensbasis (technologische Möglichkeiten) ist neben der Marktnachfrage eine wesentliche Determinante für die Innovationskraft und technologische Wettbewerbsfähigkeit einer Volkswirtschaft. Innovationen sind häufig das Ergebnis einer »zielgerichteten Produktion von technologischem Wissen«. Forschung und Entwicklung (F&E) ist daher neben einem hohen Ausbildungsstand der Erwerbsbevölkerung einer der wichtigsten Faktoren zur Erklärung des langfristigen Wirtschaftswachstums von Volkswirtschaften. Ohne herausragende F&E fehlen nötige Ansatzpunkte zur Aufnahme neuen Wissens und damit zur Umsetzung in kommerzielle Produkte, Prozesse und Dienstleistungen.

F&E-Aktivitäten in Form von F&E-Ausgaben und der Qualifizierung von F&E-Personal stellen daher Zukunftsinvestitionen in die Ausweitung bzw. »Produktion« technologischen Wissens dar und sind die Ausgangsbasis für Innovationsprozesse und neue technologische Entwicklungen, die wiederum zu neuen Prozessen, Produkten und Dienstleistungen führen. Jedoch ist nicht nur die Produktion von neuem technologischen Wissen entscheidend, sondern vor allem auch die breite Diffusion. Dabei spielen F&E-Kapitalinvestitionen eine große Rolle, denn neues technologisches Wissen ist oft stark im F&E-Kapitalstock (u.a. Laborgeräte, Maschinen, Geräte und Anlagen) inkorporiert. Dies impliziert, dass neben ausreichend Humanressourcen kontinuierliche F&E-Kapitalinvestitionen erforderlich sind, damit neues technologisches Wissen in die F&E-Prozesse und später in die Produktionsprozesse diffundieren kann. Dies erfordert u.a. eine ausreichende Kosteneffizienz neuer Technologien sowie eine ausreichend hohe Risiko- und Investitionsbereitschaft der Innovationsakteure. Eine unzureichende »kritische Masse« an industriellen F&E-Ausgaben, F&E-Personal sowie F&E-Kapitalinvestitionen kann daher zu erheblichen negativen Konsequenzen für die Innovationskraft, Wachstum und Beschäftigung führen.

Da in vielen Wirtschaftssektoren entlang der Wertschöpfungskette eine Vielzahl von Schlüsseltechnologien beherrscht werden müssen, um international wettbewerbsfähige Prozesse, Produkte und Dienstleistungen zur Marktreife zu bringen, ist neben der technologischen Wissensbasis eine gut ausdifferenzierte F&E-Infrastruktur entscheidend für die Leistungsfähigkeit von Innovationsstandorten. Aufgrund der Vielzahl an Hochschulen sowie außeruniversitären F&E-Instituten in der angewandten und Grundlagenforschung ist das erforderliche technologische Wissen in der Regel über sehr viele verschiedene Standorte bzw. Institute verteilt. Der effizienten Koordination und Abstimmung der Einzelaktivitäten sowie dem Ausbau akteurs- und institutionenübergreifender Strukturen wird in der Praxis meist eine große Bedeutung beigemessen.

Innovationshemmend in der Praxis wirken am Innovationsstandort Deutschland häufig eine unzureichende interdisziplinär und fakultätsübergreifend ausgerichtete F&E in den Hochschulen sowie eine zu geringe Verzahnung der F&E an öffentlichen F&E-Instituten mit den Innovationsstrategien der Industrie. Auch war die staatliche und privatwirtschaftliche F&E-Dynamik besonders in den 1990er-Jahren deutlich geringer als in wichtigen Konkurrenzländern (z.B. USA, China). Zudem ist die Forschungsförderung sehr oft auf viele Projektträger verteilt (entsprechend den Kompetenzen in den jeweiligen Schlüsseltechnologien). Dadurch ergibt sich häufig ein stark fragmentiertes Spektrum an Fördermaßnahmen und -schwerpunkten mit Brüchen entlang der Wertschöpfungskette. Vor allem für unerfahrene Antragsteller erscheint die Förderung unübersichtlich und wenig aufeinander abgestimmt.

Unsicherheiten, z.B. über die Sicherheit, (technologische) Funktionsfähigkeit, Qualität und Kosteneffizienz von neuen Technologien, sind in der Praxis oftmals ein hemmender Diffusionsfaktor. In diesem Kontext können erfolgreiche Demonstrations- und Pilotprojekte die Erprobbarkeit neuer Technologien ermöglichen und die technologische Machbarkeit und u.U. die ökonomische Effizienz aufzeigen. Dadurch werden Unsicherheiten reduziert und die Diffusion beschleunigt. Die Ergebnisse deuten in Deutschland oftmals auf eine zu geringe Anzahl solcher Demonstrationsanlagen und Pilotprojekte hin.

Bildung und qualifiziertes Personal:

Sowohl in der öffentlichen als auch in der privatwirtschaftlichen F&E ist technologisches Wissen zu großen Teilen an Mitarbeiter/ Humanressourcen und Organisationsstrukturen gebunden. Innovationen bzw. technologische Weiterentwicklungen wirken daher in der Regel nicht schockartig auf einen gesamten Wirtschaftssektor, sondern graduell. Technologischer Wandel kann dabei als ein offener, nichtlinearer, von der Historie pfadabhängiger Prozess angesehen werden. Die Diffusion technologischen Wissens erfordert einerseits einen Lernprozess zur Nutzung von in Prozessen, Produkten und Dienstleistungen enthaltenem technologischen Wissen (»individuelle und unternehmerische Lernprozesse in verschiedenen Technikbereichen und wissenschaftlichen Disziplinen«) und andererseits den Aufbau effizienter Kommunikationskanäle zur Verbreitung und zur Nutzung von neuem technologischem Wissen. Hierfür wird eine »kritische Masse« an geeigneten Humanressourcen benötigt, da beispielsweise zwischen der Zunahme an F&E-Beschäftigten und dem erhöhten Einsatz neuer (Produkt- und Prozess-)Technologien und Organisationsformen starke Komplementaritätsbeziehungen existieren. Zur Umsetzung von F&E-Erkenntnissen in international wettbewerbsfähige Produktionsprozesse, Produkte und Dienstleistungen müssen daher ausreichend hoch qualifizierte Arbeitskräfte (u.a. Wissenschaftler, Ingenieure, Techniker) und entsprechende Arbeitsplätze für Hochqualifizierte verfügbar sein. Ein unzureichendes Angebot an (hoch) qualifizierten Humanressourcen kann in einem Land zu erheblichen dauerhaften Wettbewerbsnachteilen führen. Beispielsweise werden technologische Erkenntnisse der inländischen F&E von ausländischen Innovationsakteuren schneller genutzt, wenn im Inland die notwendigen Nutzungskompetenzen oder Kommunikationskanäle nicht in ausreichendem Maße existieren und/oder ausländisches technologisches Know-how kann nicht bzw. nicht schnell genug »importiert« und im Inland in international wettbewerbsfähige Produktionsprozesse, Produkte und Dienstleistungen umgewandelt werden kann. Dadurch bleiben Innovations-, Produktions-, Wachstums- und Beschäftigungspotenziale im Inland ungenutzt.

Innovationshemmend wirken laut Experten aus der Industrie öfters eine zu geringe Passfähigkeit zwischen benötigter und angebotener

Qualifikation (u.a. fehlende Interdisziplinarität, unzureichender industrierelevanter Bezug der Ausbildungsinhalte, Defizite im Bereich Sprachenausbildung, interkulturelles Management-Know-how und Netzwerkmanagement). Obgleich in Deutschland in vielen Branchen qualifiziertes Personal noch als Standortvorteil bewertet wird, werden aber bereits heute die künftig zunehmenden Engpässe beim qualifizierten Personal als besonders innovationshemmend angesehen.

Grund hierfür ist, dass die bereits existierenden Personalengpässe beim hoch qualifizierten Personal (u.a. bei Naturwissenschaftlern, Ingenieuren, Technikern, Mathematikern und Informatikern) sich voraussichtlich weiter verschärfen werden, da die steigende Arbeitsnachfrage aus Industrie und Wissenschaft (z.B. hat sich seit 1975 die Erwerbstätigenzahl mit Fach-/Hochschulabschluss etwa verdreifacht aufgrund einer zunehmenden Wissensintensivierung der Wirtschaftsprozesse) voraussichtlich das Angebot übersteigen wird (z.B. aufgrund stark sinkender Studienabsolventen zwischen 1996 und 2001 oder hohen »Verrentungszahlen« älterer Naturwissenschaftler und Ingenieure bis 2015). Zukünftige Personalengpässe könnten zwar gemildert werden, wenn vorhandene Arbeitskräftepotenziale effizient genutzt würden. Deutschland hinkt jedoch im Vergleich zu wichtigen Konkurrenzländern oft »abgeschlagen hinterher«, was die Integration hoch qualifizierter Frauen und älterer Arbeitskräfte, Jugendlicher sowie die Ausschöpfung der Potenziale aus Fort-/Weiterbildung betrifft. Bis 2020 könnten dem Innovationsstandort Deutschland daher hunderttausende Fachkräfte fehlen, sowohl in der F&E, aber auch in der Produktion oder im Vertrieb. Die meisten Wirtschaftssektoren und Technikfelder werden hiervon betroffen sein, da sie alle im Wettbewerb um (hoch) qualifizierte Arbeitskräfte stehen.

Wissens- und Technologietransfer:

Die Überführung von F&E-Wissen in neue wettbewerbsfähige Prozesse, Produkte und Dienstleistungen ist die zentrale Aufgabe des Wissens- und Technologietransfers. Damit trägt dieser Transfer als strategisch wichtiger Prozess dazu bei, F&E-Ergebnisse im Sinne einer Kommerzialisierung auszuschöpfen. Der ursprüngliche Transfergedanke geht von der Linearität des Innovationsprozesses aus und zielt auf die Unterstützung des Übergangs von der F&E zur Anwendung (quasi automatische positive Spillover-Effekte zwischen Wissensproduktion und Anwendung). Neuere Erkenntnisse der Innovationsforschung zeigen jedoch, dass anstelle eines linearen Prozesses ein vernetzter Innovationsprozess mit vielfältigen Rückkoppelungsschleifen zwischen Teilsystemen sowie deren Akteuren und Institutionen getreten ist (vgl. Abschnitt 2).

Das Ausmaß und die Effizienz des Wissens- und Technologietransfers hängt demnach nicht nur von exzellenten F&E-Ergebnissen und der Transferbereitschaft und -fähigkeit öffentlicher F&E-Einrichtungen ab, sondern auch maßgeblich von der Transferbereitschaft und -fähigkeit der Unternehmen, bestehendes industrielles F&E-Wissen mit öffentlichen F&E-Einrichtungen zu teilen und vor allem externes Wissen aus der öffentlichen F&E zu integrieren (»Absorptionskapazität«). Letzteres erfordert in den Unternehmen u.a. eine systematische Informationsbeschaffung über neue Technologien, Prozesse, Produkte und Dienstleistungen, entsprechende technologische Kompetenzen und Prozesswissen (wie z.B. die effiziente Steuerung von Innovationsprojekten) sowie eine fundierte Kenntnis über nationale und internationale Märkte, um Innovationspotenziale frühzeitig zu erkennen. Zudem ist in den Unternehmen eine Innovationskultur mit geeigneten innovationsorientierten Organisations- und Anreizstrukturen erforderlich.

In neuen Technikfeldern, beim Aufkommen neuer (technologiegetriebener) Nachfragetrends und in den frühen Phasen der Übertragung wissenschaftlicher F&E-Erkenntnisse auf die Entwicklung neuer Methoden, Prozesse, Produkte und Verfahren sind junge Technologieunternehmen (u.a. Ausgründungen aus Hochschulen oder großen Technologiekonzernen) oftmals ein wichtiger Motor für den technologischen Wandel. Sie erweitern und modernisieren Prozesse und das Produkt- und Dienstleistungsangebot, eröffnen dadurch neue Marktnischen und können Innovationen zum Marktdurchbruch verhelfen, die in Großunternehmen häufig nicht aufgegriffen werden.

In Deutschland wirken in der Praxis häufig Ineffizienzen bei Transferinfrastrukturen (u.a. starke Fragmentierung, unzureichende fachspezifische Schwerpunktbildungen, unzureichend qualifiziertes Personal, zu geringe Vernetzung) sowie eine zu geringe Personalmobilität (u.a. zu geringer Austausch von Wissenschaftlern im Bereich der öffentlichen F&E oder innerhalb der Unternehmen zwischen der angewandten Forschung und der Entwicklungsabteilung für die Serienfertigung). Die Kommerzialisierung bzw. Überführung der F&E in die »industrielle Routine« scheint in Deutschland auch sehr häufig durch das zu geringe Volumen an verfügbarem Risikokapital in den Frühphasen (insb. Seed- und Start-up-Kapital), die geringe Gründungsdynamik sowie die geringere industrielle F&E-Dynamik und eine zögerliche Adoption durch Unternehmen in nachgelagerten Anwenderindustrien behindert zu werden. Dies kann auch als Zeichen einer im internationalen Vergleich geringeren Risiko- und Investitionsbereitschaft (vor allem in der industriellen Breite) zur Adoption neuer Technologien verstanden werden.

Wettbewerbsfähige industrielle Basis:

Die technologische Verfügbarkeit alleine reicht oft nicht zur Ausschöpfung der wirtschaftlichen Potenziale von Innovationen bzw. neuen Technologien aus. Denn selbst wenn z.B. neue Technologien komparative Vorteile (z.B. in technologischer, ökonomischer oder ökologischer Hinsicht) gegenüber konventionellen Technologien (die ebenfalls ständig weiterentwickelt werden) aufweisen, führt dies in der Praxis nicht immer zu einer breiten industriellen Umsetzung. Denn die wesentliche Grundlage für eine hohe Innovationsstärke und dauerhafte internationale Wettbewerbsfähigkeit ist die Bereitschaft von Unternehmen, überdurchschnittlich in Innovationen bzw. F&E zu investieren. Zudem sollten die Unternehmen einen etablierten Zugang zu allen großen Exportmärkten in Europa, Amerika und Asien haben, damit sich F&E-Aktivitäten durch internationale Markterschließungen schnell amortisieren können. Auch wettbewerbsfähige Zuliefererindustrien (z.B. junge Technologieunternehmen, »world class«-Zulieferer) sind als innovationsfördernd zu bewerten.

Die Analysen zeigen in der Praxis jedoch oft eine mangelnde Risiko- und Investitionsbereitschaft bei deutschen Industrieakteuren, die sich u.a. in geringeren F&E-Aktivitäten im internationalen Vergleich äußert, aber auch in einer geringeren Bereitschaft zur Adoption neuer

Technologien oder einem geringen Angebot an Risikokapital in Frühphasen (insb. Seed- und Start-up-Kapital). Dadurch werden aussichtsreiche Ideen oftmals nicht gefördert und weiterentwickelt. Zudem existieren oftmals auch technologische Pfadabhängigkeiten: z.B. kann der Einsatz eines neuen technischen Prozesses eine neue Produktionsanlagenkonzeption erfordern oder aber neue technische Prozesse lassen sich nicht ohne Anpassungen in ein Netzwerk anderer Prozesse integrieren. Häufig existiert auch eine fehlende Bereitschaft, etablierte, erprobte, gut funktionierende und optimierte Verfahren zu ersetzen; verstärkend wirkt hier, wenn bereits bestehenden Anlagen vollständig oder teilweise abgeschrieben sind, denn dies impliziert eine aktuell günstige Produktion.

Ein technologischer Umstieg kann auch mit erheblichen Kosten und wirtschaftlichen Risiken behaftet sein. Vor allem hohe Innovations- und Anpassungskosten (z.B. neue Anlagen und Prozesse, Mitarbeiterqualifizierung, Zulassungskosten und Genehmigungsverfahren) und fehlende Informationen (z.B. konkrete Kosteneinsparpotenziale, potenzielles Nachfragevolumen) induzieren in der Praxis oft ein hohes wirtschaftliches Risiko und Unsicherheiten und können daher innovationshemmend wirken. Dies gilt vor allem für kleine und mittelständische Unternehmen (KMU) und für Wirtschaftsbranchen mit geringen Gewinnspannen. Bei den KMU kommt zusätzlich ein Mangel an internen/externen Finanzierungsquellen (z.B. Bankkredite, Fördergelder) häufig als Innovationshemmnis hinzu. Innovationshemmend auf Unternehmensebene wirken u.a. organisatorische, personelle und planerische Schwachstellen (z.B. mangelnde Koordination/Kooperation zwischen F&E, Produktion und Marketing, fehlendes Innovationsbewusstsein und/oder Know-how, falscher Markteintrittszeitpunkt, unzureichendes Innovationsmanagement/-controlling).

Nachfrage:

Die erfolgreiche Diffusion von Innovationen, also der Prozess der Einführung neuer Technologien/Methoden, Prozesse, Produkte und Dienstleistungen und des »Ersetzens des Etablierten« ist eng mit Lern- und Rückkopplungsprozessen zwischen Forschern/Entwicklern und Anwendern/Nutzern verbunden. Da der Innovationsprozess erst mit der erfolgreichen Markteinführung und (möglichst breiten) Diffusion neuer Prozesse, Produkte und Dienstleistungen am Ziel ist, stimuliert der »Nachfragesog nach Neuem«, der von Kunden ausgeht, die Innovationsaktivitäten der Unternehmen. Die Nachfragebedingungen in einem Land können damit häufig unterschiedliche Diffusionsgeschwindigkeiten von neuen Technologien bzw. Innovationen erklären. Wichtige Ursache-Wirkungs-Mechanismen werden im Folgenden genauer betrachtet.

a) Qualität der Nachfrage: In der nachfragegetriebenen Innovationsentwicklung steht nicht die Technologie, sondern der Kundennutzen (Leistungsbündel) im Vordergrund. Existiert ein spezifischer, innovationstreibender Problemdruck, so werden von der Nachfrageseite (möglichst durch viele unabhängige Kunden) neue Bedarfe artikuliert, die bestehende Prozesse und/oder Produkte und/oder Dienstleistungen nicht abdecken können. Existieren in einem Land eine Nachfrage mit hohen Qualitätsansprüchen und großer Bereitschaft, Innovationen aufzunehmen, eine Innovationsneugier und hohe Technikakzeptanz (z.B. stimuliert durch eine umfassende Verbraucheraufklärung), so geben anspruchsvolle, kritisch fordernde und qualitätsbewusste Kunden/Nutzer (sogenannte »Lead User«) an innovierende Unternehmen Informationen über ihre spezifischen Bedürfnisse weiter und rückkoppeln die Passfähigkeit neuer Lösungen. Mit anderen Worten: Durch enge Kunden-Lieferanten/Produzenten-Beziehungen (»User-Producer Interactions«) und/oder die Einbindung von Nutzern in Innovationsnetzwerke und Cluster können fortgeschrittene Nutzer bzw. Anwender (»Lead User«) bereits früh in die F&E-Prozesse neuer Technologien, Prozesse, Produkte und Dienstleistungen einbezogen werden und ihre Erfahrungen aus der Erstanwendung unmittelbar an den Lieferanten/Produzenten weitergeben. Dies ermöglicht ein effizient funktionierendes System des Explorations-Marketing. Im Unterschied zur Interaktion mit »normalen« Kundengruppen zeichnen sich diese (inländische) »Lead User« dadurch aus, dass sie

- Vorreiter für einen kommerziellen Trend (d.h. für einen breiten Markt) bilden und frühzeitig globale Trends antizipieren,
- ein hohes Pro-Kopf-Einkommen und hohe Einkommens- und niedrige Preiselastizitäten aufweisen,

- einen hohen Nutzen von den neuen Prozessen und/oder Produkten und/oder Dienst-leistungen erwarten,
- selbst in den Innovationsprozess eingreifen und damit an der zunehmend als problematisch wahrgenommenen Schnittstelle der Marktumsetzung technischer Lösungen ansetzen und dadurch innovativen Unternehmen Anstöße zur Entwicklung radikaler und inkrementeller Innovationen geben,
- auf lokale, innovationsrelevante Ressourcen (u.a. inländische Unternehmen) zurückgreifen. Aufgrund der Marktnähe zu neuen Bedürfnissen, unterstützt durch kulturelle und sprachliche Faktoren, werden im heimischen Markt vertretene inländische Anbieter diese neue (»Lead-User«-)Nachfrage zuerst wahrnehmen und entsprechende Prozesse und/oder Produkte und/oder Dienstleistungen anbieten und sich dadurch Wettbewerbsvorteile verschaffen. Wenn sich diese als Erfolg herausstellen, werden sie zeitnah auf den relevanten internationalen Märkten vermarktet und verkauft.

Auch der Staat kann hierbei als Nachfrager eine wichtige Rolle spielen, u.a. im Bereich der Spitzentechnik (z.B. in der Informations- und Kommunikationstechnik, Luft- und Raumfahrttechnik, Militärtechnik). Er kann dabei selbst fertige Produkte und Dienstleistungen kaufen oder aber F&E-Aufträge für spezielle neue Produkte und/oder Dienstleistungen erteilen.

b) Nachfragebedingte Kostenvorteile: Um dauerhaft erfolgreich auf den internationalen Märkten bestehen zu können, ist meist die Erreichung von Lernkurven- und/oder Skalen- und/oder Verbundeffekten erforderlich. Ein großes inländisches Nachfrage- bzw. Marktvolumen, eine hohe Nachfragedynamik in Form hoher Marktwachstumsraten sowie sonstige relevante produktionsbezogene Faktorkostenvorteile (z.B. niedrige Energiepreise und/ oder Transportkosten) erleichtern es inländischen Unternehmen (insbesondere bei industriellen Produktionsprozessen) im internationalen Vergleich komparative Kostenvorteile zu erzielen. Die Bedeutung der Größenvorteile kann durch Kosten-Degressionskurven abgeschätzt werden, d.h. je stärker die Kosten-Degression, desto stärker treten Skaleneffekte und damit Kostensenkungspotenziale auf. In diesem Fall sind ein großes Marktvolumen (wegen den »Economies of Scale«) sowie eine hohe Marktdynamik besonders vorteilhaft; ein kleines Marktvolumen sowie eine geringe Marktdynamik wirken innovationshemmend.

c) Nachfragebedingte Transfervorteile: Die internationale Mobilität von – privaten und industriellen – Nachfragern bzw. Kunden (vor allem von den »Lead Usern«) sowie die zunehmende Präsenz von international agierenden (Groß-)Unternehmen auf allen relevanten Weltmärkten beschleunigen internationale Diffusionsprozesse. Auch erfolgreiche Demonstrations- und Entwicklungsprojekte in einem Land können die Unsicherheiten für neue Konsumenten über die Funktionsfähigkeit der neuen Technologie bzw. Innovation im eigenen Land, aber auch in anderen Ländern reduzieren, und damit zu einer nationalen und internationalen Diffusion von neuen Technologien bzw. Innovationen beitragen. Eine gute Kommunikationsinfrastruktur zwischen Ländern erleichtert die internationale Kommunikation, wodurch die Diffusion in andere Länder begünstigt wird.

d) Nachfragebedingte Exportvorteile: Hierunter werden Effekte wie die Repräsentativität der Präferenzen im heimischen Markt verglichen mit dem Weltmarkt, die Sensibilität gegenüber Änderungen der Nachfragebedingungen auf wichtigen Weltmärkten, der Grad der Exportorientierung einer Volkswirtschaft, aber auch »sprachliche und soziale Kompatibilität« mit den Zielmärkten subsumiert. Mit anderen Worten: Inländische Konsumenten bevorzugen ein Innovationsdesign (im Sinne eines innovativen Prozess-/Produkt-/Dienstleistungs-Designs), das sich später auch auf anderen Auslandsmärkten durchsetzt und konkurrierende Innovationsdesigns verdrängt. In diesem Kontext können auch frühzeitig im Inland eingeführte Normen (»mit globaler Ausstrahlung«) mit ihren positiven Effekten auf Skalenerträge, Kompatibilität und Qualität den Unternehmen zu dauerhaften Wettbewerbsvorteilen verhelfen, obwohl grundsätzlich auch die internationale Konkurrenz den gleichen Zugang und die gleichen Anwendungsmöglichkeiten besitzt.

Deutschland besitzt in einigen Bereichen sehr positive Nachfragebedingungen (z.B. im Automobil- und Maschinen-/Anlagenbau, in der Prozesstechnik für Industriekunden). Allerdings zeigen die Analysen etliche Innovationsbarrieren auf der Nachfrageseite wie z.B. ein abnehmender Anteil Deutschlands an den weltweiten privaten Konsumausgaben, eine geringere Nachfrage nach F&E-/wissensintensiven Produkten/Dienstleistungen pro Kopf oder eine geringe Nachfrage in risikoreichen Technologiebereichen. Innovationshemmend wirken zum Teil auch eine unsichere Nachfrage (z.B. aufgrund wenig belastbarer Marktpotenzialschätzungen), kontraproduktive Regulierungen/Standards (z.B. bei Neuzulassungen, mangelhafte Eigentumsrechte) oder wenn Märkte bereits durch etablierte Unternehmen dominiert werden. Weitere Innovationshemmnisse auf der Nachfrageseite sind u.a. hohe Such-, Eintritts-, Wechsel- oder Transaktionskosten (z.B. Notwendigkeit komplementärer Technologien oder Netzwerkeffekte), Mangel an komplementärer Infrastruktur oder eine unzureichende öffentliche Akzeptanz (z.B. in der grünen Gentechnologie).

Leistungsfähigkeit von Clustern und Netzwerken:

Die bisherigen Ausführungen haben gezeigt, wie wichtig einerseits die Angebotsfaktoren (u.a. starke technologische Wissensbasis, qualifiziertes Personal) und andererseits die Nachfragefaktoren für die Innovationskraft und internationale Wettbewerbsfähigkeit sind. Insbesondere für F&E- und wissensintensive Branchen und deren meist multidisziplinären und interaktiven Innovationsprozesse ist die Verknüpfung von Angebots- und Nachfragefaktoren in leistungsstarken Innovationsnetzwerken von zentraler Bedeutung für die dauerhafte Stärkung ihrer internationalen Wettbewerbsfähigkeit. Wichtige Ursache-Wirkungs-Mechanismen werden im Folgenden genauer betrachtet.

Die zunehmende Bedeutung neuer Querschnittstechnologien (z.B. Bio-, Nano- und Informations-/Kommunikationstechnologien), sowohl im F&E- und Produktionsprozess als auch in der Vermarktung und im Vertrieb neuer Prozesse, Produkte und Dienstleistungen, erfordert oftmals eine neue (zunehmend interdisziplinäre) technologische Wissensbasis. Dadurch wächst die Anzahl der unterschiedlichen wissenschaftlichen Disziplinen, die die Basis für dieses Know-how bereitstellen. Zudem ändern sich die erforderlichen Kompetenzen entlang der zahlreichen Wertschöpfungsstufen. Das hierfür erforderliche (Technologie-)Wissen kann in der Regel nicht mehr von einzelnen Akteuren vorgehalten werden, sondern ist meist über viele Wissenschafts- und Industrie-Akteure verteilt. Dies impliziert, dass kein bzw. nur noch wenige Unternehmen zukünftig in der Lage sein werden, den gesamten komplexen Innovationsprozess alleine effizient zu steuern, so dass künftig in umfangreicherem Maße als bislang auf externes Wissen (u.a. aus Hochschulen, F&E-Instituten und jungen Hochtechnologieunternehmen) zurückgegriffen werden muss.

Aufgrund dieser steigenden Komplexität und der Notwendigkeit zu interdisziplinärer Zusammenarbeit innerhalb des Innovationsprozesses werden daher zukünftig viele F&E-Projekte nur noch in Innovationsnetzwerken – u.a. zwischen Hochschulen, öffentlichen F&E-Einrichtungen, jungen Technologieunternehmen, multinationalen (Groß) Unternehmen und innovationsimpulsgebenden Nachfragern (sogenannten »Lead Usern«) – durchgeführt. Ein entscheidender Wettbewerbsvorteil erfolgreicher Innovationsakteure wird es daher künftig sein, innerhalb von Innovationssystemen bzw. -netzwerken den richtigen Mix zu finden aus (teilweise noch aufzubauenden) »In-house«-Kompetenzen und der Nutzung des Wissens externer Akteure. Für den richtigen Mix wird die Qualität und die Quantität der verfügbaren technologischen Wissensbasis (»technologische Möglichkeiten«) und der verfügbaren F&E-Ressourcen (Humanressourcen und F&E-Kapital) innerhalb von Innovationsnetzwerken entscheidend sein.

Ein effektiver und effizienter Wissens- und Technologietransfer zwischen öffentlichen F&E-Institutionen untereinander (z.B. Verzahnung von Grundlagenforschung und angewandter F&E), zwischen öffentlichen und privatwirtschaftlichen Innovationsakteuren (z.B. Vernetzung von KMU/Großunternehmen und öffentlichen F&E-Instituten) sowie zwischen privatwirtschaftlichen Innovationsakteuren untereinander (z.B. Vernetzung von KMU und Großunternehmen untereinander) gewinnt damit zunehmend an Bedeutung. Mit anderen Worten: Eine effektive und effiziente Vernetzung ist daher die Voraussetzung für prosperierende Innovationssysteme. Abstimmungsprozesse und Kooperationsaktivitäten zwischen allen Akteuren müssen intensiv betrieben werden, wobei die hierfür erforderlichen Strukturen und Netzwerke etabliert werden müssen. Zukünftig »prosperierende Innovationssysteme« sind daher durch vielfältige Kooperationen und Netzwerke gekennzeichnet, welche durch ausländische Konkurrenten nicht bzw.

nur sehr schwer imitiert werden können; dies sichert dauerhafte Wettbewerbsvorteile für inländische Akteure.

Die aktuellen und künftigen Beweggründe für Kooperationen und der Nutzen aus Netzwerken sind vielschichtig und lassen sich wie folgt zusammenfassen:

- F&E-Einrichtungen führen F&E-Kooperationen mit anderen öffentlichen F&E-Akteuren durch, um komplementäres Wissen und Expertise gemeinsam zu nutzen (F&E-Synergien), wissenschaftliche Fragen zu klären und um Zugang zu zusätzlichen F&E-Budgets zu erlangen. Kooperationen mit Unternehmen führen F&E-Einrichtungen meist durch, um das Wissen und die Technologien weiterzuentwickeln (z.B. Entwicklung neuer Anwendungen und Produktionstechnologien, Anpassung der Herstellungsverfahren an Produktionsmaßstab »Up-Scaling«), und um zusätzliche F&E-Budgets zu akquirieren.
- Unternehmen kooperieren mit F&E-Einrichtungen, um wissenschaftliche Fragen zu klären, neue technologische Konzepte, Prozesse und Produkte zu prüfen und zu validieren, gemeinsame Entwicklungsprojekte durchzuführen sowie um Zugang zu erhalten zu spezifischem komplementärem Know-how (Grundlagen- und angewandtes Wissen), neuen Forschungsgebieten (mit geringem finanziellen Risiko), Einrichtungen, Anlagen und Forschungsmaterialien, zusätzlichen Finanzierungsmitteln, und um Zugang zu bekommen zu neuen, hoch qualifizierten Arbeitskräften.
- Kleine und mittelständische Unternehmen (KMU) kooperieren in der Regel mit großen Unternehmen, um Zugang zu erhalten zu neuen (insb. internationalen) Märkten, Kenntnissen und Fähigkeiten im Bereich Kommerzialisierung (z.B. Marketing- und Verkaufsstrategien), Kenntnissen und Fähigkeiten im Bereich Produktentwicklung, Herstellungsverfahren im Produktionsmaßstab (»Up-Scaling«) sowie um Zugang zu Know-how in Regulierungs- und Gesetzesfragen zu bekommen. Große Unternehmen kooperieren meist mit kleinen Unternehmen, weil sie dadurch Zugang zu spezifischem F&E-Wissen (z.B. durch Vertragsforschung) und F&E-Plattformtechnologien bekommen und einen schnellen und relativ kostengünstigen Zugang zu neuen F&E-Gebieten erhalten.

Hinsichtlich der räumlichen Ausdehnung von Kooperationen bzw. Netzwerkstrukturen wird oft die Bedeutung räumlicher und kultureller Nähe zwischen den Akteuren als stabilisierender und kooperationsfördernder Faktor hervorgehoben. Denn die Entstehung einer Inkubatoratmosphäre setzt meist eine kritische Masse an innovativen Akteuren auf engstem Raum voraus, in der neue Ideen generiert und Synergiepotenziale genutzt werden. Die räumliche Nähe der beteiligten Netzwerkakteure kann somit einen entscheidenden Wettbewerbsvorteil der Innovationsakteure darstellen.

Derartige räumliche Konzentrationen von Hochschulen, außeruniversitären F&E-Einrichtungen, Unternehmen (inkl. Zulieferer) einer Branche oder verwandter Branchen und Intermediären (z.B. Finanzintermediäre), die in der Regel durch eine (vertikale) Wertschöpfungskette verbunden sind, werden als »Cluster« bezeichnet. Aufgrund der räumlichen Konzentration können Agglomerationsvorteile angenommen werden, die vor allem in Form positiver externer Effekte wie Zugang zu spezialisiertem Human- und Finanzkapital, Vorleistungen und Informationsspillovers auftreten. Die internationale Wettbewerbsfähigkeit kann durch solch ein kompetitives und gleichzeitig unterstützendes Umfeld in räumlicher Nähe gestärkt werden, was die Attraktivität bestimmter Standorte/Regionen erklärt.

Die Umfeldbedingungen von erfolgreichen Clustern zeichnen sich auch durch einen intensiven lokalen Wettbewerb und anspruchsvolle, heimische Kunden aus. Sowohl die Nähe zu Konkurrenten (»spürbarer Wettbewerbsdruck«) als auch zu anspruchsvollen, heimischen Kunden trägt entscheidend zur dynamischen technologischen und industriellen (Weiter-) Entwicklung des Clusters bei. Neben dem wettbewerblichen Aspekt sind die Cluster aber auch durch starke kollaborative Elemente geprägt – allerdings meist nur entlang der Wertschöpfungskette, das heißt in der vertikalen Dimension und nicht innerhalb einer Wertschöpfungsstufe. Im Idealfall stimulieren sich diese (wettbewerblichen) Bedingungen in einem Cluster gegenseitig, so dass die systemimmanente Dynamik zu einer ständigen Weiterentwicklung und einem kumulativem (Wissens-)Wachstum bei den Akteuren führt. Auch Lerneffekte und langfristige Vertrauensentwicklung spielen hierbei eine wichtige Rolle. Mit anderen Worten: Innovationsakteure in einer globalen Wirtschaft können oftmals nur durch lokale Elemente, auf die entfernte Konkurrenten nicht bzw. nur sehr schwer zugreifen können, einen dauerhaften Wettbewerbsvorteil erzielen.

Die Bildung von »Clustern« und die damit verbundenen Vernetzungsvorteile basieren u.a. auf Kostenvorteilen, z.B. beim Finden geeigneter Kooperationspartner, vor allem aber auf der räumlichen Verankerung impliziten Wissens. Gerade bei neu entstehenden Technikfeldern spielt implizites, nicht kodifizierbares Wissen (»tacit knowledge«) eine wichtige Rolle, da viele Erfahrungen und Erkenntnisse nicht in kodifizierter Form vorliegen. Diese Informationen und dieses Wissen sind jedoch zentral für den Aufbau und die Existenz von High-Tech-Regionen. Dieses implizite Wissen ist häufig durch die Einbettung in bestimmte soziale Praktiken oder Gemeinschaften in einer Region lokal gebunden. Vor allem zwei Bestimmungsgründe begünstigen eine räumliche Zusammenballung:

- Tacit knowledge ist schwieriger über lange Distanzen zu kommunizieren, da es nicht kodifizierbar ist und seine Bedeutungszusammenhänge sehr kontextbezogen sind. Es ist am besten durch persönlichen Kontakt zu übertragen (»face-to-face«-Kommunikation), da sein Transfer auch einen Grundstock an gemeinsamem Grundvertrauen erfordert (»offene soziale Kultur«).
- Oft sind soziale Interaktionen die Basis für die notwendigen Lernprozesse. Einen besonderen Stellenwert nehmen hierbei die »user-producer«-Beziehungen ein. Wissen fließt nicht unidirektional von den Technologieherstellern zu den Anwendern, sondern – oft in Form von »tacit knowledge« – auch von den Nutzern/Anwendern zu den Herstellern.

Die Agglomerationsvorteile eines Clusters beziehen sich daher weniger auf (statische Transaktions-)Kostenersparnisse, sondern sind eher institutioneller bzw. soziokultureller Natur. Ein gemeinsamer Standort bietet Sprach- und kulturelle Ähnlichkeiten, die Kommunikation unterstützen und so die Verbreitungsgeschwindigkeit von (implizitem) Wissen erhöhen können. Dieser lokale Kommunikations- und Interaktionskontext ist besonders vorteilhaft bei schlecht kodifizierbarem bzw. vermittelbarem Wissen, weil er eine gemeinsame Wissensbasis bereitstellt, auf der der Wissensaustausch aufsetzen kann.

Der Vorteil der regionalen Konzentration von Unternehmen und F&E-Einrichtungen liegt darin, dass aufgrund unterschiedlicher Wahrnehmungsfähigkeiten, Einsichten und Einstellungen eine ganze Bandbreite von Lösungen bzw. Innovationsdesigns für ähnliche Probleme beobachtet werden kann. Das Beobachten, Vergleichen und Diskutieren dieser verschiedenen Herangehensweisen ermöglicht den Innovationsakteuren einen schnellen und kontinuierlichen Lernprozess, der ihr Überleben sichern kann.

Im Zusammenhang mit Clustern ist auch zu beachten, dass sich die Bedeutung einzelner Standort- und betrieblicher Leistungsfaktoren entlang der unterschiedlichen »Lebenszyklusphasen« eines Clusters verändern können. Während in den Frühphasen einer Cluster (Neu)Bildung (»Set-up/Start-up«-Phase) eine exzellente Forschung an F&E-Instituten und Hochschulen in der räumlichen Nähe sowie ein etablierter und gut funktionierender Wissens- und Technologietransfer sehr wichtig sind, gewinnen in den späteren Wachstums- und Reifephasen (»Scale-up/Grown-up«-Phase) ausreichendes Kapital (u.a. durch Finanzintermediäre bereitgestellt), eine gut ausgebaute Infrastruktur (z.B. Inkubatorflächen und Technologieparks, Verkehrsanbindung zu nationalen und internationalen Märkten) sowie ausreichend gut qualifizierte Arbeitskräfte (z.B. Manager, promovierte Naturwissenschaftler, technisches Personal) stärker an Bedeutung.

In der Praxis zeigen sich in Deutschland sehr oft Innovationshemmnisse in der Zusammenarbeit zwischen Wirtschaft und Hochschulen (u.a. unzureichender temporärer Personalaustausch). Zudem sind KMU häufig noch unzureichend in die Cluster bzw. Innovationsnetzwerke integriert, um die zukünftigen Herausforderungen wie z.B Interdisziplinarität und Internationalisierung erfolgreich meistern zu können (denn aktuell fehlt es den KMU oft an Personal, Know-how und Kapital). Häufig sind die Netzwerke/Cluster auch unzureichend an den regionalen Techniklinien sowie an den nationalen und globalen Kundenbedarfsstrukturen ausgerichtet.

Koordinierte, transparente, passfähige und stabile Innovationspolitik:

Aufgrund der hohen Bedeutung verschiedenster Schlüsseltechnologien und Fachdisziplinen und der zunehmenden Bedeutung von Innovationen in Überlappungsbereichen von Technikfeldern wird der Koordinierung und Verzahnung von Politikmaßnahmen eine immer wichtigere Rolle beigemessen.

Hier zeigt sich in der Praxis oft noch eine unzureichende ressortübergreifende Koordination von politischen Innovationsakteuren, die z.B. in der Förderung zu einer zum Teil hemmenden Fragmentierung, überlappenden Verantwortlichkeiten und einer fehlenden Bündelung und Koordination der F&E-Fördertöpfe führt. Oft existieren keine gemeinsam abgestimmten Gesamt- und Teilstrategien der Ministerien zur Förderung von neuen Technologien bzw. Innovationen. Neben der oft zu wenig koordinierten Innovationspolitik erzeugen auch sich häufig ändernde politische und rechtliche Rahmenbedingungen oftmals Intransparenz, Inflexibilität und Planungsunsicherheit für die Wirtschaft und Wissenschaft. Dadurch entstehen für die Innovationsakteure oft unkalkulierbare Risiken. In Summe wirken auch oft die hohe Komplexität durch eine Vielzahl an nationalen und internationalen Gesetzen/Vorschriften und deren mangelnde Passfähigkeit zueinander, bürokratische Verwaltungsprozesse sowie eine uneinheitliche Umsetzung von Gesetzen/Vorschriften (z.B. bei der Zulassung von Produktionsanlagen in verschiedenen Bundesländern) innovationshemmend.

4. Handlungsfelder und Handlungsoptionen

Die zukünftigen technologischen Herausforderungen (u.a. Interdisziplinarität) in Verbindung mit den aufgezeigten Ursache-Wirkungs-Mechanismen und Innovationsbarrieren am Innovationsstandort Deutschland erfordern bei vielen Akteuren strategische Neuausrichtungen bzw. ein strategisches Umdenken, um auch zukünftig weiterhin international innovations- und wettbewerbsfähig zu bleiben. Einige wichtige Eckpfeiler für die Akteure sind in Tabelle 1 zusammengefasst. Eine sehr ausführliche Darstellung der nachfolgenden Handlungsoptionen zur Stärkung der Leistungsfähigkeit von Innovationssystemen findet sich in Nusser et al. 2007b Kap. IV (und der dort angegebenen Literatur).[2]

Chancen einer koordinierten Innovationspolitik nutzen: Politikmaßnahmen sollten zukünftig noch besser koordiniert und aufeinander abgestimmt sein und bereits existierende Abstimmungsprozesse zwischen verschiedenen Politikressorts auf Bundes- und Landesebene, die oft lediglich ad hoc und unsystematisch stattfinden, sollten weiter intensiviert und institutionalisiert werden. Dabei gilt es Folgendes zu beachten:

1) Entwicklung und Organisation von Innovationssystemen: Die Ergebnisse der Innovationssystem-Analysen legen nahe, dass punktuell ansetzende Maßnahmen nicht ausreichen bzw. zu kurz greifen. Vielmehr ist ein ganzheitliches systemisches Denken erforderlich, das relevante angebots- und nachfrageseitigen Erfolgsfaktoren sowie deren Vernetzung entlang der gesamten Wertschöpfungskette berücksichtigt. Neben der Nutzung von forschungs- und technologiepolitischen Instrumenten, die auf einzelne Phasen (z.B. Förderung Grundlagenforschung) oder auf die Interaktion zwischen einzelnen Akteuren bzw. Teilsystemen (z.B. Wissenstransfer) gerichtet sind, sollte die Politik daher systemische Instrumente stärker nutzen. Diese richten explizit den Fokus auf das Zusammenspiel der Beziehungsstrukturen und Teilsysteme des Innovationssystems und auf dessen Funktionsfähigkeit insgesamt (z.B. Förderung von Netzwerken, Auflösung verkrusteter Strukturen, Initiierung von Debatten, Förderung von Konsensbildungsprozessen).

2) Aufbau eines effizienten Schnittstellenmanagements durch Vernetzung von Akteuren, Sektoren und Systemkomponenten: Die fachdisziplinen- und sektorübergreifende Vernetzung von Akteuren sollte auch künftig gefördert und weiter optimiert werden, z. B. durch Austauschprozesse und Interaktionen zwischen Grundlagen-

---

[2] Viele Handlungsoptionen aus dem Handlungsfeld Politik bzw. koordinierte Innovationspolitik werden in Lindner et al. 2009 (und der dort angegebenen Literatur) ausführlich beschrieben.

und angewandter Forschung sowie zwischen öffentlicher F&E und Industrie (und hier vor allem KMU-Kooperationen mit öffentlichen F&E-Einrichtungen), u.a. mit Hilfe technologie- und sektorübergreifender Förderprogramme.

Tab. 1: Innovationsstandort Deutschland: Handlungsfelder und Handlungsoptionen

Politik: Chancen einer koordinierten Innovationspolitik nutzen	▪ Politikmaßnahmen stärker verzahnen und aufeinander abstimmen ▪ Systematischer Aufbau strategischer Intelligenz ▪ Stakeholder früh integrieren und Strategien sichtbar machen ▪ Innovationssystem- und Wertschöpfungskette-Perspektive stärken ▪ Zielvorgaben für Politikmaßnahmen und Evaluationsprozesse etablieren
Wissensbasis und Transfer: Technologische Wissensbasis auf breiter Front stärken und Wissens- und Technologietransfer beschleunigen	▪ Indirekte Förderung intensivieren (u.a. Fokus auf KMU/Dienstleister, kein Technologie-/Branchenfokus, eindeutige und eng definierte F&E-Größen) ▪ Direkte Förderung in der Breite beibehalten, hierbei stärker Methoden wie z.B. Technologie-/Markt-Roadmaps und quantitative Evaluationen nutzen ▪ F&E-Ausrichtung (Staat/Industrie) stärker an Bedarfsstrukturen ausrichten ▪ Transfer qualitativ stärken (u.a. Qualifizierung, Spezialisierung, stärkere regionale/technologische Vernetzung), Anreize für Personalmobilität ▪ Verfügbarkeit Risikokapital erhöhen (auf wettbewerbliche Auslese achten)
Bildung und Qualifikation: Bildungsaktivitäten optimieren und bedarfsgerecht ausrichten und qualifizierte Arbeitsangebotspotenziale besser ausschöpfen	▪ Passfähigkeit Qualifikationsprofile (u.a. Interdisziplinarität, Know-how bzgl. interkulturellem und Netzwerk-Management) erhöhen (diskursiver Prozess) ▪ Effizienz und Internationalisierung Bildungssystem erhöhen (z.B. Beseitigung Chancenungleichheit, Aufbau internationaler Netzwerke) ▪ Stärkere Mobilisierung für technische Berufe (z.B. höhere Durchlässigkeit des Bildungssystems, stärkere Verankerung Gender-Thema) ▪ Stärkere Integration von Älteren und Frauen ▪ Lebenslanges Lernen in der Breite verinnerlichen (z.B. Unikurse für Ältere)

Nachfrage und Regulierung: Nachfrageseitige Erfolgsfaktoren für Vorreitermärkte aktivieren	▪ Nutzer bzw. Anwender stärker und früher in F&E-Prozesse integrieren ▪ Unsicherheiten für Nutzer reduzieren ▪ Bewusstsein für Innovationen erhöhen ▪ Nutzungskompetenzen verbessern
Cluster und Netzwerke: Innerhalb von Netzwerken Wissen schnell in wettbewerbsfähige Prozesse, Produkte und Dienstleistungen umwandeln	▪ Politik sollte nur koordinierend und nicht steuernd eingreifen ▪ Qualität statt Quantität fördern (z.B. Qualifizierung Netzwerkmanagement) ▪ Kompatibilität staatlicher Förderstrategien zu regionalen Techniklinien, unternehmerischen Innovationsstrategien, (globalen) Bedarfsstrukturen ▪ Technologieorientierte Regionalmarketingkonzepte für Standorte entwickeln und im In- und Ausland sichtbar machen ▪ Stärkere Öffnung nach außen (insb. bei reifen Clustern/Netzwerken), um globale Technologie-, Industrie- und Markttrends früh nutzbar zu machen

3) Stärkung von politischen Abstimmungs- und Koordinationsprozessen: Zum einen sollte die Koordination zwischen den Ressorts auf Bundesebene (z.B. zwischen BMBF und BMWi) sowie zwischen Bundes- und Länderministerien hinsichtlich der innovationspolitischen Ziele, Prioritäten und Umsetzungsstrategien gestärkt und verstetigt werden. Zum anderen sollte eine bessere administrative Koordination von Verantwortungsbereichen innerhalb der Ressorts sowie auf der Ebene der nachgeordneten Behörden und Institutionen hinsichtlich der Umsetzung von Zielen und Strategien erfolgen. Dabei sollten Ressortegoismen überwunden werden, u.a. durch ein angemessenes Institutionendesign (insb. Aufbau geeigneter Koordinationsgremien bzw. adäquate Koordinationsinstanzen mit einem politisch starken und klar definierten Mandat) und umfangreiche Konsensbildungsprozesse. Die konkrete Ausgestaltung solcher institutioneller Lösungen müsste von den betroffenen Fachministerien gemeinsam entwickelt und entschieden werden. In diesem Zuge sollten auch bereits existierende ressortinterne Koor-

dinationsprozesse (z.B. referatsübergreifende Arbeitsgruppen) ausgebaut und gestärkt werden.

4) Infrastrukturen und Institutionen zur Erzeugung von »strategischer Intelligenz« institutionell verankern, z. B. durch regelmäßige Durchführung von Foresight-/Vorausschau- und Technikfolgenabschätzungs-Projekten, Etablierung von Programmevaluations-, Benchmarking- und Strategieentwicklungsprozessen, Informationsbereitstellung und Informationskampagnen, Schaffung von Lern- und Experimentierplattformen sowie reflexiven (Beratungs)-Institutionen und Foren. Diese strategische Intelligenz sollte als wichtige Informationsbasis genutzt werden, u.a. für innovationspolitische Entscheidungen und Umsetzungsstrategien sowie zur Rationalisierung von Diskursen und Schaffung einer gemeinsamen Orientierung unter den innovationspolitischen Akteuren. Dafür ist es erforderlich, dass über die gesamte Wertschöpfungskette relevante Informationen transparent und zielgruppenspezifisch bereitgestellt werden (z.B. übersichtliche Informations-angebote zu Fördermöglichkeiten, Listen mit geeigneten Kooperationspartnern für unerfahrene KMU).

5) Partizipation und Transparenz stärken: Bei der Festlegung von transparenten, langfristig stabilen und verlässlichen Politikzielen, Prioritäten und Strategien ist es anzustreben, die relevanten Stakeholder aus Wissenschaft und Industrie frühzeitig einzubinden, um Gesamt- und Teilstrategien zu entwickeln, die dauerhaft gemeinsam von allen Innovationsakteuren getragen werden. Bei sämtlichen Politikformulierungs- und Strategieentwicklungsprozessen ist auf einen hohen Grad an Transparenz zu achten. Sie sollten daher auf Basis transparenter, integrativer und partizipativer Prozesse entwickelt werden. Dabei sollte allen Stakeholdergruppen die Gelegenheit zur konstruktiv-kritischen Auseinandersetzung ermöglicht werden. Wichtige Akteure aus Politik, Wissenschaft/F&E und Industrie sollten in die Entscheidungsprozesse konsultativ eingebunden werden. Zudem sollte der Erfolg von Politikmaßnahmen sichtbar an Zielvorgaben gemessen werden. Durch Evaluationen, Soll/Ist-Vergleiche und Identifizierung von Best-Practice-Bei-

spielen können Lernprozesse zum »richtigen Design« von Politikmaßnahmen angestoßen werden.

Technologische Wissensbasis auf breiter Front stärken: Ähnlich wie in vielen OECD-Ländern können bei der Förderung in die Breite (»Sockel«) verstärkt indirekte F&E-Förderinstrumente (z.B. F&E-Zulagen/Steuervergünstigungen, Forschungsprämien) eingesetzt werden, die auf alle F&E-treibenden sowie F&E-einstiegsbereiten Innovationsakteure abzielen. Wichtige Zielgruppen wären KMU und wissensintensive Dienstleistungsunternehmen. Die Förderung sollte unabhängig von der technologischen Ausrichtung und Branchenzugehörigkeit erfolgen. Um Mitnahmeeffekte und Manipulationen zu vermeiden, sollten indirekte Förderinstrumente an relativ eindeutige und eng definierte F&E-Größen gekoppelt werden (z.B. direkte F&E-Personalausgaben ohne Gemeinkostenzuschlag).

Die direkte Förderung in die Spitze (u.a. Fachprogramme des BMBF zur Förderung von Spitzentechnologien) hat sich bewährt. Die breite thematische Ausgestaltung in der deutschen Forschungslandschaft trägt den vorhandenen Kompetenzen Rechnung und sollte fortgeführt werden. Zur Optimierung der Forschungsförderung sollte eine weitere Stärkung etablierter Verfahren (z.B. Foresights, Technologie-Roadmaps, wettbewerbliche Vergabekriterien), die Etablierung kontinuierlicher Evaluationsprozesse mit Erfolgskontrollen und eine stärkere Einbindung der Vertreter aus angewandter Forschung und Industrie in »Peer-Review«-Prozesse erfolgen.

Die öffentliche Förderung sollte weiter gebündelt und die Transparenz und Passfähigkeit der Förderprogramme erhöht werden (u.a. projektträgerübergreifende Finanzierung, Schnittstellenoptimierung zwischen Bundesministerien und zwischen Bundes- und Landesebene, internetbasierte Förderdatenbanken und/oder zentrale Knotenstelle). Zudem sollten Förderdesigns kontinuierlich weiterverbessert werden (z.B. durch Etablierung von Evaluationsprozessen).

Staatlich geförderte angewandte F&E-Prozesse sollten stärker an zukünftigen Kundenbedarfsstrukturen ausgerichtet werden, ohne den Freiraum für kreative neue Ideen zu sehr einzuschränken. Dies impliziert, dass z.B. verstärkt Marktpotenzialabschätzungen, mögliche

Markteintrittshürden sowie darauf zugeschnittene Vermarktungsstrategien Bestandteile von »marktnahen« Förderanträgen sein könnten. Um die Passfähigkeit der F&E-Strategien zu erhöhen, sollte der Austausch inländischer Unternehmen (vor allem KMU) und F&E-Einrichtungen über ihre Innovationsstrategien intensiviert werden. Verbund-Förderprojekte mit einer Integration von verwertungsstarken Industriepartnern haben sich hier bewährt. Auch die 2007 eingeführte Forschungsprämie zielt in die richtige Richtung.

Wissens- und Technologietransfer beschleunigen: Transferstellen sollten sich zukünftig stärker auf ihre Kernaufgaben fokussieren (u.a. Aufbau und Pflege von Kontakten, Unterstützung bei Vertragsabschlüssen und Fragen zu Förderprogrammen) und sich unter regionalen und technologiespezifischen Gesichtspunkten stärker vernetzen (u.a. Transferstelle für mehrere F&E-Einrichtungen und Universitäten, bundesweite Zusammenführung von technologiespezifischer Expertise). Sehr spezialisierte Beratungsleistungen (z.B. zu Patentschutz, Technikproblemen) sollten spezielle Extra-Einrichtungen gebündelt anbieten. Da die Anforderungen an Transferstellenmitarbeiter hinsichtlich Know-how (u.a. zu Technologie- und Marktchancen) sowie »Soft Skills« sehr hoch sind, sollten Anreizstrukturen zur Weiterqualifizierung oder Rekrutierung erfahrener Experten etabliert werden (z.B. Lohn an Verwertungserfolg koppeln). Auch Evaluationsprozesse zur Qualitätssicherung und Stimulierung von Lernprozessen können unterstützend wirken.

Der temporäre Seitenwechsel zwischen Wissenschaft und Wirtschaft sollte aktiv gefördert werden. In der Industrie z.B. wechseln Erfinder innerhalb eines Konzerns (zeitweise) mit ihrer Idee in die Organisationseinheit, in der die Idee bis zur Serienreife weiterentwickelt wird. Gleiches wäre auch denkbar zwischen Wissenschaft und Wirtschaft.

Im Bereich der Gründungsdynamik sollte neben dem Coaching von Gründern durch erfahrene Experten (insb. in den Startphasen) bei der Bereitstellung von staatlichem Risikokapital stets ein Finanzierungsmix (u.a. aus Fremd-, Eigenkapital und Cash Flow) und eine degressive Ausgestaltung (abnehmender staatlicher Finanzierungsanteil mit zunehmender Förderdauer) angestrebt werden, damit sich neu gegründete (Technologie-)Unternehmen bereits früh am Markt orientieren und ein Kostenbewusstsein entwickeln.

Bildungsaktivitäten optimieren und Qualifikationen bedarfsgerecht ausrichten: Die Engpässe in natur- und ingenieurwissenschaftlichen Bereichen können durch eine verstärkte Durchlässigkeit des Bildungssystems abgemildert werden (z.B. Hochschulzugang auch ohne Abitur auf Basis von Aufnahmetests). Um den Frauenanteil in techniknahen Fächern zu erhöhen, sind punktuelle Maßnahmen (z. B. »Girls go Informatik«, »Girls Days«) zu ergänzen durch eine stärkere Verankerung des Gender-Themas in Hochschulen und F&E-Einrichtungen. Zudem sollten weiche Instrumente, die das Image techniknaher Berufe unter Jugendlichen verbessern (z.B. Schülerlabors, Integration von »Success Stories« erfolgreicher Naturwissenschaftler in den Schulunterricht), verknüpft werden mit direkten Anreizen (z.B. geringere Studiengebühren für techniknahe Fächer).

Bildungsinstitutionen und Arbeitgeber(gruppen) aus Wirtschaft, Wissenschaft und Öffentlichem Dienst sollten sich zukünftig in einem auf Langfristigkeit ausgerichteten kontinuierlichen Prozess früher und intensiver darüber abstimmen, welches zukünftige Qualifikationsbedarfe sein könnten. Diese Prozesse dürfen nicht nur industriegetrieben sein, sondern anzustreben ist ein Diskurs aller Beteiligten auf Basis von Prognosen zum Qualifikationsbedarf sowie Soll/Ist-Abweichungsanalysen zwischen künftigem Bedarf und künftigem Angebot. Derzeitige Erkenntnisse deuten darauf hin, dass trotz positiver Entwicklungen die Bereiche interdisziplinäre Anforderungen von Zukunftstechnologien (z.B. Schnittstellen zwischen Bio-, Nano-, Informations-/Kommunikations- und Produktionstechnologien), gezielte betriebswirtschaftliche Inhalte (u.a. neue Finanzierungs- und Risikomanagementinstrumente), »Soft Skills« (z.B. interdisziplinäre Teamfähigkeit, Netzwerkmanagement-Know-how) sowie internationale Bildungsinhalte (u.a. international ausgerichtete Marktforschungs- und Technologie-Monitoring-Analysemethoden) noch unzureichend berücksichtigt werden.

Neben Lehrinhalten sind auch Strukturen der Bildungsinstitutionen anzupassen (z.B. Aufbau internationaler und interdisziplinärer F&E-

Netzwerke, Förderung internationaler Studenten-/Lehrkräfteaustausch).

Qualifizierte Arbeitsangebotspotenziale besser ausschöpfen: Um vorhandene »qualifizierte stille Reserven« in Deutschland besser auszuschöpfen, sind Anreizstrukturen zu etablieren, die Weiterbildungsaktivitäten und das Prinzip des lebenslangen Lernens auf breiter Front fördern (z.B. Weiterbildungsgutscheine, spezielle Hochschulkurse für Ältere). Bei der Weiterbildung hat sich bewährt, Wissensvermittlung, Erfahrungsaustausch zwischen den Teilnehmern und Coaching (z.B. bei der Lösung veränderter betrieblicher Aufgaben) unmittelbar miteinander zu verbinden. Um hochqualifizierte Frauen besser zu integrieren, sind solche Instrumente noch besser zu verzahnen, die familienfreundlichere Strukturen schaffen. Neben einem Rechtsanspruch auf Kinderbetreuung, einer qualitativ hochwertigen Kleingruppen-Kinderbetreuung mit sehr flexiblen Betreuungszeiten (dies impliziert Kindertagesstätten mit langen Öffnungszeiten) wirken familienfreundlichere Arbeitsformen (z.B. Telearbeit) aber auch die Beseitigung von existierenden Gehaltsdifferenzen unterstützend. Die Bereitstellung der Infrastruktur scheint hierbei wichtiger zu sein als finanzielle Förderinstrumente (z.B. Elterngeld).

Nachfrage aktivieren und Vorreitermärkte schaffen: Innovationsakteure aus Wirtschaft und Wissenschaft sollten aktuelle und potentielle Nutzer (u.a. Industriekunden, private Endkonsumenten, Staat), aber auch z.B. Wissenschaftler, Zulieferer und andere Externe aus verwandten Sektoren und Disziplinen, stärker und früher als bislang aktiv in ihre F&E- bzw. Innovationsprozesse integrieren. Dadurch erhalten die Innovationsakteure einerseits frühzeitig Anregungen zu Verbesserungs- und Weiterentwicklungspotenzialen von Prozessen, Produkten und Dienstleistungen und andererseits Informationen zu aktuellen und zukünftigen Markt-, Industrie- und Technologietrends. Dies kann eine schnellere und breitere Marktdurchdringung bewirken, da z.B. die Passfähigkeit technologischer Lösungen mit den Nutzerbedürfnissen erhöht wird.

Durch gezielte Investitionen in Aus- und Weiterbildung können Nutzer sowohl auf neue innovative Prozesse, Produkte und Dienstleistungen aufmerksam gemacht wie auch durch Aufbau von Nutzungskompetenzen gleichzeitig in die Lage versetzt werden, diese zu nutzen. Partnerschaften zwischen Akteuren aus Politik, Wissenschaft und Wirtschaft sind hier hilfreich, um die erforderliche Breitenwirkung zu erzielen (z.B. bei Informationsveranstaltungen, Fortbildungskursen, Beratungsangeboten).

Cluster und Netzwerke stärken und an Kundenbedarfsstrukturen ausrichten: Die Politik sollte bei der Cluster- und Netzwerkbildung nicht steuernd, sondern nur koordinierend und unterstützend einwirken (z.B. Bereitstellung von Infrastruktur). Die auf Cluster- und Netzwerkbildung ausgerichtete Förderstrategien sollten vor allem an vorhandenen (technologischen) Stärken anknüpfen (u.a. Berücksichtigung regionaler Techniklinien), diese bündeln und weiterentwickeln (»Stärkung der Stärken«) und kompatibel zu den Innovationsstrategien der Unternehmen sein. Vor allem bei reiferen Clustern und Netzwerken ist eine stärkere »Öffnung nach außen« und Internationalisierung anzustreben, um so neue Informationen und Impulse zu erhalten und »Lock-in«-Effekte zu vermeiden. Eine stärkere Ausrichtung an globalen Bedarfsstrukturen und die vermehrte Nutzung von Foresight-Prozessen, Roadmap-Prozeduren oder »Technology Assessments« können helfen, globale Technologie-, Industrie- oder Markttrends frühzeitig zu erfassen und Netzwerkstrategien entsprechend anzupassen.

Zukünftig ist weniger die Quantität von Clustern und Netzwerken als vielmehr die Qualität zu fördern: Qualifizierungsmaßnahmen (z.B. Aufbau von Netzwerk-management-Kompetenzen), die stärkere Vernetzung bestehender Netzwerke und Cluster (u.a. zur Informations- und Erfahrungsweitergabe) und kontinuierliche Evaluationsprozesse können hierbei Lernprozesse stimulieren.

Aufgrund einer oftmals fehlenden Kooperationsbereitschaft und -fähigkeit (z.B. fehlende interdisziplinäre Personalstruktur) sind KMU häufig unzureichend in Cluster/Netzwerke eingebunden. Potenziale durch F&E-, Produktions- und Vertriebskooperationen bleiben ungenutzt (u.a. Risikoreduktion im Bereich F&E, breitere Marktdurchdringung, bessere Kapazitätsauslastung). Eine Unterstützung von KMU bei der Einbindung in Netzwerkstrukturen in Kombination mit indirekten F&E-Förderinstrumenten (z.B. Forschungsprämien) ist sinnvoll. Neben dem Anstoß zur KMU-Netzwerkbildung ist vor allem das Erlernen des Kooperationsmanagements stärker in der KMU-Netzwerkförderung zu berücksichtigen.

Literatur

Edquist, C. (1997) Systems of innovations, technologies, institutions and organisations. London: Pinter Publishers.

Freeman, C. (1988) Japan: A new national system of innovation. In: Dosi, G. et al. (Eds.): Technical change and economic theory. London: Pinter Publishers Ltd., S. 331-348.

Kline, S. J. (1985) Innovation is not a linear process. In: Research Management 28, S. 34-45.

Kline, S. J.; Rosenberg, N. (1986) An overview on innovation. In: Landau, R.; Rosenberg, N. (Eds.): The positive sum strategy. Harnessing technology for economic growth. Washington D. C.: National Academy Press, S. 275-30.

Lindner R. (2009) Konzeptionelle Grundlagen und Governance-Prinzipien der Innovationspolitik. Karlsruhe: Fraunhofer ISI-Arbeitspapiere.

Lindner, R., Nusser, M., Zimmermann, A., Hartig, J., Hüsing, B. (2009) Medizintechnische Innovationen – Herausforderungen für die Forschungs-, Gesundheits- und Wirtschaftspolitik. Büro für Technikfolgen-Abschätzung beim Deutschen Bundestag – TAB-Arbeitsbericht Nr. 134: Berlin. Download: http://www.tab-beim-bundestag.de/de/pdf/publikationen/berichte/TAB-Arbeitsbericht-ab134.pdf.

Lundvall, B.-A. (1992) National systems of innovation. Towards a theory of innovation and interactive learning. London: Pinter.

Lundvall, B. A. (1988) Innovation as an interactive process: From user-producer inter-action to national system of innovation. In: G. Dosi, C. Freeman, R. Nelson, G. Silverberg, L. Soete (Eds.) Technical change and economic theory. London: Frances Pinte.

Malerba, F. (2002) Sectoral systems of innovation and production. In: Research Policy 32, S. 247-254.

Nelson, R. R.; Wright, G. (1993) National innovation systems: a comparative analysis. New York: Oxford University Press.

Nusser, M. (2009) Chancen der Gesundheitswirtschaft zukünftig besser nutzen: Potenziale, Herausforderungen, Hemmnisse und Handlungsoptionen. In: Goldschmidt, A., Hilbert, J. (Hrsg.) (2009): Gesundheitswirtschaft in Deutschland - Die Zukunftsbranche. WIKOM: Wegscheid, S. 882-909.

Nusser, M., Hüsing, B., Wydra, S. (2007a) Potenzialanalyse der industriellen, weißen Biotechnologie. Bundesministerium für Bildung und Forschung/ Fraunhofer-Gesellschaft: Berlin/Karlsruhe. Download: http://publica.fraunhofer.de/documents/N-59088.html.

Nusser M., Wydra, S., Hartig, J., Gaisser, S. (2007b) Forschungs- und wissensintensive Branchen: Optionen zur Stärkung ihrer internationalen Wettbewerbsfähigkeit. Büro für Technikfolgen-Abschätzung beim Deutschen Bundestag - TAB-Arbeitsbericht 116. Berlin. Download: http://publica.fraunhofer.de/documents/N-67169.html.

Nusser M., Gaisser S. (2005) Input- und prozessorientierte Systemanalyse des Pharma-Innovationsstandortes Deutschland. In: Gaisser, S., Nusser, M., Reiss, T. (Hrsg.): Stärkung des Pharma-Innovationsstandortes Deutschland. Stuttgart. S. 81-184.

Reiss, T.; Hinze, S.; Dominguez-Lacasa, I.; Mangematin, V.; Enzing, C.M.; Giessen, A.; Kern, S.; Senker, J.; Calvert, J.; Nesta, L.; Patel, P. (2004) Efficiency of innovation policies in high technology sectors in Europe (EPOHITE). Brüssel: (European Commission Studies EUR 20904).

Rothwell, R. (1995) The fifth generation innovation process, in: Oppenländer, K. H., Popp, W. (Hrsg.): Innovationen und wirtschaftlicher Fortschritt: betriebs- und volkswirtschaftliche Perspektiven. Bern, S. 9-26.

Salter, A. J.; Martin, B. R. (2001) The economic benefits of publicly funded basic re-search: a critical review. In: Research Policy 30, S. 509-532.

Thielmann, A., Zimmermann, A., Gauch, S., Nusser, M., Hartig, J., Wydra, S., Blümel, C., Blind, K. (2009) Blockaden bei der Etablierung neuer Schlüsseltechnologien. Büro für Technikfolgen-Abschätzung beim Deutschen Bundestag – TAB-Arbeitsbericht Nr.

133: Berlin. Download: http://www.tab-beim-bundestag.de/de/pdf/publikationen/berichte/TAB-Arbeitsbericht-ab133.pdf.

Martin Effelsberg

Measuring Absorptive Capacity of National Innovation Systems

Introduction

A rising competitive pressure for innovations comes along with an increasing number of companies and public research facilities that include external sources of information into the innovation process.[1] This trend towards an open innovation process can be verified empirically. For example, the external R&D expenditures of German companies nearly quadrupled between the years 1991 and 2009 and account for almost 20% of the total R&D expenditure.[2] External R&D expenditures are those invested in R&D activities outside the firm's boundaries, e. g. license fees, research assignments or collaborations with public research institutes and companies. Investments in external R&D allow fast adaptations within the innovation process in case of changing market trends or radical innovations. Furthermore, opening up the innovation process simplifies an integration of required know-how from another industry.[3] Altogether, the flexibility of innovation can be increased without an expansion of a company's own capacities.

Beside the trend of integrating knowledge from outside the firm's boundaries, an increasing internationalization of R&D can be observed in several branches. For example, the inclusion of knowledge across national borders accounts for 50% of external R&D expenditures in the German pharmaceutical and chemical industry. It therefore can be noted that an increasing amount of knowledge is transferred between national and international innovation actors and that the absorption of external knowledge has become a significant factor of suc-

---

[1] Cf. Lichtenthaler/Lichtenthaler (2009), p. 1315

[2] Cf. Stifterverband für die Deutsche Wissenschaft (2010), p. 24.

[3] Cf. ebd., p. 11.

cess.[4] Hence, this article examines the following questions: Which factors determine the absorptive capacity of national economies? How can these factors be operationalized and how can an adequate framework be developed to increase national absorptive capacity?

As the absorption of external knowledge mainly depends on the characteristics of a national innovation system including the innovation actors, the following chapter two deals with the concept of national innovation systems as well as the innovative capacity of national economies in terms of open innovation processes. In chapter three, the absorptive capacity of national innovation systems is analyzed in detail and possible forms of its operationalization are introduced. This is the basis to derive implications in chapter four. The article closes with a conclusion in chapter five.

Innovative capacity in national systems of innovation

A high innovative capacity can increase the growth and employment of a national economy sustainably and thus determines the realization of political, economic and social objectives on a national scale.[5] In order to evaluate the innovative capacity of a national economy and to deduce specific implications for an innovation policy, the innovation process has to be focused. This process is traditionally seen as linear, consisting of fundamental research, applied research, experimental development and commercialization. This traditional view is increasingly substituted by the innovation systems' approach.[6] An essential progress of this systemic view is the understanding of innovations as the result of dynamic interactions between innovation actors.[7] Thus, interactions are increasingly focused which become more important in

---

[4] Cf. Stifterverband für die Deutsche Wissenschaft (2010), p. 25.

[5] Cf. Wersching (2008), p. 2, quoted from Effelsberg (2011b), p. 34.

[6] Relevant contributions to the innovation system approach come from Freeman (1987) and Lundvall (1992). On criticism of linear innovation processes see Cook/Memedovic (2003), p. 4.

[7] Cf. Blättel-Mink/Ebner (2009), p. 11.

open innovation processes. Regional[8], sectorial[9] (branch specific) and national[10] innovation systems can be distinguished, whereas only national systems will be analyzed in the following chapters. Components of a national innovation system are an institutional framework, the innovation actors and processes between the actors.[11] Figure 1 shows the aforementioned relationship.

Figure 1: Innovation systems contain connected innovation actors, embedded into an institutional framework

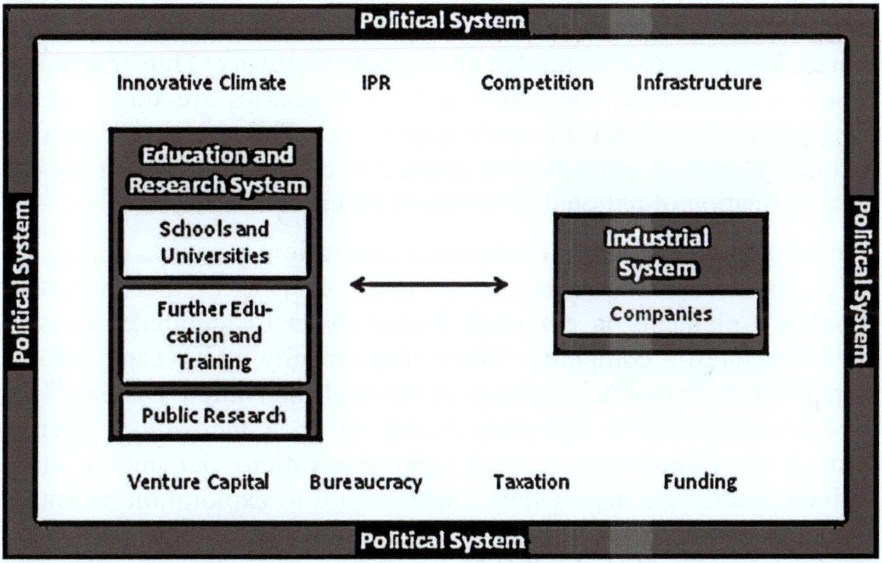

Freeman defines the institutional framework of a national innovation system as a "network of institutions in the public and private sector whose activities and interactions initiate, import and diffuse new tech-

8 Cf. Cooke (1998), p. 11.
9 Cf. Breschi/Malerba (1997), pp. 130 and Carlsson (1995).
10 Cf. Lundvall (1992), p. 2.
11 Cf. Etzkowitz/Leydesdorff (2000), pp. 114.

nologies."[12] This framework or structure of an innovation system includes the existing intensity of competition, bureaucracy, available access to venture capital, tax treatment of investments in innovation, the country's infrastructure and the innovative climate which stands for the willingness of the population to accept innovations.[13] These conditions are mainly affected by the country's political system. Innovation actors, which mainly perform innovation activities, can be further differentiated into the industrial system (companies) and into the education and research system.[14] Actors in the education and research system are universities, training institutions and facilities of further education as well as state-owned research organizations, e. g. Max-Planck Institutes or Fraunhofer Institutes in Germany. Thus, a national economy's structure, the actors and the processes are three central components of national innovation systems.[15] This categorization of a national system of innovation is applied in chapter three when the operationalization of national absorptive capacity is discussed.

The innovative capacity of a national innovation system is crucial for its competitiveness. Therefore, a detailed analysis of the innovative capacity's elements is essential. Lichtenthaler/Lichtenthaler classify six elements of a company's innovative capacity which can be transferred to the innovative capacity of national innovation systems.[16] To give consideration to the phenomenon of open innovation, internal (closed innovation) and external (open innovation) elements of innovative capacity are distinguished with regard to exploration, retention and exploitation of knowledge. The external view refers to innovative activities outside the considered innovation system. The six individual capabilities are partially complementary and can therefore compensate

---

[12] Freeman (1987), p. 1. Nelson/Rosenberg (1993), p. 4 define a national system of innovation as a "set of institutions whose interactions determine the innovative performance, (…) of national firms."

[13] Cf. Kuhlmann/Arnold (2001), p. 2.

[14] Cf. Criscuolo/Narula (2008), p. 61.

[15] Cf. Niosi/Bellon (2002), p. 7.

[16] Cf. Lichtenthaler/Lichtenthaler (2009), pp. 1315.

each other.[17] Figure 2 shows these six elements of innovative capacity.

Figure 2: Elements of innovative capacity of national innovation systems.

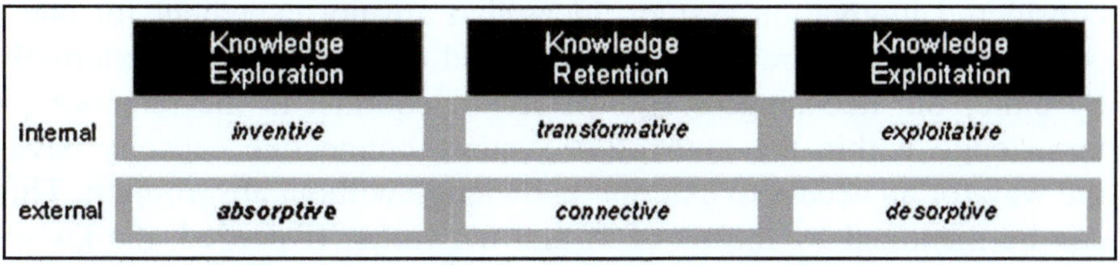

Source: Author's design; based on Lichtenthaler/Lichtenthaler (2009), p. 1318.

The inventive capacity as part of the internal innovative capacity includes the capability to generate knowledge within a system of innovation. This partial capability is well-developed if effective basic research is conducted, which primarily aims to generate new knowledge as a combination of existing knowledge. Sound previous knowledge, the awareness of the market's demands, creativity and investments in in-house R&D can improve this capability.[18] The intensity of transformative capacity determines whether the generated knowledge can be preserved for a long time and reactivated on demand.[19] If it is possible to maintain the knowledge base within the borders of the innovation system, this capability to retain knowledge internally is well pronounced. A high employee turnover, e. g. as a result of a low location's attractiveness, can bring about brain drain and is an example of a low development of this partial capability. The exploitative capacity[20] includes the application of generated and retained knowledge for new products or services within an innovation system.[21] It can be measured by the duration of transformation into a marketable product

[17] Cf. Lichtenthaler/Lichtenthaler (2009), p. 1317.

[18] Cf. Shane (2000), pp. 448.

[19] Cf. Garud/Nayyar (1994), p. 378.

[20] Lichtenthaler/Lichtenthaler (2009) term this partial capability as „innovative capacity". The term exploitative capacity has been introduced in this article to clarify the differentiation from the generally used term of innovative capacity.

[21] Cf. Khilji/Mroczkowski/Bernstein (2006), p. 536.

(time-to-market).

As part of the external innovative capacity, the desorptive capacity contains the exploitation of own knowledge in innovations outside the considered innovation system. Ideas that are not expedient for one's own research and are therefore discarded can be exploited externally by either out-licensing or spin-offs.[22] In contrast to the retention of knowledge within the innovation system, connective capacity paves the way for an access to external knowledge without absorbing it. This can be managed by means of virtual networks. If needed, the know-how of the network partners can be accessed within such a network.[23] The capacity to absorb externally generated knowledge, e. g. in R&D cooperations or licensing agreements, is the absorptive capacity[24] which will be analyzed in terms of its operationalization within the following sections.

Why is it important to take a closer look at absorptive capacity? High absorptive capacity can positively affect the competitiveness of innovation actors by increasing the speed and frequency of innovations.[25] The capacity to absorb knowledge requires an active confrontation with innovative developments in the corporate environment. Thus, a sensorium for innovative trends[26] can be developed to improve the competitiveness. It also leads to an avoidance of so-called lock-in effects, that is the danger of overemphasizing technologies or fields of research which might lose importance.[27] The higher the absorptive capacity, the easier will be the understanding of external knowledge and the lower will be the costs of know-how transfer, e. g. in R&D collaborations.[28] Consequently, this capacity is crucial to let innovations arise by using external knowledge sources, e. g. in coopera-

---

[22] Cf. Lichtenthaler (2007), p. 83.

[23] Cf. Kale/Singh (2007), p. 981.; Lichtenthaler (2008), p. 202.

[24] Cf. Cohen/Levinthal (1990), p. 128.

[25] Cf. Helfat (1997), pp. 343.

[26] Cf. Schreyögg (2010), p. 11.

[27] Cf. Levinthal/March (1993), p. 104.

[28] Cf. Caragliu/Nijkamp (2008), p. 11.

tions.[29] Reducing barriers of absorption equals a reduction of transaction costs which is particularly important for emerging countries in catching-up processes, since these mainly depend on the integration of know-how and technologies from abroad due to their underdeveloped R&D infrastructure.[30] Increasing national absorptive capacity can also improve competitiveness in industrialized countries, because broadening established fields of research allows faster reactions to changing trends and thus flexibility of innovation rises.[31] Before implications to increase national absorptive capacity can be derived, an operationalization of this concept is necessary.

Operationalization of national absorptive capacity

To capture the capacity for the integration of external knowledge into the innovation process, Cohen/Levinthal developed the concept of "absorptive capacity"[32]. This concept has been theoretically discussed and empirically tested from a corporate perspective. Yet, an adaption of this concept to the level of national innovation systems is still lacking.[33] According to Cohen/Levinthal, three dimensions of absorption can be distinguished.[34] During the phase of identification, external knowledge is screened and its potential benefit for the own innovation process is being valued. The phase of identification is followed by the integration of beneficial knowledge. The objective is to learn and understand external information in order to implement it into the innovation process. The commercial exploitation of the absorbed external

[29] Cf. Effelsberg (2011a), p. I.

[30] Cf. Criscuolo/Narula (2008), p. 57; Narula (2004), pp. 40.

[31] Cf. Lane/Koka/Pathak (2006), p. 839.

[32] Cf. Cohen/Levinthal (1990), p. 128.

[33] „A systematic account of antecedents of absorptive capacity beyond the dyad, for example at national level, is up till now missing." Van Den Bosch/Van Wijk/Volberda (2002), p. 29; see also Criscuolo/Narula (2008), p. 57; Dahlman/Nelson (1995), pp. 82. and Narula (2004), p. 5.

[34] For a summary of the discussion about different theoretic models to measure absorptive capacity see Effelsberg (2011a).

knowledge follows upon integration. The higher the absorptive capacity is in these three dimensions, the lower is the effort to integrate external knowledge into the internal technological knowledge base.

In order to measure corporate absorptive capacity in general, cumulative internal R&D-intensity is frequently used.[35] The reason for this approach is a "dual role"[36] of internal R&D: Investments in own R&D improve both the own technological knowledge base and the absorptive capacity, as the improved internal knowledge base reduces the cognitive distance to externally available knowledge. An integration is thus simplified. The lower investments into own R&D, the greater the technological and cognitive distance will be to the innovative environment and the more complex will be the absorption of external knowledge. Since this very general measure for absorptive capacity is not appropriate to derive propositions for the three partial dimensions of absorptive capacity (identification, integration, exploitation), a more differentiated operationalization for national innovation systems will be proposed hereafter.[37] This proposal for an operationalization does not target an absolute measure of absorptive capacity but a relative measure for its individual dimensions in order to compare different national systems of innovation more precisely.

To develop a measurement of each dimension of absorptive capacity, the approach of national innovation systems – presented earlier in this article – is combined with the concept of absorptive capacity. Determinants for the identification, integration and exploitation of external knowledge are derived for each part of an innovation system, in particular the structure, actors and processes. A comprehensive overview of determinants and indicators for the operationalization will be presented in the following discussion. This overview offers possibilities of a measurement. Figure 3 shows determinants of national absorptive capacity which will be clarified and complemented with indicators below.

---

[35] Cf. Mowery/Oxley/Silverman (1996), pp. 77.

[36] Cf. Cohen/Levinthal (1989), p. 569.

[37] Cf. Lane/Koka/Pathak (2006), p. 838.

Figure 3: Determinations of national absorptive capacity

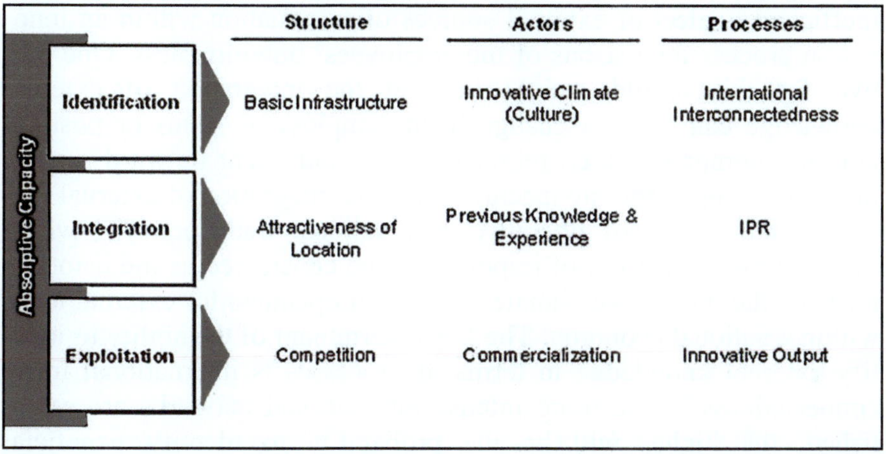

Identification

The basic infrastructure of a national economy is a crucial structural determinant for the identification of external knowledge. This includes Information and Communication Technology (ICT) and mobility.[38] A well-developed ICT and a reliable transportation system simplify the communication with companies or research facilities abroad. Appropriate indicators to measure the basic infrastructure are the share of ICT expenditures as percentage of GDP and measures of the transportation system's quality.[39] The innovative climate, that is the employees' willingness to accept external sources of information, determines the ability of identification in terms of innovation actors.[40] "Not in-

---

[38] Cf. Giuliani (2005), p. 281; Narula (2004), p. 16.

[39] Cf. Rogers (2004), p. 581. For further indicators of basic infrastructure see Narula (2004), p. 32. Indicators for a nation's quality in transportation can be found at Diw (2009), p. 255.

[40] Cf. Collins/Smith (2006), pp. 554; Koschatzky (2001), p. 187 and Zhao/Anand (2009), p. 969. An overview of indicators for the innovative climate can be found at Diw (2009), p. 246. For the culture of openness and willingness to change see Kromalcas/Jucevicius (2009), p. 7.

vented here'"[41]-syndrome designates a phenomenon that describes an inefficient neglect of external sources of information within an innovation process for reasons of the employees' unwillingness. One motive for this attitude might be that the integration of external knowledge can cause a change in the employees' status or position within a company which might result in inefficient outward separation.[42] Existing corporate incentives for the integration of external ideas[43] or the degree of liberality in a national trade policy[44], which avoids a discrimination of imports, can be considered as indicators to measure the innovative climate in terms of openness for external ideas within a national economy. The key determinant of the ability to identify external knowledge in terms of processes is international interconnectedness.[45] The more intense international networks are established, the higher will be the probability to identify beneficial knowledge. A great variety of international relations increases the variety of potential partners and knowledge suppliers. International interconnectedness can be measured by the share of foreign direct investments, the share of international license fees or the import quota of capital goods as they include technology transfer.[46] The existence of international networks between education and research facilities can be measured by the share of international co-publications per scientist, by the frequency and importance of international scientific exchange on conferences or international research projects.[47]

---

[41] Katz/Allen (1982), p. 7.

[42] Cf. Schreyögg/Vaillant (2010), p. 18.

[43] Cf. Schreyögg (2010), p. 19.

[44] Cf. Mowery/Oxley (1995), p. 68.

[45] Cf. Zahra/George (2002), pp. 185; Giuliani (2005), p. 281.

[46] Cf. Narula (2004), p. 1; Mowery/Oxley (1995), p. 70; Rogers (2004), p. 579; Criscuolo/Narula (2008), p. 61 and for an overview of different kinds of technology flows which require absorption processes see Narula (2004), p. 8. A summary of indicators of interconnectedness can also be found at Diw (2009), pp. 242.

[47] Cf. Giuliani/Bell (2004), p. 14; Rogers (2004), p. 581; Kromalcas/Jucevicius (2009), p. 12.

Integration

The ability to integrate external knowledge, that is to learn and understand others' ideas, depends from a structural point of view on the location's attractiveness of an innovation system. A high attractiveness can allure innovative companies to settle in the innovation system. Highly qualified staff will decide to work within attractive locations and as a result, knowledge in terms of personnel is integrated.[48] The attractiveness of a location is, for example, determined by the wage level, the quality of public health[49] and national security. The balance of qualified employees entering or leaving the innovation system and the share of newly established companies indicate the attractiveness of an innovation system. A high level of bureaucracy and a poor access to financial resources can reduce the location's attractiveness for the establishment of new companies. In some sectors, e. g. the aircraft or software industry, the existence of "engine companies" affects the location's attractiveness for new firms. These companies induce the settlement of smaller supplier firms and thus attract the interest of venture capital firms.[50] As a consequence, a self-reinforcing process of new settlements arises within a region and promotes its attractiveness. Path-dependent individual previous knowledge and experience in innovation and cooperation determine the ability to integrate external knowledge in terms of the innovation actors.[51] The more often a scientist has been confronted with knowledge-integration in the past, the better it can be handled in the future.[52] Learning success is very high if knowledge which has to be integrated refers to the already existing knowledge base.[53] The cumulative R&D-intensity which is often used as a measure for the complete absorptive capacity (see above) is suitable to measure the ability to integrate external knowledge on the ac-

---

[48] Cf. Niosi/Bellon (2002), p. 9; Kromalcas/Jucevicius (2009), p. 7.

[49] Cf. Rogers (2004), p. 580.

[50] Cf. Niosi/Bellon (2002), p. 14 and p. 17.

[51] Cf. Zhao/Anand (2009), p. 967; Giuliani (2005), p. 281 and Van Den Bosch/ Van Wijk/Volberda (2002), p. 6.

[52] Cf. Criscuolo/Narula (2008), p. 57.

[53] Cf. Caragliu/Nijkamp (2008), p. 5.

tors' level.[54] The communication between partners within R&D collaborations can be improved by a high level of previous knowledge about related topics, because a common language[55] avoids misunderstandings in negotiations and in joint research activities.[56] Previous knowledge in companies and in public research facilities depends on the capability of the national education system.[57] Indicators for an assessment of an education system's quality can be educational input (expenses per person) and educational output. Educational output includes the quality of education in schools/universities. It can be measured by the results of internationally accepted rankings for the assessment of educational institutions, the share of graduates in higher education within the population[58] and the availability of qualified personnel within a country.[59] Experience of innovation actors can be operationalized by the average number of years in service within a specific sector.[60] In terms of processes, the ability to integrate external knowledge depends on the protection of intellectual property.[61] High and effective patent protection complicates knowledge transfer and thus constitutes a barrier of integration.

Exploitation

The intensity of competition in a certain industry can be seen as a structural basic condition for the ability to exploit external knowledge.[62] A high intensity of competition requires innovating

54 Cf. Roper/Love (2006), p. 439; Mueller (2006), p. 1500; Tsai (2009), p. 765. and Criscuolo/Narula (2008), p. 60.

55 Cf. Gupta/Govindarajan (2000), p. 476.

56 Cf. Van Den Bosch/Van Wijk/Volberda (2002), p. 8.

57 Cf. Criscuolo/Narula (2008), p. 59.

58 Cf. Giuliani/Bell (2004), p. 14.

59 Cf. Diw (2009), pp. 237.

60 Cf. Giuliani/Bell (2004), p. 11; Niosi/Bellon (2002), p. 9.

61 Cf. Niosi/Bellon (2002), p. 18; Narula (2004), p. 16; Mowery/Oxley (1995), p. 89.

62 Cf. Mowery/Oxley (1995), p. 86.

firms to deal with their ability to exploit new ideas. A high share of young start-up companies is an indication for low barriers to entry a market and thus for a higher intensity of competition.[63] The share of university spin-offs can also help measuring the intensity of competition as spin-off companies usually are highly innovative because they pursue the commercialization of ideas coming from public research institutions. A company's or research facility's individual marketing competence decides about its ability to exploit on the level of innovation actors. This can be operationalized by the average time-to-market for cooperatively developed innovations which shows the time lag between the end of development and the sales launch. A short time-to-market can indicate a high ability to exploit ideas. Other possibilities to embrace the innovation actors' ability to exploit are to measure the share of expenses for advanced marketing training or the importance of collaborations with customers. A high relevance of cooperative agreements with customers suggests a higher ability to commercialize because a customer's wishes can more easily be taken into account. At process-level, jointly developed innovative output shows the ability to exploit external ideas. Innovative output in terms of interactions between innovation actors can be measured by the share of international co-patents (applied for with international partners). Public research's innovative output can be measured by international co-publications.

Implications

The transition from a resource-based to a knowledge-based economy requires a high priority of activities to cope with new challenges.[64] Addressing national absorptive capacity should be included. Breaking an innovation system down to its structure, actors and processes between the actors allows a differentiated deduction of approaches to increase national absorptive capacity. These implications can be systemized into the creation of structural conditions, strengthening the

[63] Cf. Kromalcas/Jucevicius (2009), p. 11.
[64] Cf. OECD (1999), p. 3.

actors' individual absorptive capacity and support for international interconnectedness.[65]

Structural conditions

Ensuring a powerful basic infrastructure is an important prerequisite to improve knowledge transfer because it allows more intense international linkages and cross-border communication.[66] The high relevance of measures to ensure fundamental infrastructure is obvious for developing countries which especially depend on knowledge transfer. Promoting competition, e. g. by improving entrepreneurship, is another approach to improve structural conditions of absorption because competitive companies are forced to struggle with "knowledge gaps" and thus might have to integrate external knowledge.[67] A positive attitude towards start-up companies and low bureaucratic barriers for the foundation of innovative companies can improve the attractiveness of an innovation system and thus also the intensity of competition.

Strengthening individual absorptive capacity

An improvement of the innovation actors' existing individual knowledge bases can further raise national absorptive capacity. To improve the knowledge base of the industrial and education/research system, investments in basic research and trainings are needed.[68] In this way, innovation actors' previous knowledge, experience and ability to exploit can be broadened. The success of absorption is biggest if external knowledge has references to the existing knowledge base. These references are more likely to exist if education is enhanced. The

---

65 Cf. Rothaermel/Hess (2007), pp. 898.

66 Cf. Koschatzky (2001), p. 305.

67 Cf. Mueller (2006), pp. 1506; Narula (2004), p. 16.

68 Cf. Mueller (2006), p. 1506; Narula (2004), p. 16 and Niosi/Bellon (2002), p. 15. Improving knowledge of foreign languages also increases individual absorptive capacity; see Rogers (2004), p. 579.

lower the cognitive distance to new knowledge, the higher is the probability to avoid the "Not invented here"-syndrome.

International interconnectedness

Besides the improvement of an existing knowledge base, an expansion of it can be reached by international linkages.[69] Economic policy's task is to create framework conditions which eliminate barriers of international cooperation.[70] Collaborations can fail if bureaucratic rules complicate the enforcement of patents, if basic information about legal conditions is lacking or if a partner for a joint innovation project is searched but no adequate partner is found. Providing contact- or information platforms is a possible support to avoid those failures.[71]

Limitations

In order to assess the approach of operationalizing national absorptive capacity, it is important to consider its limitations. Conceptual limitations deal with a critical analysis of the theoretical framework. Limitations of operationalization deal with problems in terms of measurement and acquisition of data.

Conceptional limitations

An important conceptual limitation can be found if the analysis unit of a national innovation system is scrutinized. The borderline between different innovation systems in this case corresponds to national borders. This choice is questionable because national borders blur in the course of an increasing integration of individual states into confederations, such as the European Union. Different national policies of innovation hence are aligned and companies are getting more and more internationally interdependent which distorts the analysis of national

[69] Cf. Mowery/Oxley (1995), p. 88.
[70] Cf. Narula (2004), p. 16.
[71] Cf. Koschatzky (2001), p. 305.

systems of innovation. Multinational enterprises can globally access their resources. This makes it difficult to separate national from international contributions for innovations.[72] In case of an international knowledge transfer between individual units of a multinational enterprise the isolation of a cross-border absorption is difficult. In order to derive economic implications, the unit of analysis should equal the institutional framework which decides about the innovation system's structure and which has the sovereignty to influence rules. Hence, an analysis on the level of national innovation systems is legitimate but has certain limitations.

Another limitation of the presented concept is that both the exploitative and the desorptive capacity include the commercialization of (internal and external) knowledge. These can hardly be distinguished from the dimension "exploitation" as part of absorptive capacity. However, measuring the ability to exploit is reasonable to capture absorptive capacity, because thereby also output measures (e. g. patent data) are taken into account.

Limitations of operationalization

Patent data allow an objective measure of innovation activities, but they also have some disadvantages. A patent merely shows the innovation that has been applied for at the patent office. It does not show the innovation's commercial value.[73] Measuring innovation activities in patents thus only partly displays the real innovation activities. If an application for a patent is not chosen for strategic or financial reasons, an innovation is not recorded.[74] It is especially important to note that a comparison of patent data from different countries partly shows differences in national patent laws: Costs for patent application, the extent of the guaranteed IP protection or a company's conduct in terms of patenting might differ internationally.

---

[72] Cf. Mayntz (2009), p. 8; Narula (2004), p. 18.
[73] Cf. Negassi (2004), p. 368.
[74] Cf. Fabrizio (2009), p. 265.

Another limitation is that the derived determinants are not exhaustive or non-overlapping but should rather be understood as possibilities of operationalization which ought to be validated in future research.

Conclusion

An increase in globally networked innovation activities and limited resources[75] make the innovative capacity of national innovation systems more and more dependent on the ability to identify relevant external knowledge, integrate it into the own innovation process and exploit it commercially. The concept of absorptive capacity which is being discussed intensively in literature can also be applied to national innovation systems. For this purpose, this article systemizes an innovation system into its structure, the involved innovation actors and processes. The absorptive capacity of national innovation systems thus covers all structures, actors and processes that influence the ability to identify, integrate and commercially exploit external knowledge. A minimum of national absorptive capacity is necessary to benefit from international technology transfers. In order to compare the absorptive capacity of different national innovation systems and to investigate potential improvements, possibilities for a differentiated operationalization of each dimension of absorptive capacity have been pointed out. Implications to improve national absorptive capacity can be categorized into an improvement of structural conditions, a strengthening of individual absorptive capacities and an intensification of international interconnectedness.[76]

This approach provides a basis for a more precise valuation and operationalization of national absorptive capacity. These implications can help to improve national innovativeness especially in developing countries which depend on an intense technology transfer from industrialized countries. Within the context of the identified limitations,

---

[75] Cf. Narula (2004), p. 5.

[76] Cf. Giuliani (2005), p. 284.

several fields of further research have been presented.[77] For example, the consideration of national innovation systems could be extended to supra-national innovation systems, such as the European Union.

[77] Cf. Criscuolo/Narula (2008), p. 70.

References

Blättel-Mink, B./Ebner, A. (2009) Innovationssysteme im wissenschaftlichen und gesellschaftlichen Diskurs, in: Blättel-Mink, B./Ebner, A.: Innovationssysteme - Technologie, Institutionen und die Dynamik der Wettbewerbsfähigkeit, VS Verlag, Wiesbaden, p. 11-26.

Breschi, S./Malerba, F. (1997) Sectoral innovation systems: technological regimes, Schumpetarian dynamics and spatial boundaries, in: Edquist, C.: Systems of Innovation, Technologies, Institutions and Organizations, London, p. 130-156.

Caragliu, A./Nijkamp, P. (2008) The impact of regional absorptive capacity on spatial knowledge spillovers: the Cohen and Levinthal model revisited, Discussion paper 119/3, Tinbergen Institute.

Carlsson, B. (1995) Technological Systems and Economic Performance: The Case of Factory Automation, Dordrecht, Kluwer.

Cohen, W. M./Levinthal, D. A. (1989) Innovation and learning: The two faces of R&D, The Economic Journal, 99, p. 569-596.

Cohen, W. M./Levinthal, D. A. (1990) Absorptive capacity: A new perspective on learning and innovation, Administrative Science Quarterly, 35, S. 128-152.

Collins, C. J./Smith, K. G. (2006) Knowledge Exchange and Combination - The Role of Human Resource Practices in the Performance of High-Technology Firms, Academy of Management Journal, 3, p. 544-560.

Cook, P./Memedovic, O. (2003) Strategies for Regional Innovation Systems - Learning transfer and applications, United Nations Industrial Development Organization, Wien.

Cooke, P. (1998) Introduction, in: Braczyk, H.-J./Cooke, P./Heidenreich, M. (Ed.): Regional Innovation Systems, London (UCL Press), p. 2–27.

Criscuolo, P./Narula, R. (2008) A novel approach to national technological accumulation and absorptive capacity: aggregating Cohen and Levinthal, The European Journal of Development Research, 20, p. 56-73.

Dahlman, C. J./Nelson, R. (1995) Social Absorption Capability, National Innovation Systems and Economic Development, in: Koo, B. H./Perkins, D. H.: Social capability and long-term economic growth, Macmillan Press, London, p. 82-122.

DIW - Deutsches Institut für Wirtschaftsforschung (2009) Innovationsindikator Deutschland 2009 - Politikberatung kompakt, Berlin.

Effelsberg, M. (2011a) Wissenstransfer in Innovationskooperationen - Ergebnisse einer Literaturstudie zur „Absorptive Capacity", Working Paper, Institute of Co-Operative Research at Westfälische Wilhelms-Universität Münster, No. 107.

Effelsberg, M. (2011b) Innovationsstrategien von Unternehmen und von Standorten – eine Verknüpfung der einzel- und gesamtwirtschaftlichen Perspektive, in: Theurl, T./Effelsberg, M. (Ed.): Innovationsstrategien für Unternehmen und für Standorte, Shaker, Aachen, p. 1-52.

Etzkowitz, H./Leydesdorff, L. (2000) The dynamics of innovation: from national systems and "mode 2" to a Triple Helix of university-industry-government relations, Research Policy, 29, p. 109-123.

Freeman, C. (1987) Technology policy and economic performance: lessons from Japan, Pinter, London.

Fabrizio, K. R. (2009) Absorptive capacity and the search for innovation, Research Policy, p. 255-267.

Garud, R./Nayyar, P. (1994) Transformative capacity: Continual structuring by inter-temporal technology transfer, Strategic Management Journal, 15, p. 365-385.

Giuliani, E. (2005) Cluster Absorptive Capacity: Why Do Some Clusters Forge Ahead and Others Lag Behind? European Urban and Regional Studies, 12, p. 269-288.

Giuliani, E./Bell, M. (2004) When Micro Shapes the Meso: Learning Networks in a Chilean Wine Cluster, SPRU Electronic Working Paper Series No. 115, The Freeman Centre, University of Sussex.

Gupta, A./Govindarajan, V. (2000) Knowledge Flows within Multinational Corporations, Strategic Management Journal, 4, p. 473-496.

Helfat, C. (1997) Know-how and Asset Complementarity and Dynamic Capability Accumulation - The Case of R&D, Strategic Management Journal, 18, p. 339-360.

Kale, P./Singh, H. (2007) Building firm capabilities through learning: the role of the alliance learning process in alliance capability and firm-level alliance success, Strategic Management Journal, 28, p. 981-1000.

Katz, R./Allen, T. J. (1982) Investigating the Not Invented Here (NIH) syndrome: A look at the performance, tenure, and communication patterns of 50 R&D Project Groups, R&D Management, 1, p. 7-19.

Khilji, S./Mroczkowski, T./Bernstein, B. (2006) From Invention to Innovation - Toward Developing an Integrated Innovation Model for Biotech Firms, The Journal of Product Innovation Management, 23, p. 528-540.

Koschatzky, K. (2001) Räumliche Aspekte im Innovationsprozess - Ein Beitrag zur neuen Wirtschaftsgeographie aus Sicht der regionalen Innovationsforschung, LIT Verlag, Münster.

Kromalcas, K./Jucevicius, G. (2009) Measuring the absorptive capacity of innovations in the city, Changes in social and business environment programme of the 3rd international conference CISABE'09, Kaunas University of Technology, Lithuania.

Kuhlmann, S./Arnold, E. (2001) RCN in the Norwegian research and innovation system, Fraunhofer Institute for Systems and Innovation Research (ISI), Background report No. 12.

Lane, P. J./Koka, B. R./Pathak, S. (2006) The Reification of Absorptive Capacity: A Critical Review and Rejuvenation of the Construct, Academy of Management Review, 4, p. 833-863.

Levinthal, D./March, J. (1993) The Myopia of Learning, Strategic Management Journal, 14, p. 95-112.

Lichtenthaler, U. (2007) The drivers of technology licensing: an industry comparison, California Management Review, 49, p. 67-89.

Lichtenthaler, U. (2008) Relative Capacity: Retaining knowledge outside a firm's boundaries, Journal of Engineering and Technology Management, 3, p. 200-212.

Lichtenthaler, U./Lichtenthaler, E. (2009) A Capability-based Framework for Open Innovation: Complementing Absorptive Capacity, Journal of Management Studies, 8, p. 1315-1338.

Lundvall, B. (1992) National Systems of Innovation: Towards a Theory of Innovation and Interactive Learning, Pinter Publishers, London.

Mayntz, R. (2009) Geleitwort, in: Blättel-Mink, B.; Ebner, A.: Innovationssysteme: Technologie, Institutionen und die Dynamik der Wettbewerbsfähigkeit, VS Verlag für Sozialwissenschaften, Wiesbaden, p. 7-8.

Mowery, D. C./Oxley, J. E. (1995) Inward technology transfer and competitiveness: the role of national innovation systems, Cambridge Journal of Economics, 19, p. 67-93.

Mowery, D. C./Oxley, J. E./Silverman, B. P. (1996) Strategic Alliances and Interfirm Knowledge Transfer, Strategic Management Journal, 17, p. 77-91.

Mueller, P. (2006) Exploring the knowledge filter: How entrepreneurship and university–industry relations-hips drive economic growth, Research Policy, p. 1499-1508.

Narula, R. (2004) Understanding absorptive capacities in an "innovation systems" context: consequences for economic and employment growth, DRUID working paper 04-02, Maastricht.

Negassi, S. (2004) R&D co-operation and innovation a microeconometric study on French firms, Research Policy, p. 365-384.

Nelson, R. R./Rosenberg, N. (1993) Technical innovation and national systems, in: Nelson, R. R.: National innovation systems: a comparative analysis, Oxford University Press, Oxford, p. 3-21.

Niosi, J./Bellon, B. (2002) The Absorptive Capacity of Regions, Colloque "Economie Mediterranee Monde Arabe" 20.-21. September 2002.

OECD (1999) Managing National Innovation Systems, Paris.

Rogers, M. (2004) Absorptive capability and economic growth: how do countries catch-up? Cambridge Journal of Economics, 28, p. 577-597.

Roper, S./Love, J. H. (2006) Innovation and regional absorptive capacity - the labour market dimension, The Annals of Regional Science, 40, p. 437-448.

Rothaermel, F. T./Hess, A. M. (2007) Building Dynamic Capabilities - Innovation Driven by Individual-, Firm-, and Network-Level Effects, Organization science, 6, p. 898-921.

Schreyögg, G. (2010) Absorptive Capacity: Schlüsselfaktor der Innovationsfähigkeit 1 - Konzept und Bestimmungsfaktoren, Daimler and Benz Foundation, Berlin.

Schreyögg, G./Vaillant, K. (2010) Absorptive Capacity - Schlüsselfaktor der Innovationsfähigkeit 2. Offen für neue Ideen - reicht das? Daimler and Benz Foundation, Berlin.

Shane, S. (2000) Prior knowledge and the discovery of entrepreneurial opportunities, Organization Science, 11, p. 448-469.

Stifterverband für die Deutsche Wissenschaft (2010) FuE-Datenreport 2010, Essen.

Tsai, K. (2009) Collaborative networks and product innovation performance: Toward a contingency perspective, Research Policy, p. 765-778.

Van den Bosch, F. A./van Wijk, R./Volberda, H. W. (2002) Absorptive Capacity: Antecedents, Models and Outcomes, Erasmus Research Institute of Management, Rotterdam.

Wersching, K. (2008) Innovation and Proximity - Aspects of firm strategy and public policy in an agent-based simulation model, Bielefeld.

Zahra, S. A./George, G. (2002) Absorptive Capacity: A Review, reconceptualization, and extension, Academy of Management Review, 2, p. 185-203.

Zhao, Z. J./Anand, J. (2009) A multilevel perspective on knowledge transfer: evidence from the Chinese automotive industry, Strategic Management Journal, p. 959-983.

Janno Reiljan, Ingra Paltser

Struktur und Zusammenhänge des staatlichen Innovationssystems und der Innovationspolitik

Einführung

Innovation ist mit einem zusätzlichen Kostenaufwand verbunden um Innovationsmöglichkeiten zu erforschen und Neuerungen zu planen, auszuprobieren und anzuwenden. Aus dem Kostenaufwand des Innovationsprozesses und der daraus resultierten Ergebnisunsicherheit ergeben sich sowohl Gewinn- als auch Verlustmöglichkeiten. Eine wirksame Erneuerung kann auf dem Markt einen erhofften Vorrang gegenüber Konkurrenten bringen, der eine Vergrößerung des Marktanteils und des Gewinnes ermöglicht. Der Misserfolg eines Innovationsprozesses jedoch bringt einen Verlust der eingebrachten Aufwendungen (Geld und Zeit) mit sich, welcher die wirtschaftlichen Ergebnisse und somit die Marktposition verschlechtert. Deswegen behindern diese große Risiken die Innovationsbestrebungen der Wirtschaftssubjekte und somit die ganze Entwicklung.

Um die mit der Innovation verbundenen Ausgaben und Risiken der Wirtschaftssubjekte zu verringern, wird durch die Unterstützung des öffentlichen Sektors ein staatliches Innovationssystem entwickelt. Dieses System verhilft dabei Kosten, die bei der Schaffung und Aufrechterhaltung einer innovationsfördernden Umwelt (wie Bildung, Wissenschaft, Informationsversorgung/-vermittlung, Schutz des intellektuellem Eigentums, Kommunikationsnetze u.v.m) entstehen, zu übernehmen. Gleichzeitig lenkt dieses System die Wirtschaftssubjekte mittels verschiedener politischer Maßnahmen (Bestellungen des öffentlichen Sektors, Steuerermäßigungen, Subventionen u.v.m.) hin zu innovativen Erneuerungen.

In einer immer mehr verflochtenen Welt hängen diese Aktivitäten und Ergebnisse von Wirtschaftssubjekten, im Hinblick auf Innovationsprozessen, wesentlich von einer reibungslosen Wirkung des staatlichen Innovationssystems und der Wirksamkeit von innovationspolitischen Maßnahmen ab. Das Ziel des vorliegenden Artikels ist, die Rolle des öffentlichen Sektors bei der Schaffung und der Sicherung der Wirkung des Innovationssystems systematisch darzustellen. Um dieses Ziel zu erreichen, wurden folgende Forschungsaufgaben gestellt und gelöst:

1. Erläuterung von Problemen und Gründen, warum sich der öffentliche Sektor in die Innovationsprozesse einmischt;
2. Darstellung des Wesens des Innovationssystems und Ausarbeitung eines vollständigen staatlichen Modells des Innovationssystems;
3. Analyse der Bereiche und der Struktur der Innovationspolitik aufgrund der Forschungsergebnisse verschiedener Autoren.

1. Theoretische Grundlagen der Innovationspolitik

In diesem Teil werden zuerst wirtschaftstheoretische Begründungen für die Einmischung des öffentlichen Sektors in die Innovationsprozesse behandelt, danach werden die Probleme, die mit der Einmischung des öffentlichen Sektors allgemein und konkret mit der Anwendung einiger innovationspolitischen Instrumente verbunden sind, festgestellt. Generell spielt der öffentliche Sektor die wesentliche Rolle im staatlichen Innovationssystem, dessen Aufgabe ist, die Entstehung, Verbreitung und die Anwendung von Innovationen zu unterstützen (Edquist 2006: 182). Das Dasein und die Einmischung des öffentlichen Sektors in die Wirtschaft wird im Allgemeinen mit dem Liquidierungsbedarf des Marktversagens (market failures) begründet. Die Anwendung der Innovationspolitik kann man auch in gewissem Maße mit Marktversagen begründen. Das Marktversagen kommt zum Vorschein, wenn die Marktmechanismen nicht imstande sind, langfristige Investitionen zum Innovationsprozess zu sichern, weil der Prozess unsicher, unteilbar und nicht ausschließend ist (Nelson 1981: 106-107). Wegen des Marktversagens bleiben die Schaffung und die Anwendung neuer Kenntnisse stecken. Als Marktversagen gilt der Umstand, wenn die Marktmechanismen den positiven äußeren Einfluss der Innovationen auf die gesellschaftliche Entwicklung insgesamt nicht berücksichtigen. Die Aufgabe des öffentlichen Sektors besteht darin, durch Vermeidung von Risiken und mit Hilfe der Subventionen die Schaffung von Erfindungen und wissenschaftlichen Entdeckungen zu fördern und das intellektuelle Eigentum zu schützen (Edquist et al. 2004: 438).

Die Innovationspolitik, die auf die Kostensenkung und Risikovermeidung gerichtet ist, entspricht dem „linearen Prozess" der Innovation, (Entwicklung neuer Kenntnisse in einer Forschungsanstalt) danach wird dieses Wissen in einem Betrieb/in einer Organisation, wo die Produkte/Dienstleistungen angeboten werden, verwendet. Linear verlaufen aber nur wenige Innovationsprozesse. Daraus schließt sich, dass das Marktversagen nicht das einzige Innovationshindernis ist. Die Rolle des öffentlichen Sektors bei der Unterstützung der innovativen Tätigkeit lässt sich am besten durch die Theorie des Systemversagens (system failures) erklären, die als Grund für das niedrige Innovationsergebnis die das Versagen in der Zusammenarbeit der an dem Innovationssystem Beteiligten sieht (Soete et al. 2009: 15). Nach der OECD (1997a: 41) besteht das Systemversagen aus:

1. Der unzureichenden Zusammenarbeit der am Innovationsprozess beteiligten Partner,
2. In der Unvereinbarkeit zwischen der Basiswissenschaft des öffentlichen Sektors und den Anwendungsforschungen des privaten Sektors,
3. Aber auch in der unwirksamen Tätigkeit der Organisationen, die für die Technologieübertragung zuständig sind,
4. und in den Fehlern der Informationsverbreitung.

Das Innovationsergebnis der Unternehmen ist schlecht, wenn diese Versagen nicht beachtet oder nicht zu verhindern gelingt. Als Systemversagen zeigen sich die die Innovation bremsenden Uneinigkeiten (darunter Widersprüche) zwischen den Organisationen und Institutionen des Innovationssystems und auch zwischen den Politiken verschiedener Bereiche. Die Aufgabe des öffentlichen Sektors besteht im allgemeinem nicht in der Unterstützung der individuellen Innovationstätigkeiten der Wirtschaftssubjekte. Der öffentliche Sektor soll entsprechende politische Instrumente einsetzen, damit ein gut wirkendes

Innovationssystem entstehen, funktionieren und sich weiterentwickeln kann. Um das Systemversagen zu überwinden, sollen die politischen Instrumente die systemimmanenten Komponenten schaffen, die Kooperationsbeziehungen fördern und die entstandenen Fehler korrigieren. (Metcalfe 2005: 68)

Edquist verdeutlicht drei wesentliche Systemversagen (2002: 235): es fehlen entsprechende Organisationen, die das Innovationssystem nutzen, oder die vorhandenen Organisationen sind unzulänglich; es fehlen entsprechende Institutionen, die das Innovationssystem betätigen, oder die vorhandenen Institutionen sind unzulänglich; es fehlt die Zusammenarbeit zwischen den Komponenten (Institutionen und Organisationen) oder sie ist mangelhaft. Ein Standpunkt hat sich als wahr erwiesen (Arnold 2004: 7), der öffentliche Sektor soll nicht nur die (traditionelle) Basiswissenschaft finanzieren, sondern auch für die Wirkung des ganzen Innovationssystems zuständig sein, ebenso das entstandene Versagen beseitigen oder vermindern.

Laut Arnold wird das Systemversagen in vier Gruppen eingeteilt (Ibid.: 7):

1. (capability failures) – die Unfähigkeit der Unternehmen oder der Organisationen in ihrem Interesse das Beste zu machen (Gründe: schlechte Führung, technologische Kompetenz fehlt, schwache Lernfähigkeit oder die Unfähigkeit, vorhandene Technologien anzuwenden);
2. Versagen in den Institutionen (Organisationen) (failures in institutions) – Unternehmen und andere Organisationen (Universitäten, wissenschaftliche Institute, Patentamt usw.) wirken starr, daraus folgt die Unfähigkeit, sich an die Veränderungen in der Umwelt anzupassen;
3. Netzwerkversagen (network failures) – Probleme in den Beziehungen zwischen den an dem Innovationssystem beteiligten Personen (Beziehungsmangel oder mangelhafte Beziehungsqualität); Transferversagen (transition failures), wenn neue Technologiemöglichkeiten nicht verwendet werden können; ins Stocken geratenes Versagen (lock-in failures), wenn moralisch abgenutzte Technologien für zu lange Zeit verwendet werden und

Probleme bezüglich der Marktstruktur;

4. Rahmenwerkversagen (framework failures) – Mängel an Rechtsinstitutionen, am Schutz des intellektuellen Eigentums, an Gesundheits- und Sicherheitsvorschriften und an anderen Hintergrundsbedingungen (kulturelle und soziale Werteinschätzungen).

Laut Tsipouri et al. (2008: 15) sollte zu den vier oben erwähnten Systemversagen noch eine fünfte hinzugefügt werden, das Politikversagen (policity failures) – die Mängel am politischen Führungssystem (Ausarbeitung und Einschätzung der Politik usw.). Um das Systemversagen zu vermeiden, sollte der öffentliche Sektor politikbetreffende Beratungsprogramme oder Konsultationsforen ausarbeiten und in Gang bringen, die die Innovationen systematisch fördern und die Politik koordinieren.

Eine Einmischung des öffentlichen Sektors in die Innovationsprozesse wird kritisiert, wenn damit der normale Verlauf der marktwirtschaftlichen Prozesse gestört wird. Die Einmischung des öffentlichen Sektors in die Wirtschaft, darunter auch in die Innovationsprozesse, kann nicht immer als zweckmäßig (nützlich) eingeschätzt werden. Edquist et al. (2004: 430) sind der Meinung, dass für die öffentliche Einmischung zwei Bedingungen vorhanden sein müssen: das Problem des Markt- oder Systemversagen, d.h. die Unternehmen scheiterten und konnten ihre Innovationsziele nicht erreichen. Hier sollten die Einrichtungen des öffentlichen Sektors imstande sein, die Probleme der marktwirtschaftlichen Prozesse zu lösen oder vermeiden, dass bedeutet, sie sollen sachkundig die passenden innovationspolitischen Instrumente verwenden. Wenn die Zweckmäßigkeit der Einmischung des öffentlichen Sektors analysiert wird, so sollten aber auch mögliche Versagungen des öffentlichen Sektors in Betracht gezogen werden. Die Zuschüsse des öffentlichen Sektors vergrößern allgemein die gesellschaftlichen Gesamtkosten, die durch die Einführung neuer Produkte und Technologien entstehen, der Wissenstransfer aus den wissenschaftlichen Einrichtungen in die Unternehmen wird langsamer und das Risiko zum Missglücken wird größer. Es können aber auch noch andere Gefahren entstehen:

1. Mit Hilfe von Zuschüssen der Forschungs- und Entwicklungstätigkeit werden neue Produkte zu schnell auf den Markt gebracht und ihr Lebenszyklus wird dadurch unbegründet kürzer (Grupp 1998: 387);
2. Die regionale Entwicklung wird ungleichmäßiger – innerhalb der EU sind die Unterschiede in der regionalen Entwicklung größer geworden (s. Reiljan 2010), die Konzentration der Innovationszuschüsse der weiterentwickelten Regionen trägt sein weiteres dazu bei. (Fagerberg 2002: 56)

Es gibt eine ganze Reihe von Politikinstrumenten, die die Innovationen fördern. Diese Instrumente werden unterschiedlich eingeschätzt. Jeder Staat steht vor der Aufgabe, das passende innovationspolitische Instrumentensystem auszuarbeiten und wirksam anzuwenden. Bei der Ausarbeitung der Innovationspolitik sind der Umfang und die Zweckmäßigkeit der Einmischung des öffentlichen Sektors festzustellen. Um Erfolg zu erzielen, sollen bei der Auswahl der innovationspolitischen Instrumente besonders die staatlichen Entwicklungspläne der wichtigsten Bereiche der Wirtschaft und Gesellschaft im allgemeinem berücksichtigt werden. Ebenso sollen die spezifischen Außenfaktoren, die die Entwicklung des Staates beeinflussen, in Betracht gezogen werden. Für die Entwicklung des estnischen Innovationssystems ist die Anpassung der innovationspolitischen Instrumente an die Bedingungen eines Kleinstaates besonders wichtig (s. Friedrich et al. 2011).

2. Die Rolle des öffentlichen Sektors im Innovationssystem

Im Folgenden werden die Probleme, die mit der Strukturierung und Festlegung des staatlichen Innovationssystems verbunden sind, behandelt. Der Begriff "das staatliche Innovationssystem" wurde von Christopher Freeman eingeführt. Er definierte dieses System folgenderweise (1987: 1): „Institutionennetzwerk im öffentlichen und privaten Sektor, dessen Handeln und Mitwirkung zu neuen Technologien inspiriert, diese einführt, verändert und verbreitet." Nelson (1992: 365) betrachtet das staatliche Innovationssystem als Netzwerk der miteinander verflochtenen Institutionen und Organisationen, die zusammen die Innovationstätigkeit der Unternehmen leisten. Metcalfe (1994: 940) definiert das staatliche Innovationssystem als System der Institutionen und Organisationen, welche die technologische Entwicklung und deren Verbreitung fördern. Er betrachtet das Innovationssystem als Rahmen, in der die Innovationspolitik sich bewegt.

Im Bericht der OECD (1997a: 9) steht, dass die Festlegung des staatlichen Innovationssystems auf der Voraussetzung beruht, dass diese Innovationen und der technologische Fortschritt das Resultat der komplizierten Beziehungen sind, indem die Subjekte neue Erkenntnisse schaffen, verbreiten und anwenden. Das staatliche Innovationsergebnis besteht darin, wie diese Subjekte bei der Entwicklung und der Anwendung neuer Erkenntnisse miteinander verflochten sind und welche Technologien sie verwenden. Edquist (2006: 182) betrachtet das Innovationssystem als Gemeinschaft von allen wesentlichen wirtschaftlichen, sozialen, politischen, organisatorischen, institutionellen und anderen Elementen, die in ihrer gegenseitigen Verknüpfung die Darstellung, Verbreitung und die Verwendung der Innovationen beeinflussen. Laut Lundvall (2010: 2) besteht das staatliche Innovationssystem aus Elementen und deren gegenseitigen Zusammenhängen, die gemeinsam die Schaffung, Verbreitung und die Verwendung des neuen und wirtschaftlich nützlichen Wissenspotentials beeinflussen. Die Innovation als Anwendung des modernen Wissenspotentials findet laut dieser Betrachtung im Innovationssystem der Unternehmen oder der Organisationen selbst statt. Das staatliche Innovationssystem mit Hilfe von innovationspolitischen Instrumenten unterstützt diesen Prozess lediglich.

Zusammenfassend lässt sich feststellen, dass im Gegensatz zu den früher erwähnten Standpunkten, wobei die Innovation als Endresultat einer der Basiswissenschaft entsprungenen linearen Kette betrachtet wurde, die Organisationen, Institutionen und Unternehmen, die für die Förderung des Innovationssystems gegründet worden sind, als gegenseitig verflochtenes Netzwerk zu betrachten sind. In der Fachliteratur wird das staatliche Innovationssystem im engeren und weiteren Sinne dargestellt. Im engeren Sinne konzentriert sich das staatliche Innovationssystem auf die Organisationen, Institutionen und die Gesetze, die direkt auf die Ausarbeitung und Anwendung wissenschaftlicher und technologischer Innovationen gezielt sind.

Im weiteren Sinne wird die soziale, kulturelle und politische Umwelt des Staates in Betracht gezogen. (Feinson 2003: 25) Es wird dabei betont, dass die Unternehmen ihre Innovationen in keinem Falle isoliert realisieren, sondern immer in Kooperation mit anderen Organisationen. Dies geschieht im Rahmen festgelegter institutioneller Regeln (Edquist 2002: 226). Die Organisationen und Institutionen sind die Komponenten des Innovationssystems. Wesentliche Organisationen sind Unternehmen (Lieferanten, Kunden und die Konkurrenten), Universitäten, Schulen, wissenschaftliche Einrichtungen, Finanzinstitute und Staatsbehörden.

Nach OECD werden die Organisationen, die zum Innovationssystem gehören, in fünf Kategorien eingeteilt (1999: 32):

1. staatliche Organisationen (lokale, regionale, staatliche und internationale), die die allgemeinen innovationspolitischen Richtlinien ausarbeiten;
2. Vermittlungsorganisationen (bridging organisations), z.B. wissenschaftliche Beiräte und Vereinigungen, die als Bindeglied zwischen den Mitarbeitern verschiedener Verbände und Forschungsanstalten auftreten;
3. Privatunternehmen und Forschungsanstalten, die von Unternehmen finanziert werden;
4. Universitäten und andere kohärente Anstalten, die das Wissen und die Sachkenntnisse schaffen;
5. andere öffentliche und private Organisationen, die eine spezifische Rolle im staatlichen Innovationssystem haben (öffentliche Laboratorien, Anstalten des technischen Transfers, gemeinsame Forschungsinstitute, Patentämter, Bildungseinrichtungen usw.).

Die Tätigkeit dieser Organisationen wird von der institutionellen Umwelt beeinflusst. Die Institutionen sind ein Gefüge von Gewohnheiten, Normen, Routinen, Praktiken, Regeln oder Gesetzen. Sie regeln die Beziehungen und die Mitwirkung zwischen Individuen, Gruppen und Organisationen, sie behindern oder fachen die Innovationen an (Edquist, Johnson 2000: 170).

Edquist und Johnson teilen die Institutionen folgendermaßen auf (2000: 174):

1. formelle (z.B. Gesetze, staatliche Regulationen) und informelle (z.B. Sitten, Traditionen, Kooperationen) Institutionen;
2. Basisorganisationen (diese legen die Grundregeln der Wirtschaftsprozesse fest, z.B. Eigentumsrechte und Kooperationsregeln) und unterstützende Institutionen (präzisieren die Grundregeln, z.B. in einigen Situationen gelten die Einschränkungen auf die Nutzung des Privateigentums);
3. strenge Institutionen, deren Aussagen immer obligatorisch zu betrachten sind und weiche Institutionen, deren Einhaltung als Empfehlungen gelten;
4. und bewusst gegründete Institutionen (z.B. Patentgesetz, technische Normen) und spontan, im Laufe der Zeit entstandenen Institutionen (z.B. soziale Sitten, Gewohnheiten und Routinen).

Zusammenfassend lässt sich feststellen, die Organisationen im Innovationssystem funktionieren als Spieler und die Institutionen wirken als Spielregeln. Trotz der ähnlichen Betrachtung haben die Komponenten des Innovationssystems in verschiedenen Staaten unterschiedlichen Inhalt. Die Organisationen werden von der institutionellen Umwelt beeinflusst. Die Hauptbestandteile dieser Umwelt sind das Rechtssystem, Normen, Routinen, Standards usw. Sehr oft werden die Institutionen innerhalb der Organisationen gebildet und einige Organisationen schaffen neue Institutionen. Zum Beispiel die Organisationen, welche die Normen/Standards ausarbeiten und die Behörden des öffentlichen Sektors, die die Innovationspolitik gestalten und verwirklichen. Die Entwicklung des Innovationssystems wird nicht nur dank der spontanen Tätigkeit der Unternehmen und Organisationen erfolgreich. In den letzten 15-20 Jahren entwickelte sich die Meinung, die Aufgabe des öffentlichen Sektors bestehe darin, mittels zweckmäßiger abgestimmter politischer Maßnahmen zur Gestaltung und Wirkung des Innovationssystems beizutragen, damit sich die Innovationsergebnisse der Unternehmen verbessern. Das Innovationssystem soll die Bereichspolitik, Maßnahmen und Tätigkeiten, die die Innovation des öffentlichen Sektors fördern, zu einer Ganzheit vereinigen, damit die

Anstrengungen des privaten Sektors neue gewinnbringende Innovationen hervorbringt und diese auch anwenden kann.

Folglich kann man sagen, dass die Innovation das Produkt der gesellschaftlichen Zusammenarbeit ist und als Resultat gegenseitiger Beziehungen zwischen Unternehmen und Kunden, Lieferanten, Konkurrenten, den privaten und öffentlichen Bildungs- und Forschungsorganisationen, entsteht. Das Innovationssystem ist also die Grundlage für die innovative Wirtschaftsentwicklung. Es wird auch das regionale und das sektorale Innovationssystem des Staates herausgestellt. Im vorliegenden Artikel konzentriert man sich auf das staatliche Innovationssystem. Der Beitrag des öffentlichen Sektors zu Forschung und Entwicklung (F&E) ist heutzutage nicht mehr ausreichend für die Verbesserung der staatlichen Innovationsleistung als Ganzes. Die Entwicklung der F&E und die erfolgreiche Anwendung ihrer Resultate in den Unternehmen hängen vom Bildungssystem ab, wo innovative und fähige Arbeitskräfte ausgebildet werden. Um die Innovationen und ihre Anwendungserfahrungen zu verbreiten, sind zugängliche, öffentliche Infosysteme und -netzwerke zu entwickeln und allen Interessenten zugänglich zu machen. Ebenso sind systematische Politikmaßnahmen für die Anregung der innovativen Tätigkeit und für die Verminderung der enstandenen Risiken auszuarbeiten. Die gesamte Bereichspolitik, die Maßnahmen und Tätigkeiten sind übereinstimmend auf die Erzielung des bestmöglichen, innovationsbezogenen Endresultats - der Innovationsleistung – zu richten. Bei der Vorbeugung und Überwindung von Systemversagen spielt der öffentliche Sektor eine zentrale Rolle, der koordiniert, antreibt, Risiken verringert, Ressourcen anwendet und die kontinuierliche Anwendung leitet. Zu betonen ist, dass die Innovationspolitik die spontane Tätigkeit, die auf die Innovation der Wirtschaftssubjekte gerichtet ist, nur begrenzt beeinflussen kann (Edquist 2006: 191).

Unklar ist bis heute die Stellung der Innovationspolitik im staatlichen Innovationssystem. Reid (2009: 1) definiert die Innovationspolitik als Gefüge von Tätigkeiten, deren Ziel darin besteht, die Intensität und Effektivität der Innovationstätigkeit zu erhöhen. Die Innovationspolitik verwendet verschiedene Maßnahmen, um neue Produkte, Dienstleistungen und Prozesse zu entwickeln und zu verbreiten, sie wirksamer auf den Märkten und in den öffentlichen Organisationen zu nutzen (Lundvall, Borrás 1997: 37). Der Erfolg der Innovationspolitik hängt von der Zusammenarbeit zwischen den einzelnen Politikbereichen ab (Reid 2009: 1). So kann sich die Innovationspolitik nicht von den anderen isolieren, weil alle Politikkomponenten als zusammenhängendes System auf die Innovationsförderung ausgerichtet sind. Inhaltlich sollen alle Regelungen und Tätigkeiten des öffentlichen Sektors ein Ziel verfolgen, d.h. die Innovation fördern und ein gesamtes effektives Innovationsystem schaffen. Bei der Planung der Innovationspolitik darf man nicht nur auf die wirtschaftlichen Innovationsfaktoren achten, wichtig sind dabei auch soziale und politische Faktoren.

Einige Autoren benutzen visuelle Modelle, um das staatliche Innovationssystem zu charakterisieren. Die von OECD (1999: 23), Fischer (2001: 208), Kuhlmann und Arnold (2001: 2) und Feinson (2003: 29) verfassten Modelle zeigen, dass es an einer einheitlichen Auffassung über den Aufbau des staatlichen Innovationssystems fehlt. Aufgrund verschiedener Modellversionen wird im vorliegenden Artikel ein gesamtes Innovationsystemsmodell des Staates dargestellt (s. Abb. 1), dass präziser die Rolle der Innovationspolitik zwischen den Institutionen und den Organisationen zum Vorschein bringt.

Abb.1: Gesamtmodell des staatlichen Innovationssystems.

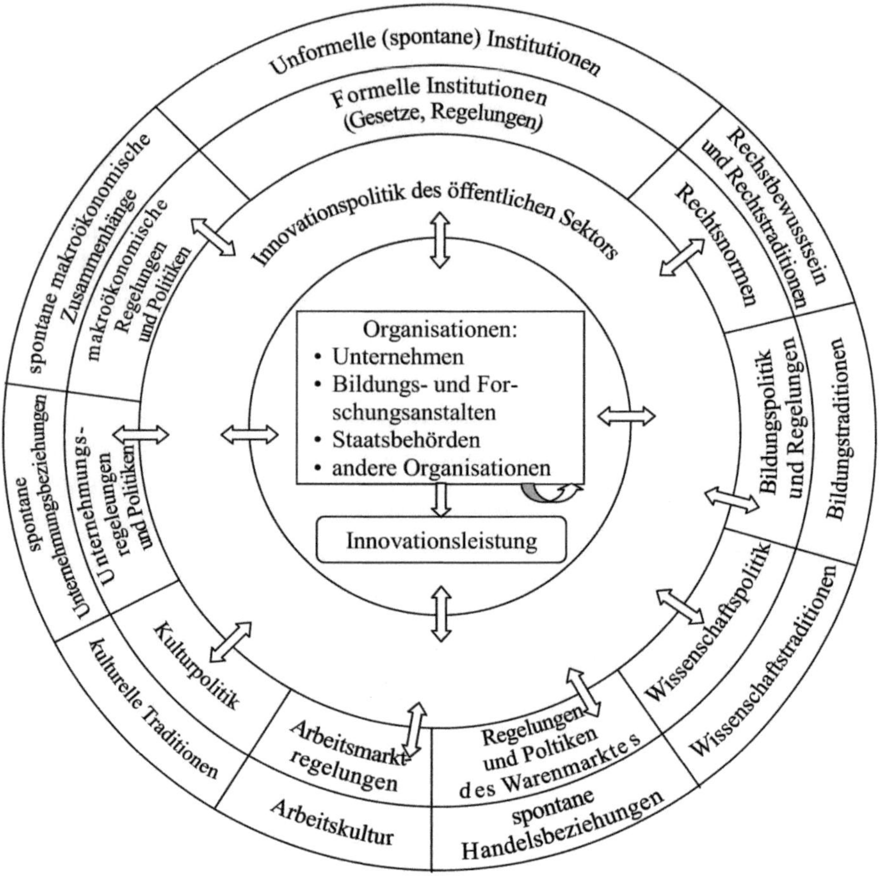

Quelle: (Eigene Darstellung)

Der Kern des staatlichen Innovationssystems besteht in den Organisationen, die das neue und wirtschaftlich nützliche Wissen schaffen, verbreiten und benutzen. Zu diesen Organisationen gehören Unternehmen, Bildungs- und Forschungsanstalten, Staatsbehörden u.a. Die Tätigkeit der Organisationen wird von formellen und spontan entwickelten informellen Institutionen beeinflusst. Informelle Sitten, Kooperationsnormen und Werteinschätzungen bringen vor allem die Abhängigkeit der gesellschaftlichen Entwicklung zum Ausdruck. Formelle Institutionen (bewusst und zweckmäßig aufgestellte Regeln und

Normen) versuchen die Beziehungen, die für die Entwicklung verschiedener Bereiche notwendig sind, zu regeln und zu fördern. Die Hauptaufgabe der Innovationspolitik ist, alle Politikzweige in ein einheitliches und die staatliche Innovationsleistung förderndes System zu integrieren und diese auch zu koordinieren. Das staatliche Innovationssystem braucht die Innovationspolitik als koordinierendes und integrierendes Glied. Das Ziel der Innovationspolitik ist, den von formellen und informellen Institutionen geschaffenen positiven Einfluss auf die staatliche Innovationsleistung auszulösen und zu verstärken.

Die Darlegungen des staatlichen Innovationssystems wird hauptsächlich wegen seiner Verschwommenheit kritisiert – „das staatliche Innovationssystem beinhaltet fast alles." Man versucht diesen Fehler zu reduzieren und das staatliche Innovationssystem durch eine engere und eine weitere Betrachtungsweise zu unterscheiden (Lundvall 2007: 102), das ist aber in keinem Fall die reguläre Betrachtungsweise. Die Innovationsforschungen, darunter die Behandlungen des Innovationssystems, verschwimmt, weil die Entstehungsgründe der Innovation und die die Innovation fördernden Faktoren unverständlich sind. Die Rolle des öffentlichen Sektors ist bei der theoretischen Betrachtung der Innovation wenig erforscht worden, obwohl die Behörden des öffentlichen Sektors bei der Schaffung und Verbreitung neuer Kenntnisse von Bedeutung sind. (Edquist 2001: 3) Das in diesem Artikel dargestellte Modell des staatlichen Innovationssystems zeigt, welche Organisationen des öffentlichen Sektors für die Innovationsförderung existieren und welche Rolle sie bei der Gestaltung der institutionellen Innovationsumwelt und des Gesamtsystems spielen. Im Folgenden wird die Stellung des öffentlichen Sektors im Innovationssystem nach den Bereichen erläutert, d.h. es wird das Wesen von fördernden Innovationstätigkeiten des öffentlichen Sektors und die Funktionen des Staates bei der Verbesserung der Innovationsleistungen analysiert.

3. Das Rahmenwerk der Innovationspolitik

Im vorliegenden Teil wird die Innovationspolitik des öffentlichen Sektors nach einzelnen Bereichen strukturiert. Es ist festzustellen, dass die politischen Maßnahmen, die für die Innovationsförderung eingesetzt werden, in verschiedenen Forschungen sehr verschieden strukturiert werden. Im Oslo's Manual werden vier Bereiche hervorgebracht (OECD 1997b: 19-23). Die Europäische Kommission (Cunningham et al. 2008: 44-45) unterscheidet ebenso vier Bereiche der Innovationspolitik, die sich aber wesentlich von der OECD dargestellten Struktur unterscheiden. Arundel und Hollanders (2005: 10-15) bieten eine detaillierte Teilung an – acht Bereiche der Innovationspolitik. Manjón (2010: 16-17) unterscheidet sieben Bereiche.

Aufgrund der oben angeführten Behandlungen und des im vorigen Teil dargestellten Modells des staatlichen Innovationssystems wird im vorliegenden Artikel das Rahmenwerk der Innovationspolitik synthetisiert (s. Tabelle 1).

Tabelle 1: Bereiche der Innovationspolitik und Politikmaßnahmen

1. Förderung der F&E des öffentlichen Sektors
Finanzierung der F&E und der Innovation im öffentlichen Forschungssektor
Übertragung der Forschungsarbeiten des öffentlichen Sektors auf wirtschaftlich wichtige Tätigkeitsbereiche
Programme, die die Geschäftstätigkeit der Mitarbeiter der öffentlichen Forschungsanstalten unterstützen
Subventionen des öffentlichen Sektors zum Erwerb neuer Technologien in den Forschungsanstalten
2. Unterstützung der F&E des Unternehmungssektors
Finanzielle Unterstützungen für F&E des privaten Sektors und für Innovationen (darunter Steuerermäßigungen)
Gezielte Unterstützung für Forschungsarbeit in den strategischen Bereichen
Subventionen für Unternehmen zum Erwerb neuer Technologien
3. Unterstützung der innovationsbezogenen Zusammenarbeit
Unterstützung der Zusammenarbeit zwischen den Unternehmen und dem öffentlichen Forschungssektor
Unterstützung der zwischenbetrieblichen Zusammenarbeit
Förderung der internationalen Zusammenarbeit im Bereich der F&E und der Innovation
4. Förderung des für die Innovation notwendigen Humankapitals
Schaffung der Bildungsgrundlage: Grund- und Mittelschulbildung, um div. Fertigkeiten zu garantieren; Finanzierung der Hochschulbildung (darunter die Fachausbildung für Wissenschaftler und Ingenieure)

Förderung der Maßnahmen, die das Interesse der Jugendlichen für Wissenschaft, Technologie und Innovation erwecken
Entwicklung der Fortbildungsprogramme für Erwachsene (lebenslanges Lernen)
Ausbildung des Forschungspersonals und Unterstützung deren Mobilität
5. Unterstützung der die Innovation fördernden Umwelt
Schaffung der gesetzlichen Umwelt und eines Steuersystems, das für die Innovation angemessen ist
Schutz des intellektuellen Eigentums (darunter Politik, Unterstützung von Patentanträgen der Unternehmen und der öffentlichen Forschungsanstalten und die Programme für die Informationsverbreitung)
Dienstleistungen des öffentlichen Sektors für innovative und neugegründete Unternehmen
Für neue Unternehmen den Zugang zur Finanzierung erleichtern (darunter Förderung der Risikokapitalfinanzierung)
Unterstützung der F&E und der innovativen Infrastruktur (z.B. Informations- und Kommunikationstechnologien)

Quelle: Von den Autoren zusammengestellt, aufgrund der Werke von Arundel, Hollanders 2005: 10-15; Cunningham et al. 2008: 44-45 und Manjón 2010: 16-17.

1. Bereich: Förderung der F&E des öffentlichen Sektors.

Forschungen beweisen, dass in den Staaten mit einem hohen Wissenspotential, die wirtschaftliche Entwicklung schneller vorangeht. Diese Staaten sind auch konkurrenzfähiger, wenn sich die Finanzierung der F&E vergrößert. So bekommen die Staaten als Resultat wachsender Innovationen im Vergleich zu anderen einen ersichtlichen Vorsprung zu anderen Staaten. Die F&E setzt eine systematische und kreative Arbeit voraus, um neues Wissen den potentiellen Benutzern zur Verfügung zu stellen (Grupp 1998: 11). Die F&E ist vor allem bei der Ausarbeitung neuer Technologien für die Produkt- und Prozessinnovationen von Bedeutung. Die F&E des öffentlichen Sektors findet hauptsächlich in den Universitäten und Forschungsanstalten statt, seltener auch in größeren Privatunternehmen. Als Resultat der F&E stehen allen Interessenten zugängliche Kenntnisse zur Verfügung (Edquist 2006: 192). Die F&E der Forschungsanstalten trägt im Vergleich zu Universitäten einen angewandten Charakter, sie ist wie technische Entwicklungsarbeit zu betrachten (OECD 1998: 83)

Das Finanzierungsziel der F&E des öffentlichen Sektors ist, die Innovation im privaten Sektor zu unterstützen. Man hofft, dass die Basisforschung einer Universität oder einer Forschungsanstalt Entdeckungen hervorbringt, deren praktischer Wert von den privaten Unternehmen erkannt und das neue Wissen bei der Verwirklichung der Innovationsprojekte verwendet wird (Pavitt 2006: 93). Es wird die Meinung geäußert, dass von diesen Forschungen der Universitäten und der Forschungsanstalten die Großunternehmen am meisten profitieren. Dies basiert darauf dass Kleinunternehmen nicht imstande sind, einen Kooperationspartner aus der Universität zu finden um an der Zusammenarbeit mit diesem direkt zu profitieren (Forsman 2009: 225). Es gibt aber auch eine Gegenargumentation: diese geht davon aus, dass an öffentlichen Forschungsanstalten die Kleinunternehmen mehr als Großunternehmen profitieren, da Großunternehmen bessere innerbetriebliche Möglichkeiten bereithalten. (Audretsch 2003: 18).

Die F&E der Universitäten und der Forschungsanstalten kann mit verschiedenen Instrumenten finanziert werden: Verträge, reguläre Unterstützungen oder auf unregulären Projekten beruhende Unterstützungen und Kredite. In vielen Staaten ist der Anteil an regulärer Finanzierung geringer geworden, wichtiger ist die Unterstützung von Projekten. (OECD 1998: 81-83) Die bisherigen empirischen Analysen über die Innovationsbeziehungen zwischen der F&E des öffentlichen Sektors und dem privaten Sektor lassen gegensätzliche Resultate erkennen. Falk (2004: 23) analysierte die Angaben von 21 OECD-Mitgliedstaaten und stellte fest, dass die Aufwendungen für F&E im Hochschulbildungssektor positiv mit den Aufwendungen für F&E im Unternehmungssektor verbunden sind. Zwischen den Aufwendungen für F&E in anderen Staatsbehörden und den Aufwendungen im Unternehmungssektor wurde von dem statistischen Standpunkt kein wesentlicher Zusammenhang festgestellt. Aufgrund der Angabenanalyse von 17 OECD-Mitgliedstaaten behaupten Guellec und van Pottelsberghe (2003: 237), dass die staatlichen Aufwendungen für F&E die Aufwendungen für F&E im Unternehmungssektor ankurbeln, wenn die staatlichen Forschungen als Unterauftrag in den Unternehmen verwirklicht werden. Wenn die Forschungen in den Forschungsanstalten oder Laboratorien des öffentlichen Sektors vorgenommen werden, dann ist dieser Zusammenhang negativ, d.h. es besteht die Vermutung, dass die Aufwendungen für F&E des Unternehmungssektors teilweise von denen des öffentlichen Sektors "verdrängt" (crowding-out) werden. Zwischen den Aufwendungen für F&E des Hochschulsektors und den Aufwendungen für F&E des Unternehmungssektors sehen Guellec und van Pottesberghe keinen wesentlichen Zusammenhang.

Es besteht die Möglichkeit, dass die Forschungen der Universitäten und der Forschungsanstalten für die Innovationspolitik keine erwünschte Wirtschaftsentwicklung mit sich bringen, wenn die staatlichen, örtlichen Unternehmen nicht imstande oder uninteressiert sind, die Forschungsresultate in die Tat umzusetzen. Es entstehen also keine Innovationen. Neue Erkenntnisse werden manchmal in andere Länder ausgeführt und ihre Verwendung erbringt ihren Nutzen in der dortigen Wirtschaft. (Smart Innovation 2006: 25) Der öffentliche Sektor soll also seine Wissenschaftsförderung an die Wirtschaft des Landes anpassen und wissenschaftlichen Arbeitsergebnisse für die Wirtschaftsentwicklung seines Landes anwenden.

2. Bereich: Unterstützung der F&E des Unternehmungssektors.

Die von den Unternehmen geleistete F&E ist vor allem die Förderungstätigkeit: deren Ziel ist, dank innovativen Erkenntnissen neue gewinnbringende Anwendungsmöglichkeiten für die Unternehmen zu finden (Edquist 2006: 194). Der öffentliche Sektor kann die F&E des privaten Sektors durch direkte und indirekte Instrumente unterstützen. Als direkte Instrumente gelten zweckgebundene Forschungssubventionen und subventionierte oder gesicherte Kredite, die direkt an die Unternehmen gerichtet werden. Bei der Verteilung der direkten Unterstützungen kommen nur wertmäßige Projekte in Betracht. (OECD 2007: 20) Die direkte Finanzierung der F&E des privaten Sektors ist nicht immer berechtigt, denn die Staatsbehörden können manchmal die Forschungen in falschen Bereichen finanzieren (OECD 2001: 64). Gewöhnlich wird die F&E des Unternehmungssektors von dem öffentlichen Sektor im Vergleich zur F&E der öffentlichen Behörden weniger unterstützt. Der wesentliche Teil der F&E, des Unternehmungssektor, wird von den Unternehmen selbst finanziert.

Die bisherigen empirischen Forschungen zeigen den positiven Zusammenhang zwischen den Erneuerungen im Unternehmungssektor und den Unterstützungen, die der öffentliche Sektor für die F&E des Unternehmungssektors geleistet hat. Guellec, van Pottelsberghe (2003: 237) und Falk (2004: 23) stellten fest, dass die direkten Subventionen des staatlichen Sektors zur F&E des Unternehmungssektors die Aufwendungen für F&E des Unternehmungssektors vergrößern. Denselben Standpunkt vertreten auch Wolff und Reinhaler (2008: 1410), die die Angaben von 15 OECD-Mitgliedstaaten analysierten. Die Analyse von Daten der belgischen Unternehmen, von Aerts und Czarnitzki (2004: 16) zeigt, dass dank der Finanzierung durch F&E des öffentlichen Sektors die Investitionen der Unternehmen in ihrer eigenen F&E steigen. Die Analysen zeigen auch, dass die staatlichen Subventionen zur F&E für viele Unternehmen (besonders Kleinunternehmen) sehr wichtig sind (González, Pazó 2008: 385). Wu (2005: 799) analysierte die Paneldaten von 13 Bundesstaaten der USA und stellte fest, dass es statistisch keinen wesentlichen Einfluss der Subventionen zur F&E auf die Aufwendungen für private F&E gibt. Bei der Analyse der Angaben deutscher und finnischer Unternehmen stellten Czarnitzki et al. (2007: 1364) fest, dass die Finanzierung durch den öffentlichen Sektor die privat angemeldeten Patente erhöht.

Außer der Direktfinanzierung der F&E gibt es noch andere Möglichkeiten, die F&E der Unternehmen anzuregen, z.B. durch indirekte Steuerermäßigungen. Guellec, van Pottelsberghe (2003: 237) und Falk (2004: 23) stellten fest, dass Steuerermäßigungen (gemessen mit Hilfe des B-Index)[1] die Aufwendungen für Unternehmens-F&E, vergrößert. Falk (2004: 23) zeigte, wenn sich die Aufwendungen für F&E um ein Prozent vermindern (d.h. die Steuerermäßigung von F&E vergrößert sich), wird dies langfristig eine 0,9 prozentige Steigerung der Aufwendungen für F&E in den Unternehmen zur Folge haben. Auch die

[1] Der B-Index ist ein Indikator, mit dem die Steuerermäßigungen für F&E in verschiedenen Staaten verglichen werden. Der B-Index ist als Gegenwartswert des Vorsteuergewinns zu verstehen, er wird zur Deckung der Investitionen für F&E und zur Zahlung der Umsatzsteuer des Unternehmens verwendet, um die Forschungstätigkeit zu fördern (Warda 2005: 5).

Analyse, die aufgrund der in den USA-Bundesstaaten durchgeführten Angaben, bestätigt den positiven Einfluss der Steuerermäßigungen (Wu 2005: 799). Die Resultate der empirischen Analyse zeigen, dass die Steuerermäßigungen für die F&E des privaten Sektors ein wirksamerer Stimulus für die innovative Tätigkeit als die Direktsubventionen des öffentlichen Sektors sind. Der Grund liegt darin, dass die Direktsubventionen sehr oft bestimmte staatliche Ziele befolgen und nicht die F&E des privaten Sektors stimulieren. (OECD 2007: 9) Die Unternehmen, die sich mit der F&E nicht beschäftigen, investieren in die F&E nicht und die Steuerermäßigungen haben keine Anreizfunktion. Die Steuerermäßigungen üben keinen Einfluss auf die allgemeine Strategie der F&E des Unternehmens aus, sie vergrößern nur den Umfang der Programme der F&E im Unternehmen (OECD 2001: 64). Also sind Steuerermäßigungen kein Anreiz für die Unternehmen, um neue Projekte der F&E zu initiieren, sie fördern nur die vorhandenen Projekte.

Es ist wichtig, bei der Unterstützung für die F&E des Unternehmungssektors darauf zu achten, dass die Unterstützungen auf die Bereiche gezielt worden sind, die mit den Zielen der staatlichen Innovationspolitik im Einklang stehen. Die Unterstützungen des Unternehmungssektors sind auf strategische Bereiche der Forschungsarbeit zu lenken, wie z.B. Informations- und Kommunikationstechnologie und Biotechnologie (Arundel, Hollanders 2005: 15). Auch die Klein- und Mittelunternehmen leisten ihren Beitrag zur Innovation des privaten Sektors, ihre Aufwendungen für F&E an Eigenmitteln sind unvermeidlich gering. Die Finanzierung der F&E durch den öffentlichen Sektor ist für die Klein- und Mittelunternehmen sehr wichtig. Die Klein- und Mittelunternehmen können neue Ideen generieren und dem Staat nützlich sein (Hyytinen, Toivanen 2005: 1388). Im Allgemeinen verfügen die Großunternehmen über bessere innovative Fertigkeiten und Ressourcen, ein großer Vorteil der Klein- und Mittelunternehmen besteht aber in ihrem besseren Anpassungsvermögen (Forsman 2009: 225). Ihre Führungsstruktur ist einfacher und die Entscheidungen werden schneller getroffen (Audretsch 2004: 177).

3. Bereich: Unterstützung der innovationsbezogenen Zusammenarbeit.

Die innovationsbezogene Zusammenarbeit zwischen Unternehmen und Organisationen spielt eine wesentliche Rolle im Innovationssystem. Edquist betont (2006: 197), dass das gegenseitige Lernen zwischen den Organisationen für den Innovationsprozess von Bedeutung ist. Dank der Zusammenarbeit werden gemeinsame Probleme der F&E gelöst, es ist einfacher die Unterstützung des öffentlichen Sektors zu bekommen. Oft entsteht während der Zusammenarbeit eine Synergie, denn die Unternehmen werden fachkundig beraten (Manjón 2008: 48). Die gewinnbringende Zusammenarbeit ergibt sich aus verschiedenen Quellen: man bekommt neue Erkenntnisse, die Erschließung neuer Märkte ist einfacher, die Aufwendungen für F&E und die Produktionskosten sind geringer und eine Risikoverteilung ist möglich (Glaister, Buckley 1996: 304-305). Die Innovationsforschung CIS2008 (The Community Innovation Survey 2008), die in den Unternehmen der EU durchgeführt wurde, bestätigt die Bedeutung der Zusammenarbeit. In der EU nahm durchschnittlich jedes vierte innovative Unternehmen (23,6%) an irgendeiner innovationsbezogener Zusammenarbeit teil (Eurostat 2011). Kaiser (2002: 767) untersuchte die Angaben der deutschen Unternehmen und stellte fest, dass die Unternehmen, die in die Zusammenarbeit einbezogen sind, um 18,3% mehr für die F&E ausgeben als die anderen. Die Zusammenarbeit beeinflusst die Aufwendungen der Unternehmen für F&E und die Zahl von Patenten positiv (Czarnitzki et al. 2007: 1364). Belderbos u.a. (2004: 1488) analysierten die Angaben der holländischen Unternehmen und zog daraus eine Schlussfolgerung: Das dank der Zusammenarbeit zwischen den Universitäten und Forschungsanstalten neue oder wesentlich vervollkommnete Waren und Dienstleistungen auf den Markt gebracht werden.

Die offizielle und inoffizielle Zusammenarbeit zwischen den Unternehmen und dem öffentlichen Sektor ist mehr in Staaten verbreitet, in denen es mehr innovative Unternehmen gibt (OECD 2001: 56). Aus dem oben erwähnten lässt sich schlussfolgern, dass es die Aufgabe des öffentlichen Sektors ist, die Kooperationsnetzwerke zu unterstützen. Das wird mittels verschiedener Mittel gemacht. Der öffentliche Sektor unterstützt die Zusammenarbeit zwischen Unternehmen, Universitäten und Forschungsanstalten. Wenn die Unternehmen spüren, dass die Zusammenarbeit mit einem Risiko verbunden ist, dann versuchen sie die Beziehungen zu vermeiden (Liu, White 2001: 1109). In diesem Fall ist die Aufgabe des öffentlichen Sektors, die Zusammenarbeit gegen diesen Opportunismus zu schützen. Der öffentliche Sektor kann Zusammenarbeitsprogramme anwenden, die eine neutrale Umwelt schaffen und in der die Zusammenarbeit geschützt verlaufen kann (OECD 2005: 21).

Der öffentliche Sektor kann als Kommunikationskanal und Vermittler auftreten, damit die Universitäten und die Forschungsanstalten über die Entwicklungsbedürfnisse der Unternehmen Auskunft erhalten und die Unternehmen über die Forschungen, die an den Universitäten und in den Forschungsanstalten durchgeführt werden, partizipieren können (Chang, Shih 2004: 534). Ebenso wichtig ist, die zwischenbetriebliche Zusammenarbeit zu fördern, der öffentliche Sektor kann dazu beitragen, indem er vorrangig die Zusammenarbeitsprojekte finanziert (OECD 2005: 18). Czarnitzki und Fier (2003: 25) stellten aufgrund ihrer Forschungen fest, dass die mit Netzwerken verbundenen Unternehmen, die vom öffentlichen Sektor finanziert werden, mit ziemlicher Sicherheit eher ein Patent beantragen, im Vergleich zu den Unternehmen die sich selbst innerhalb der Netzwerke finanzieren.

Der öffentliche Sektor sollte auch die Zusammenarbeit zwischen den Klein- und Mittelunternehmen und Universitäten oder den Forschungsanstalten unterstützen. Sehr oft mangelt es bei den Klein- und Mittelunternehmen an Zeit, Ressourcen, Technologie oder auch an Erfahrungen. Die Universitäten und die Forschungsanstalten wären imstande, den Klein- und Mittelunternehmen Erfahrungen, Technologie und Ressourcen zugänglich zu machen. (Tilley, Tonge 2003: 7-8) Ein Hindernis für die Zusammenarbeit zwischen den Klein- und Mittelunternehmen und den Universitäten ist oft die Einstellung der KMU, dass die Forschungsarbeit der Universitäten nicht direkt bei der Lösung konkreter Probleme anwendbar sei (Woolgar et al. 1997: 1).

4. Bereich: Förderung des für die Innovation notwendigen Humankapitals.

Eine wichtige Rolle im staatlichen Innovationssystem spielt das Humankapital – Facharbeitskraft, die das Hauptinput des Innovationsprozesses bildet. Deshalb ist es wichtig, kompetente Mitarbeiter auszubilden, die die Innovation initiieren und verwirklichen. Sørensen (1999: 429) ist der Meinung, dass die F&E erst dann gewinnbringend wird, wenn das Humankapital ein bestimmtes Entwicklungsniveau erreicht hat. Manjón behauptet, je innovativer die Wirtschaft ist, desto höher sollen die Fertigkeiten der Individuen sein, um neue Produkte und Dienstleistungen zu entwickeln. Die Gründung neuer, innovativer Unternehmen stellt hohe Anforderungen an das Können des Unternehmers (Manjón 2008: 54). Die ausgebildete Facharbeitskraft ist ebenso wichtig für die Anwendung neuer Technologien. Bartel und Lichtenberg (1987: 8) stellten aufgrund ihrer Forschungen fest, dass die Anwendung neuer Technologien positiv mit der Nachfrage nach hochqualifizierter Arbeitskraft verbunden ist. Rappaport stellte empirisch fest (1999: 33-34), dass die Aufwendungen des öffentlichen Sektors für Ausbildung in positiver Relation zu der staatlichen Entwicklung stehen. Die Bildungs- und Ausbildungsinvestitionen sind aus verschiedenen Gründen wichtig. Erstens, die gebildeten Menschen verbreiten neue Erkenntnisse, die das Wirtschaftswachstum und den Wohlstand beeinflussen und die Innovationen anreizen. Zweitens, das Bildungssystem soll die Forscher auf die Schaffung neuer Erkenntnisse vorbereiten. (European Commission 2003b: 210) Empirisch wurde festgestellt, dass die Qualität des Bildungssystems Innovationsentwicklungen positiv beeinflusst. Varsakelis (2006: 1088) analysierte die Angaben von 29 Staaten und stellte fest, je höher die Investitionen für die Bildung sind, desto größer ist die Zahl der Patenten in einem Staat. Die Forschungen beweisen, dass die Investitionen des öffentlichen Sektors für die Hochschulbildung, die Aufwendungen für F&E der Unternehmen vermehren (Wu 2005: 788).

Um das Innovationsergebnis zu sichern, ist es wichtig, das Interesse der Jugendlichen für die Wissenschaft und die Technologie zu erwecken. Das Lernen und Fortbildungen sind auch nach dem Abschluss der Universität fortzusetzen. Da sich die Technologien heutzutage schnell entwickeln und ändern, ist die Kenntnisaneignung permanent fortzusetzen, um sich an die Veränderungen anzupassen und die persöhnliche fachmännische Entwicklung erfolgreich zu sichern (European Commission 2003b: 203). Das lebenslange Lernen soll zu einem reibungslos funktionierenden System werden. Das Bildungssystem soll die genügende Zahl der F&E-Mitarbeiter garantieren. Vom Standpunkt der Verbreitung der Erkenntnisse ist eine wachsende Mobilität der Wissenschaftler und der Ingenieure sehr wichtig. Die Aufgabe des öffentlichen Sektors ist, die Zusammenarbeit zwischen dem akademischen Personal und den Privatunternehmen zu ermöglichen (Privatunternehmen beraten, teilweise die Zeit im Unternehmen verbringen oder sogar als ein Eigentümer sein). Auf diese Weise fließen neue Erkenntnisse aus den Universitäten und den Forschungsanstalten in den privaten Sektor. (OECD 2001: 76)

5. Bereich: Unterstützung der Innovation fördernden Umwelt (nachfrageinduzierte Instrumente).

Der öffentliche Sektor kann die Innovation mit den angebotsinduzierten Instrumenten auch zusätzlich mit nachfrageinduzierten Instrumenten fördern: verschiedene Gesetze, Regelungen und Normen, die die Unternehmen auf die Erzeugung und Anwendung neuer Ideen lenken. z.B. bei der Elektrizitätserzeugung verbieten Sicherheits- und Umweltnormen veraltete Technologien. In der Energetik werden große Investitionen gemacht, um neue energieerzeugende Technologien zu entwickeln. Zahlreiche OECD-Mitgliedstaaten investieren große Summen für die F&E auf dem Gebiet der Energetik. (OECD 2007: 25)

Die Rechtsprechung bezüglich der Umweltverschmutzung übt einen wesentlichen und kumulativen Einfluss auf die Tätigkeitsbereiche aus, die sich mit Produktion von Chemikalien und Materialien, Abbau und Transport beschäftigen (Tidd et al. 2006: 51). Die Aufgabe des öffentlichen Sektors ist es, das Regulationssystem, welches die innovativen Tätigkeiten fördert, auszuarbeiten und die Eignung vorhandener Gesetze, Bestimmungen und Normen zu prüfen. Die Ausarbeitung und Änderung der Gesetze sind wichtige Mittel der Innovationspolitik, sie sind sogar wichtiger als Subventionen oder andere Finanzinstrumente

(Edquist 2002: 229). Zu den nachfrageinduzierten Instrumenten gehören auch öffentliche technologische Unterauftragsvergaben: die öffentlichen Behörden als Kunden bestellen ein neuartiges Produkt oder eine neuartige Dienstleistung. Diese Auftragsvergabe kann eine Verwendung der Innovationen verursachen, neue Märkte erschließen und langfristige sozialwirtschaftliche Probleme lösen. (Ibid.: 229-230) Vom Standpunkt der innovativen Tätigkeit ist das gesetzlich geschützte geistige Eigentum, darunter auch das existierende Patentgesetz von großer Bedeutung. Der Schutz des geistigen Eigentums unterstützt die Investitionen für die F&E und sichert die Verbreitung der F&E-Resultate gemäß dem Urheberrecht (Manjón 2010: 19). Der Schutz des geistigen Eigentums ist wichtig, um die allgemeine Konkurrenzfähigkeit des Staates und der Unternehmen zu fördern (Manjón 2008: 56). Der effektive Schutz der Rechte des intellektuellen Eigentums regt den privaten Sektor zu Investitionen an (Liu, White 2001: 1109).

Die empirischen Analysen zeigen, dass Staaten mit einem effektiveren Schutz des geistigen Eigentums größere Investitionen für die F&E vornehmen (Varsakelis 2001: 1067; Bebczuk 2002: 116; Kanwar, Evenson 2003: 258; Lederman, Maloney 2003: 21). Außerdem stellte Falk (2004: 23) fest, dass der Index des Patentrechts2 in positiver Korrelation zu den Aufwendungen für F&E des Unternehmungssektors steht. Der Prozess, während dessen ein Patent beantragt wird, ist kostenaufwendig. Besonders für KMU wird der Patentantrag wegen hoher Kosten zu einem Problem (Manjón 2008: 57). Die Patente können auch einen negativen Einfluss auf die Wirtschaft ausüben – sie behindern die Innovationsverbreitung und verursacht die Wettbewerbsfäl-

[2] Als Index des Patentrechts wurde in dem vorliegenden Artikel der Ginarte-Park's Index für Recht des intellektuellen Eigentums verwendet. Der Index besteht aus fünf Subindikatoren: (1) Umfang des Schutzes, (2) Mitgliedschaft in internationalen Patentabkommen, (3) Bedingungen, die sich von Schutzverlusten ableiten, (4) Inkrafttretungsmechanismen und (5) Dauer des Schutzes. Jeder Subindikator wird im Intervall 0 und 1 bewertet und die Gesamtsumme von fünf Indikatoren ist gleich dem Indexwert im entsprechenden Staat. Demzufolge bleibt der Indexwert im Intervall 0 und 5, wobei das höhere Niveau auf das stärkere Schutzniveau hinweist. (Park, Ginarte 1997: 52)

schungen, wenn das Unternehmen, dass das Patent besitzt, die Monopolstellung auf dem Markt ausnutzt (OECD 2004: 9).

Der öffentliche Sektor ist imstande, die Gründung und die Entwicklung der innovativen Unternehmen zu unterstützen, indem die Umwelt mit Hilfe von administrativen, finanziellen und rechtlichen Maßnahmen für die neuen Unternehmen günstiger gemacht wird (European Commission 2003a: 6). Für diesen Zweck sollen Staatsbehörden existieren, die das Geschäft betreffende Ratschläge auf folgenden Gebieten erteilen: Rechtshilfe, Konsultationen über Patentierung, Marketing, Management, Personaleinstellung (Ibid.: 22). Als wesentliche Infrastruktur für ein neugegründetes Unternehmen sind Unternehmungsinkubatoren, Innovationszentren und Technologieparks. Der Unternehmungsinkubator ist ein neugegründete Unternehmen unterstützendes Instrument, das den antretenden Unternehmern notwendige Ressourcen und Dienstleistungen anbietet, bis sie wirtschaftlich selbständig und lebensfähig aus dem Programm ausscheiden. (Manjón 2008: 59)

Da die Finanzierung als Haupthindernis bei der Neugründung und der Erweiterung vorhandener Unternehmen auftritt, ist für die Unternehmen der Zugang zum Kapitalmarkt zu sichern (Manjón 2008: 54). Am wichtigsten für technologische und innovative Unternehmen ist der Zugang zum Risikokapital, denn dies ist neben der Eigenfinanzierung die wesentliche alternative Finanzierungsweise (Manjón 2010: 19). Diese alternativen Finanzierungsmöglichkeiten sind für KMU sehr wichtig.

Zusammenfassung

Der öffentliche Sektor mischt sich in die Innovationsprozesse ein, um die innovationshemmenden Markt- und Systemversagen zu beseitigen. Gleichzeitig bedarf die Einmischung des öffentlichen Sektors einer sorgfältig analytischen Begründung, weil die Einmischung die Marktprozesse falsch darstellen und die Innovationsprozesse in eine wirtschaftlich nachteilige Richtung lenken kann. Die Möglichkeit eines Versagens des öffentlichen Sektors muss betrachtet werden. Die innovationbetreffende Aktivität eines Unternehmens hängt von der Wirksamkeit des staatlichen Innovationssystems ab. Die bisherigen Behandlungen des Innovationssystems sind verschwommen und sie charakterisieren die Stellung der Innovationspolitik innerhalb dieses Systems nicht adäquat. Im vorliegenden Artikel werden frühere Forschungen verallgemeinert und ein staatliches Gesamtmodell des Innovationssystems dargestellt. Den Kern des staatlichen Innovationssystems bilden die Organisationen, die in ihrer Mitwirkung neue und wirtschaftlich gewinnbringende Erkenntnisse schaffen, verbreiten und verwenden. Die innovationsbetreffende Tätigkeit der Organisationen entsteht direkt unter dem Einfluss der staatlichen Innovationspolitik, die die Zusammenhänge zwischen den formellen und spontanen Institutionen koordiniert und integriert.

Der öffentliche Sektor fördert die Innovationsleistung, indem er die innovationspolitischen Instrumente verwendet, die die wirtschaftspolitischen Ziele verfolgen und die staatliche Innovationspolitik verwirklichen. Aufgrund zahlreicher internationaler Forschungsergebnisse wird im vorliegenden Artikel die Innovationspolitik des öffentlichen Sektors in fünf Bereiche zusammengefügt: Entwicklung der F&E des öffentlichen Sektors; Unterstützung für F&E des privaten Sektors; Förderung der innovationsbetreffenden Zusammenarbeit; Ausbildung des für die Innovation notwendigen Humankapitals; Unterstützung der die Innovation fördernden Umwelt (nachfrageinduzierte Faktoren).

Literatur

Aerts, K., Czarnitzki, D. (2004) Using Innovation Survey Data to Evaluate R&D Policy: The Case of Belgium. Zentrum für Europäische Wirtschaftsforschung / Center for European Economic Research, Discussion Paper No. 04-55, 21 p. http://econstor.eu/bitstream/10419/24064/1/dp0455.pdf. 23.01.2011.

Arnold, E. (2004) Evaluating research and innovation policy: a systems world needs systems evaluations. – Research Evaluation, Vol. 13, No. 1, pp. 3-17.

Arundel, A., Hollanders, H. (2005) Policy, Indicators and Targets: Measuring the Impacts of Innovation Policies. European Trend Chart on Innovation, MERIT, December 19th, 44p. http://proinno.intrasoft.be/ScoreBoards/Scoreboard2005/pdf/EIS%202005%20Policy%20and%20Targets.pdf. 10.01.2011.

Audretsch, D. B (2003) Globalization, Innovation and the Strategic Management of Places. – Innovation Clusters and Interregional Competition. Edited by J. Bröcker, D. Dohse, R. Soltwedel. Berlin: Springer, pp. 11-27.

Audretsch, D. B. (2004) Sustaining Innovation and Growth: Public Policy Support fot Entrepreneurship. – Industry and Innovation, Vol. 11, No. 3, pp. 167-191.

Bartel, A. P., Lichtenberg, F. R. (1987) The Comparative Advantage of Educated Workers in Implementing New Technology. – The Review of Economics and Statistics, Vol. 69, No. 1, pp. 1-11.

Bebczuk, R. N. (2002) R&D expenditures and the role of government around the world. – Estudios de Economía, Vol. 29, No. 1, pp. 109-121.

Belderbos, R., Carree, M., Lokshin, B. (2004) Cooperative R&D and firm performance. – Research Policy, Vol. 33, pp. 1477-1492.

Chang, P. L., Shih, H. Y. (2004) The Innovation Systems of Taiwan and China: a Comparative Analysis. – Technovation, Vol. 24, No. 7, pp. 529-539.

Cunningham, P., Robson, D., Neves, E. (2008) Mapping of Innovation Support Measures. Pro Inno Europe, Inno Learning Platform, 48 p. http://www.proinno-europe.eu/admin/uploaded_documents/Mini-study_1-final.pdf. 10.01.2011.

Czarnitzki, D., Ebersberger, B., Fier, A. (2007) The relationship between R&D collaboration, subsidies and R&D performance: Empirical evidence from Finland and Germany. – Journal of Applied Econometrics, Vol. 22, pp. 1347-1366.

Czarnitzki, D., Fier, A. (2003) Publicly Funded R&D Collaborations and Patent Outcome in Germany. – ZEW Discussion Paper No. 03-24, 29 p. ftp://ftp.zew.de/pub/zew-docs/dp/dp0324.pdf. 05.05.2011.

Edquist, C. (2002) Innovation Policy – A Systemic Approach. – The Globalizing Learning Economy. Edited by D. Archibugi, B.-Å. Lundvall. Oxford: Oxford University Press, pp. 219-238.

Edquist, C. (2006) System of Innovation. Perspectives and Challenges. – The Oxford Handbook of Innovation. Edited by J. Fagerberg, D. C. Mowery, R. R. Nelson. Oxford: Oxford University Press, pp. 181-208.

Edquist, C. (2001) The Systems of Innovation Approach and Innovation Policy: An account of the state of the art. Paper presented at the DRUID 2001 Nelson and Winter conference, Aalborg, Denmark, June 12-15, 24 p. http://folk.uio.no/ivai/ESST/Outline%20V05/edquist02.pdf. 23.01.2011.

Edquist, C., Johnson, B. (2000) Institutions and Organisations in Systems of Innovation. – Systems of Innovation: Growth, Competitiveness And Employment. Volume II. Edited by C. Edquist, M. McKelvey. Cheltenham, Northampton: Edward Elgar Publishing, pp. 165-187.

Edquist, C., Malerba, F., Metcalfe, J. S., Montobbio, F., Steinmueller, W. E. (2004) Sectoral systems: implication for European innovation policy. – Sectoral Systems of Innovation: Concepts, Issues and Analyses of Six Major Sectors in Europe. Edited by F. Malerba. Cambridge: Cambridge University Press, pp. 427-461.

Eurostat. European Commission (2003) http://ec.europa.eu/eurostat. 30.03.2011.

European Commission (2003a) PAXIS – Results and policy recommendations. Luxembourg: Office for Official Publications of the European Communities: 112 p. http://www.usine.uni-bonn.de/ Downloads/bilder/paxis_resultsandpolicy_rec.pdf. 23.01.2011.

European Commission (2003b) Third European Report on Science & Technology Indicators. Towards a Knowledge-based Economy. Luxembourg: Office for Official Publications of the European Communities, 451 p. ftp://ftp.cordis.europa.eu/pub/indica-tors/docs/ 3rd_report.pdf. 19.01.2011.

Fagerberg, J. (2002) Europe at the Crossroads: The Challenge from Innovation-Based Growth. – The Globalizing Learning Economy. Edited by D. Archibugi, B. Å. Lundvall. Oxford: Oxford University Press, pp. 45-60.

Falk, M. (2004) What Drives Business R&D Intensity Across OECD Countries? – WIFO Working Papers, No. 236, 28 p. http://test.wifo.ac.at/wwa/servlet/wwa.upload.DownloadServlet/bdoc/ WP_2004_236$.PDF. 05.05.2011.

Feinson, S. (2003) National innovation systems. Overview and country cases. – Knowledge Flows and Knowledge Collectives: Understanding the Role of Science and Technology Policies in Development. Volume 1: Knowledge Flows, Innovation, and Learning in Developing Countries. A Project for the Global Inclusion Program of the Rockefeller Foundation, pp. 13-38.

Fischer, M. M. (2001) Innovation, Knowledge Creation and Systems of Innovation. – The Annals of Regional Science, Vol. 35, pp. 199-216. http://www.springerlink.com/content/ct859616apvm2c62/fulltext.pdf. 22.12.2010.

Forsman, H. (2009) Improving Innovation Capabilities of Small Enterprises: Cluster Strategy as a Tool. – International Journal of Innovation Management, Vol. 13, No. 2, pp. 221-243.

Freeman, C. (2002) Continental, national and sub-national innovation systems – complementarity and economic growth. – Research Policy, Vol. 31, pp. 191-211.

Freeman, C. (???) Technology Policy and Economic Performance: Lessons from Japan. London: Pinter, 1987. Viidatud Edquist, C. System of Innovation. Perspectives and Challenges. – The Oxford Handbook of Innovation. Edited by J. Fagerberg, D. C. Mowery, R. R. Nelson. Oxford: Oxford University Press, 2006, pp. 181-208 vahendusel.

Friedrich, P., Reiljan, J., Paltser, I. (2011) Policy Suggestions for Integrated Public Innovation Policies in a Small Country. – Innovation Systems in Small Catching-Up Economies. New Perspectives on Practice and Policy. Edited by E. G. Carayannis, U. Varblane, T. Roolaht. New York, Dordrech, Heidelberg, London: Springer, pp. 343-370.

Lundvall, B.-Å. (2010) Introduction. – National Systems of Innovation: Toward a Theory of Innovation and Interactive Learning. Edited by B.-Å. Lundvall. London, New York: Anthem Press, pp. 1-19.

Glaister, K. W., Buckley, P. J. (1996) Strategic motives for international alliance formation. – Journal of Management Studies, Vol. 33, No. 3, pp. 301-332.

Gonzàlez, X., Paźo, C. (2008) Do public subsidies stimulate private R&D spending? – Research Policy, Vol. 37, pp. 371-389.

Grupp, H. (1998) Foundations of the Economics of Innovation: Theory, Measurement and Practice. Northampton: Edward Elgar, 521 p.

Guellec, D., Van Pottelsberghe, B. (2003) The impact of public R&D expenditure on business R&D. – Economics of Innovation and New Technology, Vol. 12, No. 3, pp. 225-243.

Hyytinen, A., Toivanen, O. (2005) Do financial constraints hold back innovation and growth? Evidence on the role of public policy. – Research Policy, Vol. 34, pp. 1385-1403.

Kaiser, U. (2002) An empirical test of models explaining research expenditures and research cooperation: evidence for the German service sector. – International Journal of Industrial Organization, Vol. 20, pp. 747-774.

Kanwar, S., Evenson, R. (2003) Does intellectual property protection spur technological change? – Oxford Economic Papers, Vol. 55, pp. 235-264.

Kuhlmann, S., Arnold, E. (???) RCN in the Norwegian Research and Innovation System. Background Report No 12 in the Evaluation of the Research Council of Norway, 2001, 43 p. www.isi.fhg.de/publ/downloads/isi01b52/rcn-norway.pdf. 21.12.2010.

Lederman, D., Maloney, W. F. (2003) R&D and Development. – The World Bank, Policy Research Working Paper No. 3024, 38 p. [http://www.wds.worldbank.org/external/default/WDSContentServer/WDSP/IB/2003/05/23/000094946_03051304193087/Rendered/PDF/multi0page.pdf]. 05.05.2011.

Liu, X., White, S. (2001) Comparing innovation systems: a framework and application to China's transitional context. – Research Policy, Vol. 30, No. 7, pp. 1091-1114.

Lundvall, B.-Å. (2010) Introduction. – National Systems of Innovation: Toward a Theory of Innovation and Interactive Learning. Edited by B.-Å. Lundvall. London, New York: Anthem Press, pp. 1-19.

Lundvall, B.-Å. (2007) National Innovation Systems – Analytical Concept and Development Tool. – Industry and Innovation, Vol. 14, No. 1, pp. 95-119.

Lundvall, B.-A., Borrás, S. (1997) The Globalising Learning Economy: Implications for Innovation Policy. Commission of the European Union. December 1997, 179 p. ftp://ftp.cordis.eu-ropa.eu/pub/tser/docs/globeco.doc. 23.01.2011.

Manjón, J. V. G. (2010) A Proposal of Indicators and Policy Framework for Innovation Benchmark in Europe. – Journal of Technology Management & Innovation, Vol. 5, Issue 2, pp. 13-23.

Manjón, J. V. G. (2008) Establishing a set of indicators for measuring the impact of R&D policies. BEFORE: Benchmarking and Foresight for Regions of Europe, September 2008, 77 p. [http://www.ibs.ee/publication/BEFORE%20Indicators%20Study%20Final.pdf]. 23.01.2011.

Metcalfe, J. S. (1994) Evolutionary Economics and Technology Policy. – The Economic Journal, Vol. 104, No. 425, pp. 931-944.

Metcalfe, J. S. (2005) Systems failure and the case for innovation policy. – Innovation Policy in a Knowledge Based Economy. Edited by P. Llerena, M. Matt. Berlin: Springer, pp. 47-74.

Nelson, R. R. (1981) Assessing Private Enterprise: An Exegesis of Tangled Doctrine. – The Bell Journal of Economics, Vol. 12, No. 1, pp. 93-111.

Nelson, R. R. (1992) National Innovation Systems: A Retrospective on a Study. – Industrial and Corporate Change, 1992, Vol. 1, No. 2, pp. 347-374.

OECD (1997a) National Innovation Systems. Paris: OECD Publications, 48 p. [http://www.oecd.org/dataoecd/35/56/2101733.pdf]. 23.01.2011.

OECD (1997b) Oslo Manual. The Measurement of Scientific and Technological Activities. Proposed Guidelines for Collecting and Interpreting Technological Innovation Data. 2nd ed. Paris: OECD Publications, 92 p. [http://www.oecd.org/dataoecd/35/61/2367580.pdf]. 23.01.2011.

OECD (1998) Technology, Productivity and Job Creation: Best Policy Practices. The OECD Jobs Strategy. Paris: OECD Publications, 328 p. [http://www.oecd-ilibrary.org/industry-and-services/ technology-productivity-and-job-creation_9789264163416-en]. 23.01.2011.

OECD (1999) Managing National Systems of Innovation. Paris: OECD Publications, 118 p. [http://www.scribd.com/Managing-National-Innovation-Systems/d/11477407]. 19.12.2010.

OECD (2001) Science, Technology and Industry Outlook. Drivers of Growth: Information Technology, Innovation and Entrepreneurship. Paris: OECD Publications, 127 p. [http://www.oecd-ilibrary.org/science-and-technology/science-technology-and-industry-outlook_20747179]. 21.01.2011.

OECD (2004) Patents and Innovation: Trends and Policy Challenges. Paris: OECD Publications, 32 p. [http://www.oecd.org/ dataoecd/48/12/24508541.pdf]. 23.01.2011.

OECD (2005) Innovation Policy and Performance. A Cross-Country Comparison. Paris: OECD Publications, 247 p. [http://www.bei. org/attachments/general/events/forum_2005_article2_en.pdf]. 23.01.2011.

OECD (2007) Innovation and Growth: Rationale for an Innovation Strategy. OECD, 29 p. [http://www.oecd.org/data-oecd/2/31/ 39374789.pdf]. 23.01.2011.

Park, W. G., Ginarte, J. C. (1997) Intellectual Property Rights and Economic Growth. – Contemporary Economic Policy, Vol. 15, pp. 51-61.

Pavitt, K. (2006) Innovation Processes. – The Oxford Hadbook of Innovtion. Edited by J. Fagerberg, D. C. Mowery, R. R. Nelson. Oxford: Oxford University Press, pp. 86-114.

Rappaport, J. (1999) Local Growth Empirics. – Harvard University, Center for International Development, Working Paper, No. 23, 65 p. http://papers.ssrn.com/sol3/papers.cfm?abstract_id=290596. 23.01.2011.

Reid, A. (2009) Systems failures and innovation policy: do national policies reflect differentiated challenges in the EU27? Observations from a decade of the European TrendChart on Innovation. Paper presented at the 6 Countries Programme workshop on New economic ground for innovation policy, Bilbao, Spain, September 14, 20 p. [http://www.proinno.europe.eu/trendchart/admin/uploaded_documents /systems_failures_and_innovation_policy.pdf]. 21.01.2011.

Reiljan, J. (2010) Possibilities of Discussing Convergence of Regional Economic Development in the EU. – Proceedings of the Institute for European Studies, Tallinn University of Technology, No. 8, pp. 33-60.

Smart Innovation (2006) A Practical Guide to Evaluating innovation programmes. A Study for DG Enterprise and Industry. January 2006,

199 p. [ftp://ftp.cordis.lu/pub/innovation-policy/studies/sar1_smart-innovation_master2.pdf]. 23.01.2011.

Soete, L., Verspagen, B., ter Weel, B. (2009) Systems of Innovation. – UNU-MERIT, Working Paper No. 2009-062, 36 p. [http://www.merit.unu.edu/publications/wppdf/2009/wp2009-062.pdf]. 23.01.2011.

Sørensen, A. (1999) R&D, learning and phases of economic growth. – Journal of Economic Growth, Vol. 4, No. 4, pp. 429-445.

Tidd, J., Bessant, J., Pavitt, K. (2006) Innovatsiooni juhtimine. Tehnoloogiliste, organisatsiooniliste ja turu muudatuste integreerimine. Tallinn: Pegasus, 584 lk.

Tilley, F., Tonge, J. (2003) Introduction. – Competitive advantage in SMEs: Organising for Innovation and Change. Edited by O. Jones, F. Tilley. Chichester: Wiley, pp. 1-13.

Tsipouri, L., Reid, A., Miedzinski, M. (2008) European Innovation Progress Report 2008. Brussels: Directorate-General for Enterprise Policy, European Commission, 79 p. [http://www.proinno-europe.eu/admin/uploaded_documents/EIRP2008_Final_merged.pdf]. 23.01.2011.

Warda, J. (2005) Measuring the Value of R&D Tax Provisions. A Primer on the B-index Model for Analysis and Comparisons. – Paper prepared for The OMC Working Group on "Design and evaluation of fiscal measures to promote business research, development and innovation", 10 p. [http://ec.europa.eu/invest-in-research/pdf/download_en/eu_b_index_paper_final.pdf]. 05.05.2011.

Varsakelis, N. C. (2006) Education, political institutions and innovative activity: A cross-country empirical investigation. – Research Policy, Vol. 35, pp. 1083-1090.

Varsakelis, N. C. (2001) The impact of patent protection, economy openness and national culture on R&D investment: a cross-country empirical investigation. – Research Policy, Vol. 30, pp. 1059-1068.

Wolff, G. B., Reinthaler, V. (2008) The effectiveness of subsidies revisited: Accounting for wage and employment effects in business R&D. – Research Policy, Vol. 37, pp. 1403-1412.

Woolgar, S., Gomes, P., Vaux, J., Ezingeard, J.-N., Grieve, R. (1997) Abilities and competencies required, particularly by small firms, to identify and acquire new technology. Paper presented at the IEE Colloquium on Technology Management Initiative, London, United Kingdom, December 9, 5p. [http://ieeexplore. ieee.org/ stamp/stamp.jsp?tp=&arnumber=664052]. 10.04.2011.

Wu, Y. (2005) The Effects of State R&D Tax Credits in Stimulating Private R&D Expenditure: A Cross-state Empirical Analysis. – Journal of Policy Analysis and Management, Vol. 24, No. 4, pp. 785-802.

Dorel Tramm; Kadri Ulkrainski[1]

Functional Approach to National Systems of Innovation: The Case of a Small Catching-up Country

Introduction

It is commonly accepted that innovation is a major road for firms and nations to sustain competitiveness in longer perspective. Many authors have pointed to the growing role of knowledge and learning in the economy (e.g. Drucker, 1993; Nonaka, 1991; Florida, Kenney, 1993). The ability to generate new knowledge requires suitably orchestrated system of innovation. This concept proposed by evolutionary economists is built around the idea of systemic approach to innovation that integrates institutions to create, store, and transfer the knowledge, skills and artefacts (OECD, 1999). Although this approach has been widely accepted, it is proven difficult to apply it in specific policy settings, because the approach is too general (Teubal, 2002) and does not provide many direct suggestions for building up an innovation system (hereinafter IS) (Johnson et al., 2003). This is also among the reasons, why the existing innovation policies are considered to follow linear rather than systemic approach to innovation (see for EU Malas-Gallart and Davies (2006), and for CEE countries specifically Tiits et al. (2005)).

The concept has been elaborated more recently by bringing forward specific functions of IS (cf. Högselius, 2006; Jakobsson and Bergek, 2006; Edquist and Hommen, 2008; Johnson, 2008). The discussion of specific functions makes the concept of IS more precise with regard to innovation policy by enabling to link different efforts of public sector

[1] Acknowledgements: The authors acknowledge financial support from the European Social Fund through Research and Innovation Monitoring Program; Estonian Ministry of Education and Research Target Funding SF0180037s08 and Estonian Science Foundation's Grant 8580.

towards improving the functioning of IS-s.

Estonian independent innovation policy in 1990s started from „no-policy policy“ (Karo, Kattel, 2010) and followed the developments facilitated by policy-learning from other European countries (most importantly, Finland) rather that specific needs of Estonian economy (Varblane et al. 2007). Estonian case possesses the specific features of the extreme smallness of the economy, but also the research system of the country but also the catching-up or latecomer characteristic of respective IS.

This article will offer a contribution by attempting to assess empirically how the functions of an IS specified in the literature are applied for designing and developing Estonian national innovation system (hereinafter NIS). This involves first reviewing the literature of functions of IS-s by connecting these with specific innovation policy measures. Thereafter the (perceived) importance of different functions among Estonian government officials is analysed and the relative proportions of funding different policy measures is assessed by using the financial indicators of EU Structural Funds and Estonian state budget allotments attributable to different functions of IS. The latter analysis has its limitations comprising funding instruments comparable to the amount of total R&D spending of the country (about 1.5% from GDP annually).

1. The functions of innovation systems

The development of the innovation system approach started at the end of 1980. First ones to use this term and conduct research in that area were Chris Freeman followed closely by Bengt-Åke Lundvall. Although the approach is gaining more and more popularity among researchers and policy makers, it has been rather general and not easily applicable. Recently this has started to change due to the introduction of function into the systems approach. (Tamm, 2010)

The main function of the IS according to Edquist and Hommen is “to pursue the innovation process – i.e. to develop and diffuse innovations” (Edquist, Hommen 2008: 8). Carlsson et al (2002) state that

"The function of an innovation system is to generate, diffuse, and utilize technology". These main functions mentioned above are rather general and declaratory, and do not give very useful and precise guidelines for constructing an IS for a country. This supports the existing opinion that IS is more a theoretical approach than a practical tool for designing an innovation policy. That is why a more detailed list of IS functions is needed. (Edquist, Hommen 2008: 460) Such a list was presented by Rametsteiner and Weiss (2006). They brought out three functions of innovation system (Rametsteiner, Weiss 2006: 566):

- reduction of uncertainties through information provision,
- management of conflicts and cooperation,
- provision of incentives.

An even more detailed list of functions are presented in Table 1 summarizing functions mentioned in four different studies. These lists are more comprehensive and useful for policy design than the abovementioned functions of IS.

Högselius highlights 12 functions of IS. All of these (except the last) may be influenced by the formulation of public policy (last function) because through it all other functions can be influenced, created and/or supported. Högselius also mentions the formulation of vision as a function of IS. This function does not exist explicitly or implicitly in the other approaches presented in Table 1. The authors of this article support the exclusion of vision as a function because a system as an entity cannot have a vision. A common vision may and should be shared by the actors in a system and through this shared vision actions moving towards that target can be implemented.

Högselius's listing of functions has some additional shortcomings. First, the function that mentions the adaptation of organizations to accommodate innovation does not take into consideration that besides organizations, institutions and society as a whole also have to be ready to accommodate innovations. Second, there is no mention of labour as a necessary resource for innovation activities/policy. Both of these aspects are taken into account in Johnson's approach. Johnson (2008) compared the findings of different researchers of IS-s to compose the list of the functions common across studies. The authors of this chapter take the approach presented in Edquist and Hommen (2008) as a basis for empirical assessment because this list is the most explicit and representative overview of IS functions.

To create and/or support the functions mentioned in Table 1, several policy measures can be designed and implemented. Edquist and Hommen (2008) define innovation policy through the main function of IS. According to them innovation policy is defined as "Actions by public organizations that influence the development and diffusion of innovations" (Edquist, Hommen 2008: 9). There are different policy measures designed to support the main and sub-functions of IS. For example, the creation of knowledge may be influenced through education policy, grants for scientists and researchers, financial support for R&D activities executed in enterprises, tax incentives etc. The external and internal context of the firms is more or less influenced by government interventions, and enterprises have to exist in this system of links and interconnections; in other words, innovations and technological changes take place "within a social fabric" (Archibugi, Michie 1997: 1). This describes the situation where firms perform the important role of innovating, but the innovation process taking place in a firm is influenced by many other institutions and organizations surrounding the firm, so the innovation process is influenced by interactions between the firm and its environment (Archibugi, Michie 1997: 1–2; Smith 2000: 73).

There exist differences between firms' environments including institutional contexts across IS-s, and this affects the macroeconomic performance of countries. The differences in systems may arise from capabilities, and governance systems and activities including policy measures to intervene in the economic activities of organizations and institutions. (Smith 2000: 74) Differences also may arise from barriers existing in enterprises' innovation processes.

Table 1: Different approaches to the functions of innovation systems

Högselius (2006)	Jakobsson and Bergek (2006)	Edquist and Hommen (2008)	Johnson (2008)
• formulation of visions; • articulation of demand for new, improved and/or cheaper products; • creation of new knowledge; • competence-building; • formation of new firms and other organisations; • market entry and exit; • adaptation of organizations to accommodate innovation; • networking; • provision of finance; • consultancy, advice and lobbying activities; • creating, changing and abolishing institutions; • formulation of public policy.	• market formation (creation, increase in volumes, and mass marketing); • knowledge development (breadth and depth of the knowledge base) and its diffusion; • support to entrepreneurial spirit and activities; • influencing the search activities and investment behaviour; • resource availability and mobility; • creation of legal environment suitable for innovation systems; • development of positive externalities.	• provision of knowledge inputs to innovation process (provision of R&D, creation of new knowledge, competence building) • demand-side activities (formation of markets, articulation of quality requirements) • provision of constituents of IS (creating and changing organisations and institutions, and networking) • support services for innovating firms (incubation, financing, consultancy services)	• identification of the bottlenecks in IP; • creation of knowledge to solve the identified bottlenecks; • recognition of the potential of innovation; • creation of incentives to be engaged in IP; • creation of markets for innovation; • decrease resistance to change; • facilitate knowledge and info exchange; • supply of resources (incl. competencies); • guidance for the search processes (e.g. standards and regulations); • reduction of social uncertainty.

Sources: Composed by the authors on the basis of Högselius 2006: 34–36; Jakobsson, Bergek 2006: 691–693; Edquist, Hommen 2008: 10, Johnson 2008: 12

For a long time there has been discussion on whether the government should intervene in market processes and the economic environment or not. It is accepted by different researchers that some intervention is necessary to create the general framework for economic processes through laws, regulations and so on. But how much government should intervene to support innovation processes, in what circumstances and through which measures, is still under discussion.

2. The IS functions and innovation policy measures

Innovation policy measures implemented by the public sector are influenced by two theoretical approaches: neo-classical and evolutionary (Frenkel 2003: 120). According to neo-classical theory, firms are the main element of economic activities and they have to survive in a neoclassical market without any supportive organizations (Teubal 2002: 237). The neo-classical approach is based on the equilibrium and optimization behaviour of economic actors. Although aspects such as strategic interdependence between firms, uncertainty, asymmetry of information etc. are dealt within mainstream neo-classical theory, this approach sometimes fails in explaining some issues, which are present in the systematic approach. (Smith 2000: 75) It may be said that the classical approach emphasizes the economic model with rather isolated profit-maximizing firms with perfect information and almost no risks. It disregards the organizations and institutions interacting with and influencing innovating firm and ignores the fact that not all organizations are profit-maximizing entities. (Edquist, Hommen 1999: 68)

Several innovation policy measures implemented up until now have been influenced by neo-classical production theory. According to this theory, firms have to decide what to produce and how to produce it on the bases of production functions. Firms have information about current and future input prices, all the techniques and technologies (seen as knowledge) available for production etc. to solve the profit-maximising exercise and find the optimal solution. The knowledge in this theory is generic, codified, accessible without costs, and context-independent. When the external context of the firm changes, it changes its position without any problems and is able to find a new optimal point of production. (Smith 2000: 82–83, 85) Therefore, neo-classical theory does not include any adjustment problems. In this framework the objectives of policies lie in freeing the markets, removing barriers from factor movements, increasing the competitiveness between enterprises, producing knowledge through publicly-funded institutions or providing subsidies to knowledge-producing firms, and solving the problems with a low level of appropriability of knowledge. (Smith 2000: 82–83, 85) The policy makers possess perfect information and their task is to eliminate market failures preventing the system to reach optimality through implementing different incentives in the economy (Hommen, Edquist 2008: 470).

Modern innovation policy on the other hand is based on a systematic approach, and instruments emphasising the importance of learning, knowledge exchange, evolution, and coordination between different alternatives. Systematic instruments cover five functions supporting the functions of the IS presented in the previous sub-chapter (Smits, Kuhlmann 2004: 5):

- management of links and connections between different subsystems and actors;
- creation, deconstruction and governance of IS-s;
- establishing conditions for learning and experimenting;
- provision of infrastructure for creation of strategic knowledge needed by actors;
- encouragement of demand and visions for the discovering and/or creation of new opportunities.

All firms' activities are based on some kind of knowledge base, which can be divided into three parts – firm-specific knowledge, sector-specific knowledge and general knowledge (Smith 2000: 87). These types of knowledge are linked to each other and they evolve over time (Smith 2000: 89). Searching, exploring, and learning are the most important activities for innovation inside IS approach. Therefore policy within the NIS framework has to deal with learning and knowledge originating from learning. (Smith 2000: 81) The management of links and connections between different sub-systems and actors may therefore be considered as one of the most important tasks of public policy support measures. Through interactions, knowledge is exchanged, opportunities identified, and new combinations created. (Edquist, Hommen 1999: 66)

To fulfil functions of systematic instruments, many different innovation policy measures have been elaborated. In order to group these different measures, several categorizations have been developed. Rolfo and Calabrese (2006) have divided measures of innovation policy into four groups: mission policies, diffusion and technology transfer policies, infrastructural policies, and territorial policies (technological districts, clusters). Mission policies are linked to financial resources for basic and applied research carried out by research institutes and/or firms including the training of human resources, development of new research techniques and tools, and support for general technologies through the cooperation of businesses to reduce research costs and risks. Diffusion and technology transfer policies cover technical assistance given to firms (financial aid for purchase of new machinery, measures aimed at transferring the knowledge, the promotion of research within the companies, collaboration among companies and with universities, the creation of technology-based firms, support for employing young researchers to companies and the creation of research groups with personnel drawn from industries, universities and research institutes). Infrastructural policies are connected to the creation of technological and scientific infrastructures, educational and research systems including laboratories and equipment, and communication networks (scientific and technology parks, research institutes, incubators, technology transfer centres, technological services and brokerage offering information, consultancy, assistance by themselves and through networks they belong to). (Rolfo, Calabrese 2006: 258-260)

It is also possible to divide policy measures according to a top-down and bottom-up perspective. From a top-down perspective, innovation policy measures are linked with national interest and priorities but they also may be influenced by supra-national institutions and unions. But even in this case policies should take into account the developments and situation inside the country, because policies must be in accordance with its economic environment in order to avoid causing misalignment between designed policy measures and needs of the enterprises. (Howells 2005: 1223-1224)

The other perspective is that of bottom-up policies which are actually based on local situations and needs, but these bottom-up policies still have to be held in accordance with national and supra-national development, to fit into the framework of general policy. By doing this it is easier to get finance for designing and implementing these bottom-up policies. (Howells 2005: 1225) The majority of innovation policies are top-down policies though (Howells 2005: 1227). Top-down approach may cause innovation policies to fail, because policy makers may not be well informed about local situation and needs. The most commonly used grouping of innovation policy measures is to divide them into demand-side and supply-side measures. This grouping also has links with earlier innovation process models. Linear innovation process models advocate supply-side measures or demand-side measures; system-oriented models take into consideration both of them. (Edquist, Hommen 1999: 63–64) Taxonomy developed by Edler and Georghiou (2007) is presented below (see Figure 1).

Figure 1: Taxonomy of innovation policy tools

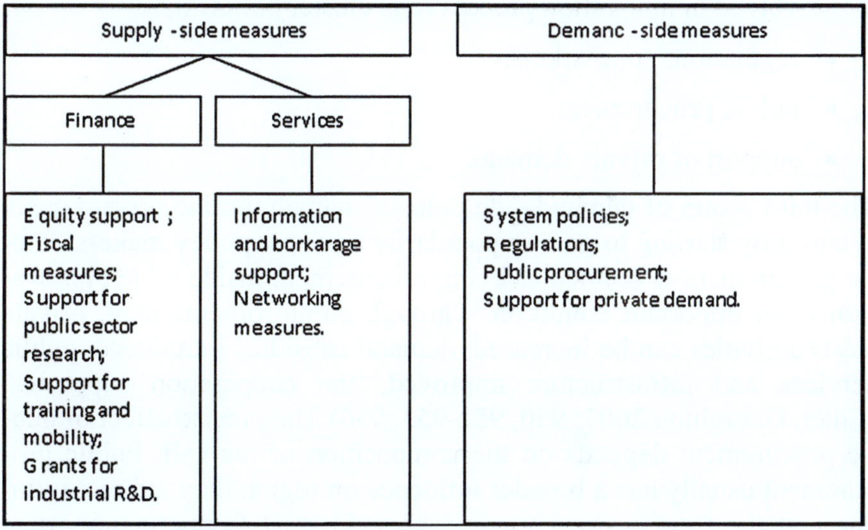

Source: (Edler, Georghiou 2007: 953)

There are more supply-side measures implemented by governments of different countries than demand-side measures. At the same time, supply side policy measures cannot eliminate and/or create enough incentives to facilitate the innovation process of companies. Demand-side policies are defined as being measures linked to the increase and/or creation of demand for innovations; determining new requirements for new products, services; and a better articulation of demand (Edler, Georghiou 2007: 952). One of these kinds of policy measures consists of the tools implemented with the aim to shift the culture towards the celebration of innovation. Measures such as harmonised regulatory environment, the use of standards and public procurement can be used to achieve this. (Aho et al. 2006: 6–7) Demand-side policies also encompass systematic policies, because these policy measures are designed to bring together users and providers of innovations (Edler, Georghiou 2007: 953). Demand-side policies can therefore be divided into four groups (Georghiou 2006: 12, Edler, Georghiou 2007: 953):

- systematic policies providing an environment for actors involved in innovation process (e.g. cluster policies),
- regulations for markets,
- public procurement,
- support of private demand.

The third group of demand-side policies, namely public procurement, is currently starting to gain in popularity amongst policy makers. Public procurement is defined as being procurement inside which innovation is an important condition. Through public procurement, private R&D activities can be increased, demand subsidies introduced, public services and infrastructure improved, and cooperation supported. (Edler, Georghiou 2007: 950, 952-953, 956) The precise effect of public procurement depends on the composition of the call. Public procurement usually has a broader influence on region than a direct influence on the tender-winning companies. First, it forms an important part of local demand. Second, it may remove the market and system failures linked to problems in the translation of needs into marked demand. Third, it also creates the possibility of upgrading the public infrastructure and/or public services. (Edler, Georghiou 2007: 954) But public procurement can also introduce additional failures into the system. For example, it can "pick-the-winners" through preferring one solution to another without letting markets and private demand to decide. Public procurement measures can also undermine the principles of free market and trade if the conditions of procurement are favourable only to local companies. All these problems can be removed through the skilful and impartial drafting of the procurement call. (Edler, Georghiou 2007: 961) The latter is very difficult to achieve under political pressure from different interest groups.

Although demand-side policies are not yet widely used, the political pressure to design and implement them is rather high. But the implementation of demand-side policies may bring with it many problems. Implementation of demand-side policy measures frequently requires setting targets and determining the direction of technology development via public sector bodies. At the same time, these bodies only possess secondary information about technology and market trends. (Watanabe, Tokumasu 2003: 70) But even so, the recent trend in the EU is to move away from public funding of enterprises towards increasing demand for innovations (European Innovation… 2008: 9).

3. Functions of innovation systems from the perspective of government officials

For the innovation system to be effective it has to be active and fulfil its functions. So, besides the components of the IS shown in Figure 2, system functions are also important. According to Edquist and Hommen (2008: 7), the main function of the innovation system is "to develop and diffuse innovations". To fulfil this main function, the following sub-functions and/or actions have to exist within the system (Edquist, Hommen, 2008: 10):

- provision of knowledge inputs for the innovation process:
- provision of R&D and through that create new knowledge,
- competence building in innovation and R&D activities through educating the labour force,
- functions focused on the demand-side:

- formation of new markets,
- development of demand side quality requirements,
- provision of the components of the innovation system:
- creation and change of organizations important for innovations,
- creation and change to the rules of the game linked to innovative organizations and innovation processes,
- creation and effective networks,
- creation and implementation of innovation support measures:
- provision of facilities and administrative support for innovations,
- provision of finances facilitating the commercialization of knowledge,
- provision of consultancy.

Edquist and Hommen did not focus so much on basic research in their list of sub-functions. They focused more on R&D and competencies as necessary for the innovation process to be beneficial, and the demand side of innovation. Also, not all functions of the IS have to be established by the public sector. Some of the sub-functions mentioned above can be provided by private sector organisations. But even if they are provided by private sector organisations, the public sector has to create the conditions for the private sector to participate (e.g. special legislative and economic environment, and/or conditions needed for venture capital associations to exist etc.).

To investigate what functions of the innovation system are considered important by Estonian public sector representatives and policy makers, an interview plan was constructed and 9 interviews conducted with public sector representatives. An overview of interviewees is presented in Table 2. The people presented in Table 2 were chosen because of their knowledge about the design and implementation of innovation support measures in Estonia. From the public sector perspective, all the most important organisations responsible for designing or implementing innovation support measures in Estonia or linked to these were included. Interviewees from those organisations are heads of departments and/or divisions or deal with issues linked to innovation policy on a daily basis.

Table 2: Overview of interviewee occupation, organization and time of interview

Name	Occupation	Organization	Time of the interview
Harry Faiman	Coordinator of Technological Development Centre Support Programme	Enterprise Estonia	14th of October 2008
Allar Korjas	Director of Export Division	Enterprise Estonia	13th of Jan 2009
Kitty Kubo	Head of Foresight Division	Estonian Development Fund	10th of Oct 2008
Ilmar Pralla	Director of Innovation Division	Enterprise Estonia	8th of Oct 2008
Mihkel Randrüüt	Head of Technology and Innovation Division	Ministry of Economic Affairs and Communications (MEAC)	8th of Oct 2008
Lauri Tammiste	Head of Economic Development Dept	MEAC	15th of Oct 2008
Marek Tiits	Chief Analyst of Monitoring and Analysis Group	Estonian Academy of Sciences	14th of Oct 2008
Piret Treiberg	Head of Enterprise Division	MEAC	21st of Oct 2008
Oliver Väärtnõu	Adviser of the Strategy Office	State Chancellery	10th of Oct 2008

Source: Composed by the authors

The question about the IS's functions in the interview was not focused on functions existing inside the Estonian NIS, but on a hypothetical system; that is, what functions an IS should have. Six interviewees from the public sector answered this question. Table 3 presents important functions of the IS mentioned by the interviewees. The table only presents the thematic categories of the sub-functions brought out by Edquist and Hommen.

The interviewees most frequently mentioned the existence of innovation support measures and services designed for enterprises as a function that the IS should have. Two of the interviewees stated that this function is the most important, and four interviewees mentioned support measures as being one of several important IS functions. Therefore, no interviewee questioned the need to support innovations taking place in enterprises. But many interviewees emphasised that the IS and its functions including innovation support measures have to be flexible and able to adapt to the changing environment conditions. As one of the interviewees said: "The innovation system cannot exfoliate from the economy and changes in society. It cannot start to live an independent life. The innovation system has to be embedded in its surroundings." (Interviewee E).

Table 3: Important functions of the innovation system

	Provision of knowledge inputs	Functions focused on demand-side	Provision of innovation system's components	Support services for innovating firms
Interviewee A				
Interviewee B				
Interviewee C				
Interviewee D				
Interviewee E				
Interviewee F				

Source: Composed by the authors

This explains why the interviewees consider the creation of the components of the innovation system and changes to them almost as important as the innovation support measures themselves. It is important that the system is flexible and able to adjust to changes in the environment. If necessary, changes have to take place in all components of the IS. Otherwise the system can lock-in on its successes or failures – a lock-in failure may emerge. The system also has to be able to look to the future: "Structural changes taking place in the economy are important. /…/ It is important to have an idea about what you have (in terms of the structure of industry – authors' comment) today. /…/ You also have to know where you want to go." (Interviewee D).

Changes also have to be introduced to the complex of innovation support measures in response to changes taking place in the environment and/or when organisations foresee such changes. As interviewee H stated about innovation support measures, that it is important for the government to address failures in the environment, it is also important to move out when the failure does not exist anymore. Direct innovation support measures should transform into indirect measures and then into consultation services or disappear altogether when conditions make this possible.

The provision of knowledge inputs is the third most important function of an IS according to the interviewees. Knowledge inputs have been considered an important part of the innovation process since the beginning of 2000. This had been taken into account from the start of the process of designing the innovation policy measures. Currently, during the new programming period new measures are being elaborated in addition to or replacing the existing measures. Those changes cover other factors of the innovation process and not only R&D and knowledge input measures.

From Table 3, one can see that no interviewee mentioned demand side activities as being an important function of the IS. There may be three explanations. First, demand side policy measures are not yet very widely used by policy makers in Europe and in Estonia. Second, the Estonian public sector does not have enough knowledge and experience to implement demand side measures. Third, the quality requirements and standards linked to demand side policies are put in place at the European level, and therefore, Estonia cannot introduce different requirements and/or standards alone.

4. Assessments of functions through innovation policy measures in Estonia

Innovation policy measures of Estonia follow the R&D and innovation strategy of Knowledge-Based Estonia (KBE) (2007–2013). This is a second strategy document of a kind in Estonia. The first one covering the years 2002–2006 was concentrating on supporting R&D projects in firms and universities, strengthening the knowledge base in universities and encouraging cooperation between industry and academia. The second strategy encompasses wider variety of measures by adding support for cluster initiatives, funding for the dissemination of innovations, but also increased funding for improving innovation awareness of the general public. As shown in Table 3, funds for R&D have increased substantially in the period of second KBE. This increase is associated in great part with the Structural Funds of EU, which have replaced rather than complemented the national funds.

R&D Expenditures	2002	2003	2004	2005	2006	2007	2008	2009
Total expenditure	55.70	66.87	82.70	104.02	150.99	173.65	208.04	197.40
Total expenditure, % of GDP	0.72	0.77	0.85	0.93	1.13	1.10	1.29	1.42
Public sector expenditure	38.62	44.21	50.48	57.12	83.90	91.77	118.16	109.19
Share of public sector, %	0.78	0.74	0.67	0.58	0.50	0.48	0.44	0.36

Source: Ministry of Education and Research

The second KBE is certainly a step towards a more systemic approach to innovation, but it still omits some crucial activities related to entrepreneurship and networking generally held as relevant for systemic innovation approach (see for example Edquist 2005). It is also suggested that the second KBE was only a change in policy rhetoric without relevant changes in design, implementation and coordination of respective policies (Karo, 2010). In the following sections, the relative importance of different functions of Estonian NIS is assessed through the funding streams for various activities.

Provision of constituents of NIS

The governance mechanisms of Estonian NIS have been developed systematically since 2000 (See the review in Masso, Ukrainski, 2008). Figure 2 presents the scheme of its functioning according to the Ministry of Economic Affairs and Communication (MEAC).

Figure 2: Estonian Innovation System

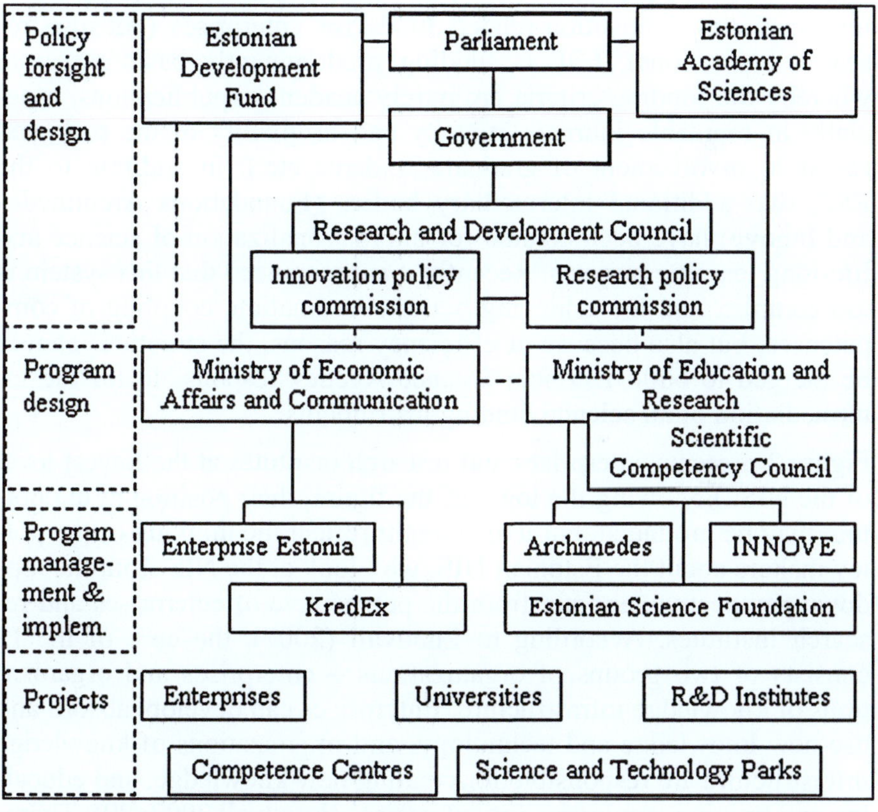

Source: (Eesti innovatsioonisüsteem 2009)

The highest level of political decisions of R&D funding is made by the Government and agreed by the Parliament. R&D policy preparation and management functions are the main responsibilities of the

Ministry of Education and Research (MER) and the MEAC in respective fields. The division of responsibilities between MER and MEAC may create problems coming from the duplication of functions, barriers existing in information exchange, the lack of harmonization of activities etc. Therefore, intensive cooperation between those two ministries is essential to increase the effectiveness of the Estonian NIS. Research policy financing functions are in main part fulfilled by the Estonian Science Foundation (ESF) and Enterprise Estonia (EE). EE is intermediating innovation-related funds for enterprises (but also research institutions), ESF is funding predominantly basic research, whereby the funding criteria are purely academic (publications, especially in reputable journals, novelty and originality of the proposed research, involvement of graduate students etc.). In addition to the ESF, two additional intermediary bodies (Foundations Archimedes and Innove) have been created for internationalization of science and life-long learning projects. Recently it is recognized that this system is too complex and for achieving better coordination, coupling of competences, but also because of efficiency reasons, the structures should be merged to build Estonian Science Agency responsible for the intermediation of all science funding instruments.

Figure 2 presents enterprises and research institutes at the lowest level of the NIS. Following the logic of the figure, their position at the bottom may be grounded, but it also might reflect the thinking of the policy makers about the Estonian NIS, who look at the NIS from the top-down perspective, and not from the perspective of enterprises and research institutes. According to Lundvall (2007), the core of the IS consists of two groups of organizations – enterprises and organizations of knowledge infrastructure. Enterprises can develop, absorb and use new knowledge and technology, and organizations of knowledge infrastructure are responsible for creating new knowledge, and educating and training employees for enterprises (Lundvall 2007: 29). Therefore, these organizations should not be at the bottom of the figure, but in the centre of it. Figure 2 also indirectly reflects the abandonment of the demand side of innovation processes because markets and customers are not taken into consideration.

Figure 3: Measures for provision the constituents of NIS (in thous. Euro)

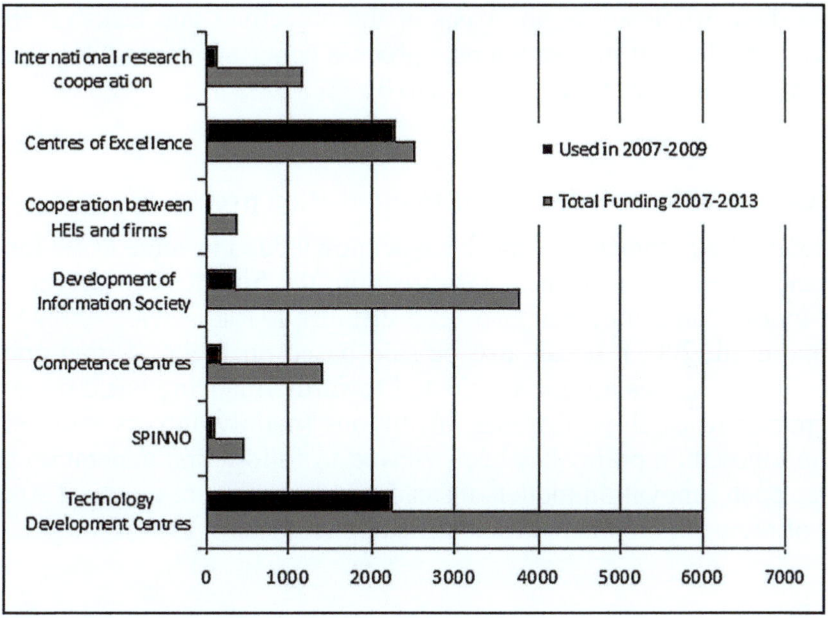

Source: Struktuurivahendite rakenduskava..., 2009

The processes in building public governance structures in Estonian NIS reflect a kind of "over-doing" as many public actors of the IS have been created, but the division and coordination of tasks should be better organized between these actors and more importantly the network failures need to be addressed. Problems like involving industry representatives, and opposition between MEAC and MER needs to be addressed. Figure 3 shows that most of the resources associated with the provision of constituents of NIS are related to creation of different actors (centres) for IS and less resources are devoted to collaboration activities or the activities yielding a behavioural value-added (the importance of which is brought out by Nauwelaers and Wintjes, 2003). The measures for providing the constituents of Estonian NIS comprise in 2007-2013 about 22% of the innovation policy measures.

Industry representatives are involved in different strategy development commissions, but the outcomes are considered to be almost nonexistent by the enterprises. Therefore, all actors in the IS should evaluate their efficiency on the basis of the objectives and tasks given to them, and look at innovation as a process covering science, R&D, application and marketing (Tamm, 2010).

Provision of knowledge inputs to innovation process

Though the Estonian NIS has been acknowledged in some cases for its quick development in the right direction, the high-tech orientation of its innovation policy has also been criticized (Radocevic, 2002; Varblane et al. 2007). It can also be said based on Figure 4, that public funding measures are more oriented towards financing basic research in public research performing institutions (mainly universities). Estonian innovation policy has been viewed to follow first generation science push innovation models instead of taking a more practical strategy of focusing on practical scientific applications.

Figure 4: Funding of measures for providing knowledge inputs (in thous. Euro)

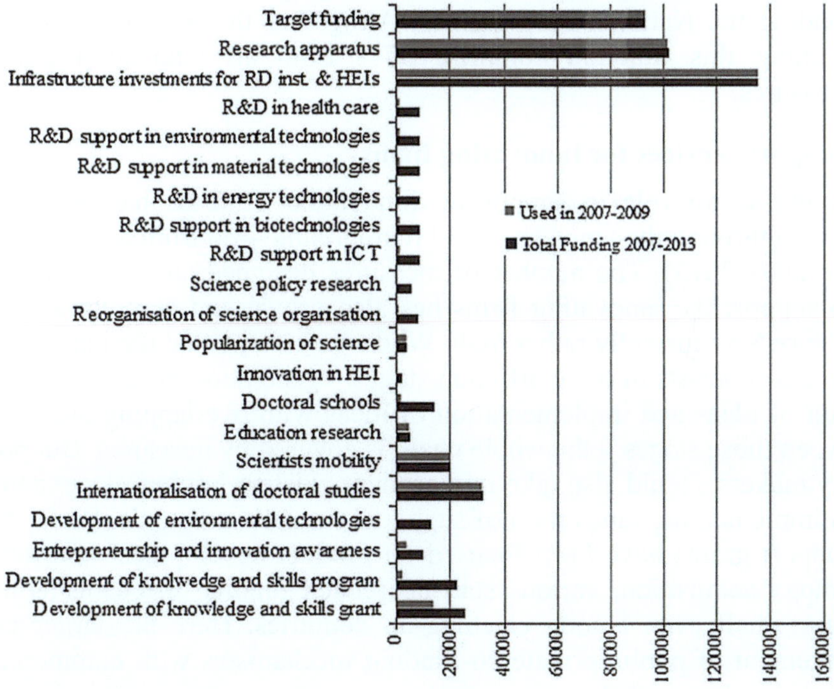

Source: Struktuurivahendite rakenduskava…, 2009

One reason for this tendency could be that science policy in Estonia is driven by the large public universities as main research performers and therefore following scientists' curiosity rather than user needs in society (Masso and Ukrainski (2009)). This is also supported by the low appreciation of applied research projects in research funding principles and instruments. From Figure 4 one can also see that the investment-related funds for R&D infrastructure in research and higher education institutions have been disproportionally high in comparison with other types of instruments. This is also reflecting a kind of overinvestment. For ensuring the research prioritized in society, several National Programmes were created following the second KBE strategy (noted as R&D programs in different sectors on Figure 4); however, these are not succeeded yet mainly because of the governance difficulties – it has proven very hard to engage different ministries in funding the National Programmes. Altogether the measures for performing this function comprise 37% from all innovation policy measures.

Support services for innovating firms

Public sector role in supporting innovation in firms has generally grown through the ten year period (comprising 40% from all measures for 2007-2013). The number of measures designed and implemented to support the innovating firms has also grown and as presented on Figure 5, is currently rather high. When we assume that the innovation process consists of three different stages – generation of ideas, evaluation of ideas and implementation of ideas with overlapping areas between those stages – the whole chain is covered by measures. But policy makers should also take into account existing bottlenecks existing in implementing innovation of support measures in Estonia. So far the support grants have been focused on product development and technology acquisition, various start-up related funding mechanisms are very small even among catching-up countries. Here the larger engagement of public-private co-funding mechanisms with commercial banks is also needed.

Figure 5: Support measures for innovating firms (in thous. Euro)
Source: Struktuurivahendite rakenduskava..., 2009

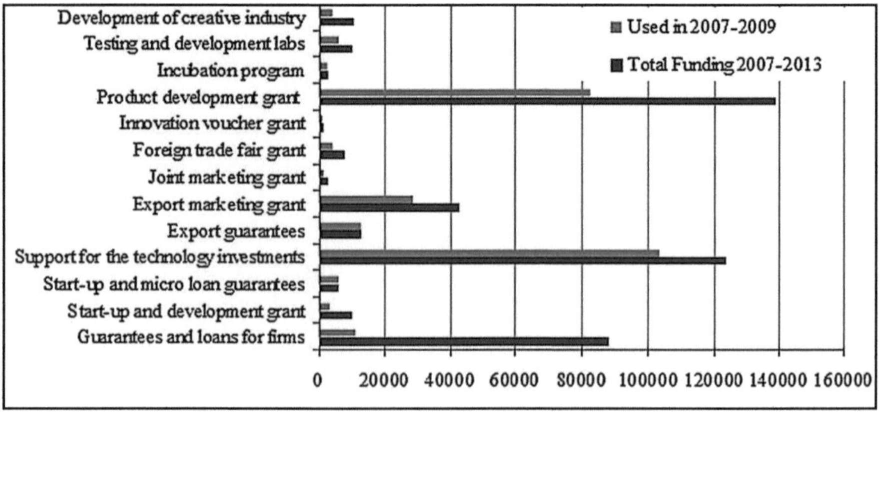

As in other catching-up economies, Estonian innovation strategy is targeted towards user-friendly information and communication technologies and the development of an information society, biotechnology (in Estonia, biomedicine) and materials technology. The problem here is that the strategy imitates similar strategies in other countries without aligning with the structure of the national economy and without seeing the importance of traditional industries as customers of high tech industries. (The first problem is more deeply discussed in Edquist, 2001; and the second in Von Tunzelmann and Acha, 2005; and Hirsch-Kreinsen et al., 2005.)

By looking at the side of innovating firms, in period of 2004-2006, the public support for private innovation activities was focused more on manufacturing and tourism industries, then in later years it has somewhat expanded to other industry sectors. At the same time, the firms in more science based manufacturing industries (e.g. machinery, equipment, chemicals etc.) received less support in recent years. However, those are the industries that should generate the innovative inputs for the economy. Traditional manufacturing industries have received relatively more innovation support (associated with importing new machinery and equipment). Public sector innovation support is still lower in service industries, although it has grown during 2006-2008 (Masso et al. 2011).

Demand-side activities

As also shown by interviews with public officials, demand-side activities are not seen as an option for pursuing innovation policy in Estonia. There are only two existing measures that can be classified under this function (Awareness of the Information Society with about 3 million Euros and Cluster Development Program with 6 million Euros), comprising less than 1% of the funding.

Demand-side activities include public procurement, the value of which has been in Estonia about 12-20% from GDP recent years (in EU about one sixth of total GDP) (Statistics Estonia; DG Enterprise, 2010). However, the share of firms participating on public tenders is low in European comparison and also the firms recognize that low cost rather than innovation is the criterion for winning public tenders (Innobarometer, 2009) at the same time the SME-s are relatively more active in European comparison (DG Enterprise, 2010). For Estonia as well as for other small open economies, the use of demand-side policy instruments may have constraints in terms of the ability to monitor and influence lead markets as these may lay elsewhere (outside the small domestic economy). Therefore the policy implications of globalization are extremely relevant for a small country (cf. Archibugi, Iammarino 1999)). It is very important to develop capabilities of government structures to apply demand-enhancing measures (e.g. conduct public procurement) etc. The reason for negligence of such type of measures could also be that the barriers for indigenous innovation may be observed to be much higher because of small domestic market size (Hadjimanolis, Dickson, 2001).

Conclusion and Discussion

Considering different functions of IS, innovation support services for firms have been recognized as most important function of IS by interviewed Estonian officials. Those services comprise also 40% from all measures foreseen for 2007-2013 (see also Figure 6 summarizing all the analyzed functions by respective shares of funding). Provision of knowledge inputs comprises 37% from all measures, however this was not considered as important by government officials. Provision of constituents of IS was considered as important as support services of firms, however from policy measures in comprises only 22%. It has to be noted, that this share is underestimated, because the maintenance of several organizations that function as intermediaries have not been accounted here for. However, the analysis of specific measures has shown that Estonian IS requires a more systematic approach and clear communication to solve existing problems. It is important not to create new organizations, but rather make the existing ones work more effectively and link all of them into one consistent system moving towards one overall objective. As expected, demand-side activities that are not considered as important comprise about 1% of the innovation policy measures for 2007-2013. The difficulties of using such measures are presented in Edler and Georghiou (2007), however, empirical evidence shows that there can be found successful policies in small countries (like from Nordic countries Finland (Lemola, 2003)) or Asian countries like Singapore and Taiwan (Lundvall et al. 2006)). Therefore, the potential of this function of IS can be enhanced in Estonia.

Figure 6: Division of funding for different functions over the period of 2007-2013 (Authors' compilation based on Struktuurivahendite rakenduskava..., 2009)

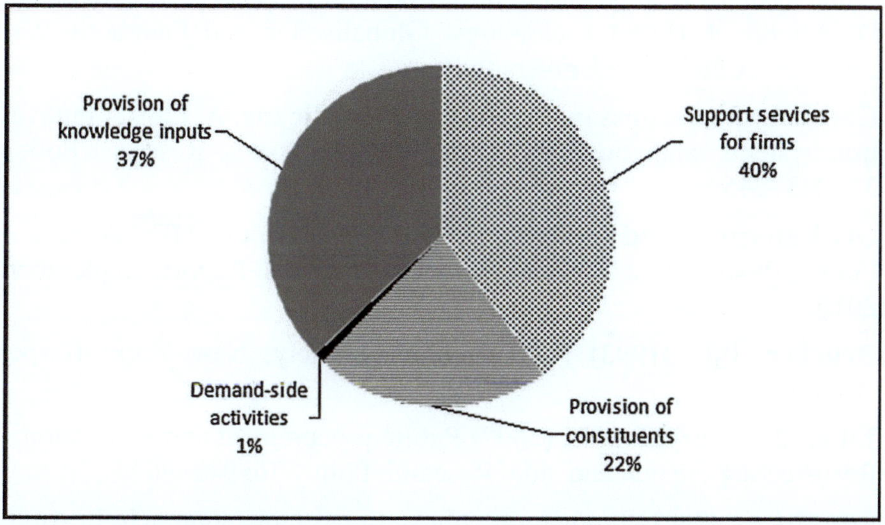

We suggest that by aligning the structure of the IS, more coherent logic of public-private co-evolution and better alignment of respective innovation policy measures should be followed. The functions that public sector performs in a national innovation system, should be designed and developed carefully in a balanced way, which is especially important for a small catching-up country, where the risk to create misalignments in the system is larger.

References

Aho, E., Cornu, J., Georghiou, L., Subirà, A. Creating an Innovative Europe. Report of the Independent Expert Group on R&D and Innovation appointed following the Hampton Court Summit and chaired by Mr. Esko Aho. http://ec.europa.eu/invest-in-research/pdf/download_en/aho_report.pdf. 20.05.2008.

Archibugi, D., Iammarino, S. (1999) The policy implications of the globalization of innovation, Research Policy, 28: 317–336.

Archibugi, D., Michie, J. (1997) Technological globalisation and national systems of innovation: an introduction, pp. 1–23 in Archibugi, D., Michie, J. (Eds.) Technology, Globalisation and Economic Performance, Cambridge University Press.

Carlsson, B., Jacobsson, S., Holmén, M., Rickne, A. (2002) Innovation systems: analytical and methodological issues. Research Policy 31: 233–245.

DG Enterprise and Industry (2010) Evaluation of SMEs' Access to Public Procurement Markets in the EU. Final Report, September, 2010.

Drucker, P.F. (1993) Post Capitalist Society, New York: Harper Business.

Edler, J., Georghiou, L. (2007) Public procurement and innovation – Resurrecting the demand side. Research Policy 36: 949–963.

Edquist, C. (2001) Innovation policy – a systemic approach. In Archibugi, D., Lundvall, B-Å (Eds.), The Globalizing Learning Economy, Oxford University Press, Oxford.

Edquist, C. (2001) Innovation policy – a systemic approach. In Archibugi, D., Lundvall, B-Å (Eds.), The Globalizing Learning Economy, Oxford University Press, Oxford.

Edquist, C. (2005) Systems of Innovation: Perspectives and Challenges, pp. 181–208 in Fagerberg, J., Mowery, D.C., Nelson, R.R. (Eds.), The Oxford Handbook of Innovation, Oxford: Oxford University Press.

Edquist, C., Hommen, L. (1999) Systems of innovation: theory and policy for demand side. Technology in Society 21: 63–79.

Edquist, C., Hommen, L. (2008) Comparing national systems of innovation in Asia and Europe: theory and comparative framework, pp. 1–28 in Edquist, C., Hommen, L. (Eds.) Small Counrty Innovation Systems. Globalization, Change and Policy in Asia and Europe. Edward Elgar.

Eesti innovatsioonisüsteem. Majandus- ja Kommunikatsiooniministeerium. http://www.mkm.ee/index.php?id=345255. 10.07. 2009.

European Innovation Progress Report 2008. InnoPolicy Trendchart. European Commission. http://www.proinno-europe.eu/ page/ european-innovation-progress-report. 09.07.2010.

Florida, R., Kenney, M. (1993) The New Age of Capitalism: Innovation-Mediated Production, Futures, 25, 6, 637–651.

Frenkel, A. (2003) Barriers and Limitations in the Development of Industrial Innovation in the Region. European Planning Studies, 11: 115–137.

Georghiou, L. (2006) Effective innovation policies for Europe – the missing demand-side. 22 p. http://www.vnk.fi/hank-keet/talous neuvosto/tyo-kokoukset/ globalisaatioselvitys-9-2006/artikkelit/ Georghiou_06-09-20.pdf. 20.05.2008.

Hadjimaniolis, A., Dickson, K. (2001) Development of national innovation policy in small developing countries: the case of Cyprus, Research Policy, 30: 805–817.

Hirsch-Kreinsen, H., Jacobson, D., Robertson, P. (Eds.) (2005) "Low-tech" industries: innovativeness and development perspectives. A summary of a European research project. PILOT project Final Report, Dortmund.

Hirsch-Kreinsen, H., Jacobson, D., Robertson, P. (Eds.) (2005) "Low-tech" industries: innovativeness and development perspectives. A summary of a European research project. PILOT project Final Report, Dortmund.

Högselius, P. (2006) National Systems of Innovation and Creative Destruction: A small-country perspective, pp. 31–49 in Kalvet, T., Kattel, R. (Eds.) Creative Destruction Management: Meeting the Challenges of the Techno-economic Paradigm Shift. PRAXIS Centre for Policy Studies.

Howells, J. (2005) Innovation and regional economic development: A matter of perspective. Research Policy 34: 1220–1234.

Innobarometer 2009 http://94.236.124.47/www.proinno-europe.eu/admin/uploaded_ documents/Innobarometer_2009.pdf.

Jakobsson, S., Bergek, A. (2006) A Framework for Guiding Policy-makers Intervening in Emerging Innovation Systems in "Catching-Up" Countries. The European Journal of Development Research 18: 687–707.

Johnson, A. (2001) Functions in Innovation System Approaches. http://www.druid.dk/uploads/tx_picturedb/ds2001-205.pdf. 4.04.2008.

Johnson, B., Edquist, C., Lundvall, B.-Å. (2003) Economic Development and the National Systems of Innovation Approach. First Globelics Conference, Rio de Janeiro, 2003, November 3–6.

Karo E., Kattel, R. (2010) The Copying Paradox: Why Converging Policies but Diverging Capacities in Eastern European Innovation Systems? International Journal of Institutions and Economies. Vol. 2, No. 2, pp. 167-206.

Karo, E. (2010) Improving Governance of Science and Innovation Policies, or Just Bad Policy Emulation? The Case of the Estonian R&D System. Halduskultuur, 11(2).

Lemola, T. (2003) Innovation policy in Finland, pp. 77−92 in Biegelbauer, P.S., Borrás, S. (Eds) Innovation Policies in Europe and the US: The New Agenda, Ashgate Publishing, UK.

Lundvall, B.-Å. (2007) National Innovation System: Analytical Focusing Device and Policy Learning Tool. Swedish Institute for Growth Policy Studies, Working Paper 4: 1–59.

Malas-Gallart, J., Davies, A. (2006) Toward Theory-Led Evaluation. The Experience of European Science, Technology, and Innovation Policies, American Journal of Evaluation, 27, 64.

Masso, J., Ukrainski, K. (2008) Public Research Funding in Central and Eastern European Countries. Estonian Country Report. PRIME, European Network of Indicator Designers. Available at: http://www.enid-europe.org/funding/CEEC.html.

Masso, J., Ukrainski, K., Varblane, U., Kaarna, R., Jürgenson, A., (2011) "Eesti ettevõtete uuenduslikkus ja selle allikad", in "Innovaatiline tegevus Eesti ettevõtetes 2006-aastatel 2008". EAS: Innovation Studies 16, pp. 24-66.

Nauwelaers, C., Wintjes, R. (2003) Towards a New Paradigm for Innovation Policy? in Asheim, B.T., Isaksen, A., Nauwelaers, C., Tödtling, F. Regional Innovation Policy for Small-Medium Enterprises, Edvard Elgar Publishing Inc., UK.

Nonaka, I. (1991) The Knowledge Creating Company, Harvard Business Review, November-December, 69–104.

OECD (1999) National Innovation Systems, OECD, Paris.

Radosevic, S. (2002) Innovation capacities of Estonia within the enlarged EU, 'Innovation in Estonian enterprises in 1998-2000' Seminar material, December 05 [Tallinn. www.mkm.ee/ dokumendid/Slavo%20Radosevic.pdf].

Rametsteiner, E., Weiss, G. (2006) Assessing policies from a systems perspective – Experiences with applied innovation systems analysis and implications for policy evaluation. Forest Policy and Economics 8: 564–576.

Rolfo, S., Calabrese, G. (2006) Concepts, measures and perspectives on innovation policy. International Journal of Foresight and Innovation Policy 2: 247–264.

Smith, K. (2000) Innovation as a Systemic Phenomenon: Rethinking the Role of Policy. Enterprise and Innovation Management Studies 1: 73–102.

Smits, R., Kuhlmann, S. (2004) The rise of systemic instruments in innovation policy. International Journal of Foresight and Innovation Policy 1: 4–32.

Struktuurivahendite rakenduskava hindamine. Uuringuaruanne [Evaluation of the Operational Plans on the use of Structural Funds. Research Report]. (2009) Ernst & Young Baltic, Poliitikauuringute Keskus Praxis, Säästva Eesti Instituut, Balti Uuringute Instituut. Available online at http://www.struktuurifondid.ee/ public/Struktuurivahendite_raken-duskava_hindamine.pdf.

Tamm, D. (2010) Alignment between the factors of the innovation process and public sector innovation support measures: an analysis of Estonian dairy processors and biotechnology enterprises. PhD thesis, Tartu Ülikooli Kirjastus.

Teubal, M. (2002) What is the systems perspective to Innovation and Technology Policy (ITP) and how can we apply it to developing and newly industrialized economies? Journal of Evolutionary Economics 12: 233—257.

Tiits, M., Kattel, R. Kalvet, T. (2005) Made in Estonia, Available at: http://www.mkm.ee/failid/Made_in_Estonia.pdf.

Ukrainski, K., Kaarna, R., Jürgenson, A. (2011) Innovaatiline tegevus erinevat tüüpi majandusharudes tehnoloogiatrajektooride lõikes, pp. 67-82 in Innovaatiline tegevus ettevõtetes aastatel 2006–2008, Innovation Studies, 16, 2011.

Varblane, U., Dyker, D., Tamm, D., von Tunzelmann, N. (2007) Can the National Innovation Systems of the New EU Member States Be Improved? Post-Communist Economies 19: 399—416.

Von Tunzelmann, N., Acha, V. (2005) Innovation in „Low-tech“ industries, pp. 407-432 in Fagerberg, J., Mowery, D.C., Nelson, R.R., (Eds.) The Oxford Handbook of Innovation, Oxford: Oxford University Press.

Von Tunzelmann, N., Acha, V. (2005) Innovation in „Low-tech“ industries, pp. 407-432 in Fagerberg, J., Mowery, D.C., Nelson, R.R.,

(Eds.) The Oxford Handbook of Innovation, Oxford: Oxford University Press.

Watanabe, C., Tokumasu, S. (2003) National innovation policies in an IT society: the myth of technology policies focusing on supply side. Science and Public Policy 30: 70–84.

[illegible] Handbook of Innovation [illegible]

Watanabe, [illegible] (2006) [illegible] technology [illegible] and Policy [illegible]

B) Innovationssysteme, Energie und Umwelt

Jörg Gerl

Global denken, lokal handeln: Gebäudesanierung als Beitrag zum Klimaschutz am konkreten Beispiel

1. Einleitung

Der CO_2-Ausstoß betrug 2008 weltweit über 30 Milliarden Tonnen, davon gingen alleine in Deutschland über 100 Millionen Tonnen auf schlecht gedämmte Wohngebäude zurück. Hinzu kommen enorme Energiekosten für die Besitzer der ungedämmten Immobilien. Dämmung hat daher nicht nur einen ökologischen, sondern auch einen ökonomischen, ja betriebswirtschaftlichen, Aspekt. In dieser Arbeit soll daher kurz anhand eines konkreten Beispiels dargestellt werden, wie die Dämmung einer Bestandsimmobilie in ökonomischer und ökologischer Sicht wirkt. Anschließend werden die gewonnenen Erkenntnisse auf die deutsche Volkswirtschaft übertragen, um zu sehen, ob die flächendeckende Dämmung von Bestandsimmobilien volkswirtschaftlich überhaupt möglich und zudem sinnreich ist.

2. Projekt Max-Liebermann-Str. 24 in Erfurt

2.1 Ausgangssituation

Es handelt sich bei diesem Gebäude um ein Dreifamilienhaus (je Etage befindet sich eine Wohnung), das 1930 in einer Massivbauweise errichtet wurde. Städtebaulich bildet es als Reihenendhaus den Abschluss einer Häuserzeile. Vor dem Umbau sahen Konstruktion und Haustechnik folgendermaßen aus:

- Die Wände des Erdgeschosses bis zweites Obergeschoss bestanden aus geputztem Massivmauerwerk, während das Dachgeschoss eine Holzbalkenkonstruktion war.
- Die Kellerdecke bestand aus Betonsteinen zwischen Stahlträgern und die übrigen Decken waren Holzbalkendecken.

- Das Steildach war ein mit Biberschwanzziegeln gedecktes Ziegeldach, während das Flachdach mit Bitumendachbahnen auf Holzschaltung gedeckt war.
- Die Fenster waren zu 2/5 ziemlich verzogene Originalfenster aus dem Jahr 1930 mit Einfachverglasung. Teilweise konnte man zwischen Fensterrahmen und Fensterflügen nach draußen sehen. Die übrigen 3/5 waren zwischen 2001 und 2004 bereits gegen das damals übliche Kunststofffenster ausgetauscht worden.
- Die Haustechnik war ursprünglich mit einer Kohleschwerkraftheizung pro Wohnung ausgestattet. Nach der Wende wurden diese jedoch gegen Gasheizthermen ausgetauscht. Warmwasser wurde durch einen Gasdurchlauferhitzer im Bad und 5-l-Kochendwassergeräte in der Küche bereitet.

Abb. 1: Projekt Max-Liebermann-Str. 24, 99099 Erfurt

2.2 Motivationsliste

Aus dieser vorhandenen Konstruktion ergab sich Handlungsbedarf:

a) Komfortmängel:

Die Wände verfügten über keine wärmedämmenden Eigenschaften. Im Winter wirkten sie als Kältestrahler mit dem Ergebnis, dass die Oberflächentemperatur der Wände einige Grad Celsius unter der Lufttemperatur der Raumluft lag. Komforteinbußen waren spürbar. Gleiches galt für die Kellerdecke und die Decke des 2. Obergeschosses. Im Winter wohnte man hauptsächlich in der Küche, da diese bei niedrigen Außentemperaturen durch den vorgelagerten Wintergarten noch einigermaßen behaglich war. Dieser Zustand sollte besser werden.

b) Energiekosten

Entsprechend hoch waren die Energiekosten: Jede der drei Gasthermen verbrannte Gas für 120 € im Monat - im Laufe des Jahres 2009 summierte sich die Gasrechnung auf rund 4.300,00 € für ca. 338 m² Wohnfläche (von der allerdings im Winter Teile aufgrund der Komfortmängel de facto nicht bewohnt wurden). Eine Senkung dieser Kosten war wichtig.

c) Sanierungsbedarf:

Außerdem bestand erheblicher Sanierungsbedarf. Dach, Fassade, Kellerdecke, ein großer Teil der Fenster und ein Teil der Haustechnik (Rohrleitungen und ein Teil der Heizkörper) befanden sich noch im Originalzustand von 1930 und waren entsprechend sanierungsbedürftig.

d) Ausbauwunsch: Spitzbodenausbau und Dachterrasse

Hinzu kam, dass eine Miteigentümerin den Dachboden zum Wohnzimmer ausbauen wollte. Aus dem angrenzenden Satteldach sollte eine Dachterrasse werden.

e) Teilnahmemöglichkeit Pilotprojekt DENA

Parallel zu diesen Überlegungen schrieb die DENA (**DE**utsche E**n**ergie-**A**gentur GmbH) im Oktober 2009 das Modellvorhaben „Niedrigenergiehaus im Bestand – 4. Phase“ aus. Es wurden 50 Häuser im gesamten Bundesgebiet gesucht, die verschärfte energetische Anforderungen einhalten sollten.

f) Finanzierung

Finanziell attraktiv wurde die Teilnahme an diesem Modellvorhaben durch einen Tilgungszuschuss der KfW (**K**reditanstalt **f**ür **W**iederaufbau). Interessant für den Architekten war die Publikation des Projektes im Internet.

Nicht ganz so im Vordergrund, aber auch nicht zu vernachlässigen, war das grüne Gewissen: Durch eine drastische Reduzierung des Energieverbrauches sinkt natürlich auch der CO_2-Ausstoß des Gebäudes während der zukünftigen Nutzung. Entscheidend war jedoch am Ende die Zusage der Projektfinanzierung durch KfW und Umweltbank.

2.3 Beziehung Weltklima - Sanierungsprojekt

CO_2-Einsparungen bei Wohngebäuden: Was bedeutet das überhaupt? Wie sind die Relationen? Was kann man bewirken? Hier möchte ich Ihnen nun ein paar Daten liefern, die dies verdeutlichen sollen[1]: Der CO_2-Ausstoß betrug 2008 weltweit etwa 30.892 Millionen t, in der Bundesrepublik Deutschland alleine 861 Millionen t, und davon Wohngebäude 104 Millionen t. Von diesem Ausstoß entfielen auf das Projekt Max-Liebermann-Str. 24, Erfurt vor Sanierung 22,8 t (bei 338 m² Wohnfläche), nach Sanierung jedoch lediglich 1,9 t (bei 380 m² Wohnfläche).

Zum Vergleich: der CO_2 -Ausstoß eines Langstreckenflugs bei einem Flug von 10.000 km beträgt pro Person 2,3 t, eine Autofahrt von 10.000 km ca. 1,7 t (ein Auto mit 170 g CO_2/km), oder eine Zugfahrt von 10.000 km ca. 0,7 t (pro Person). Diese Zahlen sind ernüchternd, auch wenn bei diesem konkreten Projekt der CO2-Ausstoß je m² um rund 95% reduziert wurde (was technisch kein Problem und finanziell ebenfalls machbar wäre). Selbst wenn der gesamte Gebäudebestand in

[1] Quellen: BMU, WWF, Wikipedia

der Bundesrepublik auf diesem Niveau saniert würde, läge die Reduktion des weltweiten CO_2-Ausstoßes nur bei rund 0,3 %! Hier helfen nur noch philosophische Ansätze.

Nichtsdestotrotz ist die Reduktion des Energieverbrauches (Punkt b der Motivationsliste) wichtig, da sie zu Betriebskosteneinsparungen führt. Außerdem waren durch den Status als Pilotprojekt Mindestanforderungen einzuhalten. Dies illustriert der Energieausweis für das Projekt vor und nach der Sanierung:

Abb 2: Energieausweis Bestand

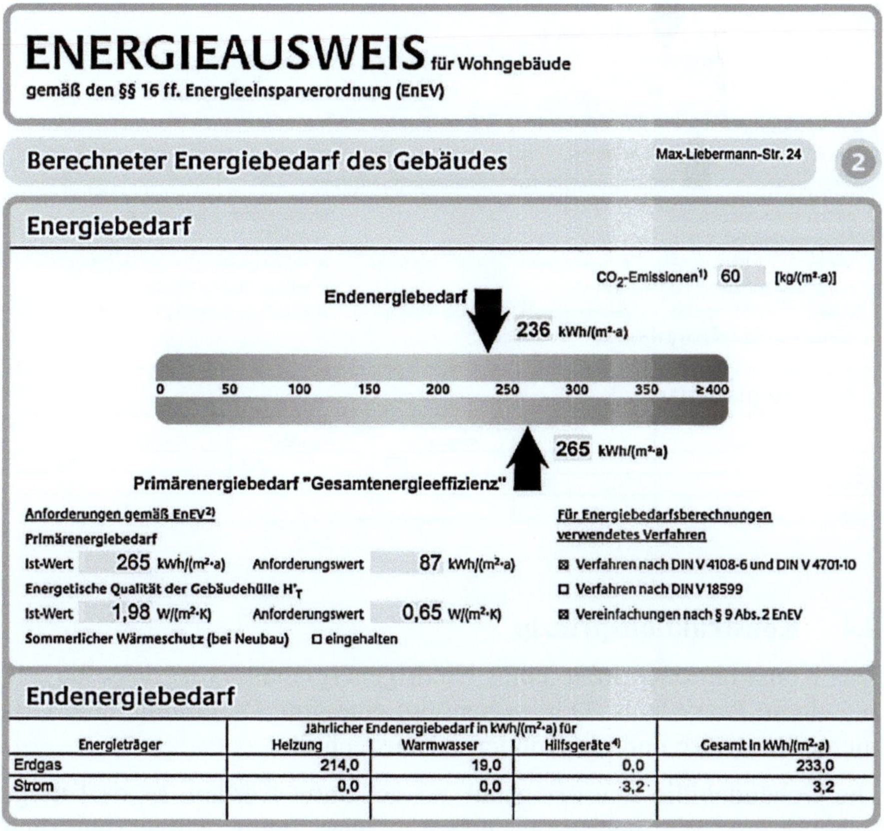

ENERGIEAUSWEIS für Wohngebäude

gemäß den §§ 16 ff. Energieeinsparverordnung (EnEV)

Berechneter Energiebedarf des Gebäudes Max-Liebermann-Str. 24 (2)

Energiebedarf

Anforderungen gemäß EnEV[2]

Primärenergiebedarf

Ist-Wert 265 kWh/(m²·a) Anforderungswert 87 kWh/(m²·a)

Energetische Qualität der Gebäudehülle H'_T

Ist-Wert 1,98 W/(m²·K) Anforderungswert 0,65 W/(m²·K)

Sommerlicher Wärmeschutz (bei Neubau) ☐ eingehalten

Für Energiebedarfsberechnungen verwendetes Verfahren

☒ Verfahren nach DIN V 4108-6 und DIN V 4701-10

☐ Verfahren nach DIN V 18599

☒ Vereinfachungen nach § 9 Abs. 2 EnEV

Endenergiebedarf

Energieträger	Jährlicher Endenergiebedarf in kWh/(m²·a) für Heizung	Warmwasser	Hilfsgeräte[4]	Gesamt in kWh/(m²·a)
Erdgas	214,0	19,0	0,0	233,0
Strom	0,0	0,0	3,2	3,2

Abb 3: Energiebilanz Planung

ENERGIEAUSWEIS für Wohngebäude

gemäß den §§ 16 ff. Energieeinsparverordnung (EnEV)

Berechneter Energiebedarf des Gebäudes

Max-Liebermann-Str. 24

2

Energiebedarf

CO_2-Emissionen[1] 5 [kg/(m²·a)]

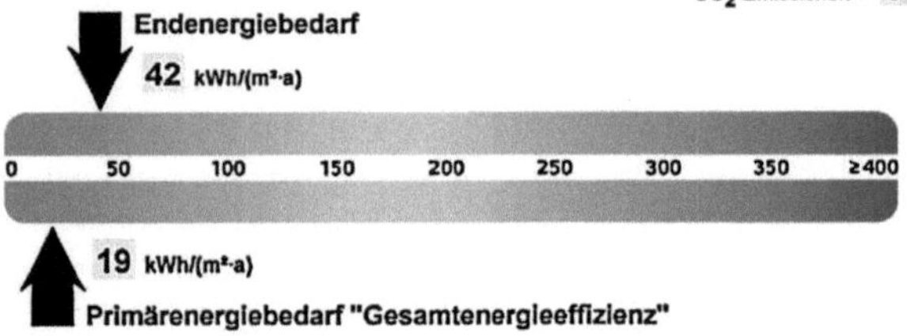

Anforderungen gemäß EnEV[2]

Primärenergiebedarf

Ist-Wert 19 kWh/(m²·a) Anforderungswert 87 kWh/(m²·a)

Energetische Qualität der Gebäudehülle H'_T

Ist-Wert 0,31 W/(m²·K) Anforderungswert 0,65 W/(m²·K)

Sommerlicher Wärmeschutz (bei Neubau) ☒ eingehalten

Für Energiebedarfsberechnungen verwendetes Verfahren

☒ Verfahren nach DIN V 4108-6 und DIN V 4701-10

☐ Verfahren nach DIN V 18599

☒ Vereinfachungen nach § 9 Abs. 2 EnEV

Endenergiebedarf

Energieträger	Jährlicher Endenergiebedarf in kWh/(m²·a) für Heizung	Warmwasser	Hilfsgeräte[4]	Gesamt in kWh/(m²·a)
Strom	0,0	0,0	4,3	4,3
Holzpellet	14,1	23,3	0,0	37,4

2.4 Konstruktionsprinzip

Das Konstruktionsprinzip eines Niedrigenergiehauses ist dasselbe wie bei einem Passivhaus: D.h. es benötigt eine gute Dämmung, eine luftdichte Bauweise und eine moderne Haustechnik.

Die Gebäudehülle muss ringsum gut gedämmt werden. Es darf möglichst keine Wärmebrücken geben – was beim Altbau natürlich schwieriger zu bewerkstelligen ist als beim Neubau. Ziel ist es den Energieverbrauch zu minimiert. Das bedeutet, dass die Wärme, die im Haus erzeugt worden ist, auch möglichst im Haus bleiben soll. Wärme, die nach draußen entweicht, muss unter Energiezufuhr ersetzt werden, um die Raumtemperatur auf dem gleichen Niveau zu halten. Grundsätzlich muss jedes Detail in der Planung so durchdacht werden, dass etwaige Wärmebrücken minimiert werden. Dazu gehört auch eine entsprechende Wärmebrückenberechnung – wie bei diesem Projekt.

Ebenfalls ist eine qualitativ hochwertige Ausführung der ausgeschriebenen Leistungen Grundvoraussetzung. Denn ein schlecht ausgeführtes Detail funktioniert nicht so wie gewünscht! Daher müssen die Details mit den ausführenden Handwerkern genau besprochen werden. Das bedeutet für die Bauleitung auch eine intensive Baubetreuung. Im Haus Max-Liebermann-Straße wurde folgende Dämmung vorgenommen: Die Außenwände vom Erdgeschoss bis zum 2. Obergeschoss waren Massivmauerwerk. Hier wurde zuerst der Altputz außen abgeschlagen, um diesen mit einem Wärmedämmverbundsystem (WDVS) zu ersetzen, welches aus 200 mm Hartschaumplatten besteht. Ebenfalls wurde das vorhandene Sichtmauerwerk überdämmt.[2] Der Altputz und das Gesims wurden abgeschlagen. Anschließend wurde die Wand neu verputzt. Das Sichtmauerwerk wurde übergespachtelt. Traufe und Ortgang wiesen ursprünglich eine zweifache Stufung, in Sichtmauerwerk ausgeführt, auf. Auch hier wurden 200 mm Dämmung aufgebracht. Die Stufung wurde erhalten und farbig abgesetzt.

Das Steildach war ein mit Biberschwanzziegeln gedecktes Ziegeldach. Dachziegel und Lattung wurden komplett entfernt. Aus statischen Gründen wurden die vorhandenen Sparren (10*12 cm) verstärkt (Aufdoppelung 10*6 cm). Darauf kam eine Schalung aus Rauhspund, einseitig gehobelt. Es folgten: Dampfsperre, Aufsparrendämmung 160 mm, Konterlattung, Lattung und Dachziegel.[3]

---

[2] EPS WLG 032, U-Wert der Außenwand vor Sanierung 2,06W/m²K, nach Sanierung 0,15W/m²K.

[3] PU WLG 024, U-Wert des Steildaches vor Sanierung 3 W/m²K, nach Sanierung 0,14 W/m²K.

Abb 4: neue Dacheindeckung

Das Flachdach bestand aus Bitumendachbahnen auf Holzschalung. Stellenweise fand sich noch Steinwolle aus früheren Jahrzehnten zwischen den Deckenbalken. Die alte Schalung wurde ausgebessert. Darauf kam ein Aufbau aus Dampfsperre, 200 mm Dämmung und zweilagiger Abdichtung. Derselbe Aufbau wurde auch für die neu entstandene Dachterrasse verwendet.[4]

Die Kellerdecke besteht aus Betonsteinen zwischen Stahlträgern. Darunter wurde in einem Abstand von 14 – 25 cm eine abgehängte Decke eingebaut. In den entstandenen Hohlraum wurde eine Zellulosedämmung eingeblasen.[5] Die Fenster waren zu 2/5 ziemlich verzogene Originalfenster von 1930 mit Einfachverglasung. Teilweise konnte man zwischen Fensterrahmen und Fensterflügen nach draußen sehen. Die übrigen 3/5 der Fenster waren zwischen 2001 und 2004 bereits

4 EPS WLG 035, U-Wert des Flachdaches vor Sanierung 1,19 W/m²K, nach Sanierung 0,15 W/m²K.

5 Zellulosedämmung WLG 041, U-Wert der Kellerdecke vor Sanierung 2,31 W/m²K, nach Sanierung 0,25 – 0,14 W/m²K.

gegen damals übliche Kunststofffenster ausgetauscht worden. Die alten Fenster wurden ausgebaut und durch moderne Kunststofffenster mit Dreifachverglasung ersetzt. Teilweise wurden die Fensteröffnungen im Zuge dieser Maßnahme vergrößert. Auch die Haustür wurde ausgewechselt, da sie den thermischen Anforderungen nicht mehr genügte.[6]

Die Gebäudehülle muss zudem luftdicht sein. Es darf möglichst keine Öffnungen geben, durch die warme Luft von innen nach außen gelangen kann. Warme Luft transportiert auch Wärmeenergie nach außen, die durch die Heizung wieder ersetzt werden muss. Wenn warme Luft sich abkühlt, kondensiert die in ihr enthaltene Feuchtigkeit aus und kann Feuchteschäden an Bauteilen verursachen. Bei diesem Projekt war die Aufgabe sehr anspruchsvoll: bei einem Altbau, der gleichzeitig Reihenendhaus ist, gibt es einige Stellen, die nicht überarbeitet werden können, ohne den Bauherrn in den Ruin zu treiben. Hier kann man als Architekt nur hoffen, dass der Rest des Hauses luftdicht genug ist, damit insgesamt die Anforderungen eingehalten werden können. Die Luftdichtigkeit wird durch einen sogenannten Blower-Door-Test kontrolliert. Bei dieser Kontrolle werden auch Stellen aufgespürt, durch die die Luft entweichen kann. Manchmal besteht dann noch die Möglichkeit zur Nachbesserung. Grundsätzlich muss jedes Detail in der Planung so durchdacht werden, dass es luftdicht ist. Hier gilt dasselbe, wie bereits zur Dämmung gesagt wurde: Eine qualitativ hochwertige Ausführung der ausgeschriebenen Leistungen ist Grundvoraussetzung. Ein schlecht ausgeführtes Detail funktioniert nicht so wie gewünscht!

Der neue Außenputz bildet nach der Sanierung eine luftdichte Schicht des Mauerwerks und eine Dampfsperre bildet eine luftdichte Schicht der Holzkonstruktionen. Die Luftdichtigkeit der Bauteilanschlüsse ist von entscheidender Bedeutung. Das ganze Haus kann dicht sein – wenn jedoch irgendwo ein halber Quadratmeter offen ist, ist die ge-

[6] Kunststofffenster mit Argon- bzw. Kryptonfüllung, U-Wert der Fenster vor Sanierung 3 - 5 W/m²K, nach Sanierung 0,81 W/m²K.

wünschte Qualität nicht mehr zu erzielen. Auch luftdichte Anschlüsse der Kellertür an die Wand wurden eingerichtet.

Die Haustechnik im Niedrigenergiehaus und auch im Passivhaus besteht normalerweise aus drei Komponenten, Heizung, Warmwasserbereitstellung und Lüftung. Die Heizung sorgt für die Bereitstellung der Wärmeenergie, die für ein komfortables Wohnen und/oder Arbeiten im Gebäude benötigt wird. Auch das benötigte Warmwasser muss irgendwie erwärmt werden. Oft geschieht dies in Kombination mit der Heizungsanlage. Bei unserem Projekt übernimmt diese Aufgaben ein 18-kW-Holzpelletkessel, der einen 750-l-Pufferspeicher lädt, der wiederum Heizkörper und den 200-l-Warmwasserspeicher mit Wärme versorgt. Ein Anschluss von thermischen Solarkollektoren für Warmwasserbereitung und Heizungsunterstützung zu weiteren Reduktion des Brennstoffbedarfes ist vorgesehen

Abb. 5 - 7: 18-KW-Pelletkessel, Pufferspeicher 750 l und Warmwasserspeicher

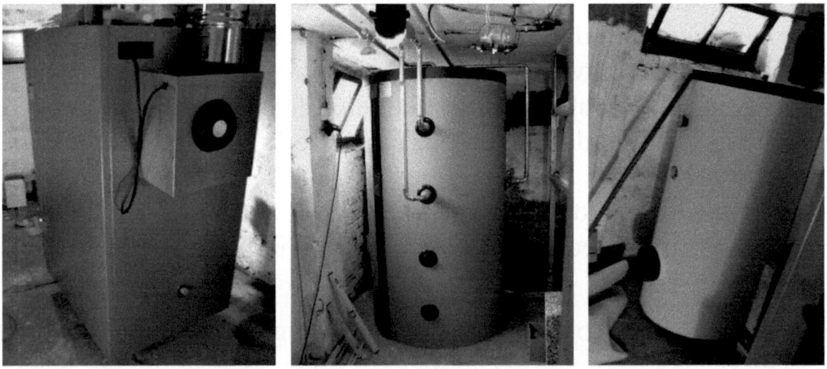

Eine Lüftungsanlage - sinnvollerweise mit Wärmerückgewinnung - ist für ein Haus, bei dem viel Wert auf luftdichtes Bauen gelegt wird, unerlässlich. Allein mit manuellem Fensteröffnen und –schließen kann der hygienisch und feuchtetechnisch notwendige Luftwechsel nicht gewährleistet werden. Neben dem Komfortgewinn durch immer frische Luft gibt es bei einer Lüftungsanlage einen definierten Luftwechsel, der das Schimmelrisiko wesentlich reduziert. Außerdem werden die Lüftungswärmeverluste durch die Wärmerückgewinnung im Vergleich zur Fensterlüftung auf ca. 10 % - 15 % reduziert – wichtig für einen energiesparenden Betrieb des Hauses. Nachteilig sind natürlich die Kosten für Investition und Betrieb (Stromkosten und Filterwechsel). Diese werden aber durch reduzierte Heizkosten ausgeglichen. Außerdem muss der Platzbedarf für Lüftungsgeräte und Lüftungskanäle bei der Planung berücksichtigt werden.

Das Funktionsprinzip: Kalte Außenluft wird – möglichst über einen Erdwärmetauscher zur Vortemperierung – angesaugt. Im Lüftungsgerät wird die Außenluft im Wärmetauscher durch die an ihr vorbeiströmende, aus den Räumen abgesaugte Fortluft erwärmt. In der Praxis gelingt es, mit 21°C warmer Fortluft die Außenluft auf ca. 19°C zu erwärmen. Die Heizung muss nur noch Energie für die Temperaturerhöhung um ca. 2°C zuführen. Die erwärmte Außenluft wird über Lüftungskanäle in die Zulufträume (Schlafzimmer, Wohnzimmer) geblasen. Von dort wandert sie in die Ablufträume (Küche, Bad), wird hier abgesaugt und wieder über Lüftungskanäle zum Wärmetauscher geführt, wo sie ihre Wärme erneut an die frische Außenluft abgibt. Es entsteht eine permanente Luftströmung durch das Haus, mit dem Ergebnis, dass kontinuierlich gelüftet wird. Natürlich wird eine Lüftungsanlage so dimensioniert, dass Zugerscheinungen nicht spürbar und auch keine Geräusche zu hören sind. Auch zwischen einzelnen Räumen wird kein Schall übertragen.

2.5 Bauablauf und Finanzierung

Das gesamte Projekt dauerte von der ersten Idee bis zum Abschluss rund 20 Monate. Die Planungsphase nahm davon ca. 12 Monate in Anspruch; die Bauphase war nach rund acht Monaten beendet. Die Daten im Einzelnen:

Planungsbeginn:	**Mai 2009**
Bauantrag DG:	04.06.2009
Ausschreibungen:	Februar/März 2010
Baubeginn:	**25.05.2010**

Heizung und Lüftung:	25 Wochen
Dach:	16 Wochen
Wärmedämmverbundsystem:	10 Wochen
Maurerarbeiten:	6 Wochen
Trockenbau:	5 Wochen
Fenster:	2 Wochen
Fertigstellung:	**Ende Januar 2011**

Die Finanzierung des Sanierungsprojektes erfolgte so:

Kosten (€):	**Finanzierung (€):**	**Förderung (€)**
Dach 64.000 Wärmedämmverbundsystem: 46.000 Maurerarbeiten: 36.000 Heizung: 32.000 Lüftung: 31.000 Fenster: 21.000 Trockenbau: 11.000 Nebenkosten: 7.000 Elektro: 5.000	KfW: 215.000 Eigenkapital: 38.000	KfW: 43.000 BAFA: 3.500
Summe: 253.000	**Summe: 253.000**	**Summe: 46.500**

Die Kosten je Quadratmeter Wohnfläche betrugen ohne Subventionen ca. 670 €. Wenn man die Subventionen einrechnet, betragen sie ca. 540 € - bei Gesamtkosten von 206.500 €. Die Subventionen führten dazu, dass sich die Mehrkosten gegenüber einer Standardsanierung auf EnEV 2009-Niveau auf etwa 20.000 Euro reduzierten. Dafür halbierten sich die Betriebskosten für Heizung und Warmwasser. Nicht finanziell zu beziffern ist der Komfortgewinn.

2.6 Sanierung: pro und contra aus Bewohnersicht

Aus Sicht der Bewohner ergeben sich folgende Vorteile aus der Sanierung:

1. Komfortgewinn durch die neuen warmen Wände: Die Bewohner fühlen sich wesentlich behaglicher, wenn die Wände keine Kälte abstrahlen.

2. Komfortgewinn durch die frische Luft: Die Lüftungsanlage sorgt für einen permanenten Luftwechsel ohne störende Begleiterscheinungen.

3. Systemstabilität: Geringer Wärmeverlust bei Ausfall der Heizung. Letzten Winter brach die Förderschnecke der Heizungsanlage wegen eines Materialfehlers. Der Ausfall der Heizungsanlage fiel erst nach etwa ein- bis anderthalb Tagen auf, nachdem das warme Wasser knapp wurde. Dies natürlich am Freitagabend. Sonntagnachmittags sank die Raumtemperatur auf unter 19°C. Daraufhin stellten wir etwa 15 Kerzen in der Wohnung auf und brachten damit die Raumtemperatur wieder auf behagliche 20°C (bei Außentemperaturen zwischen -5°C nachts und +7°C tagsüber). Am Montag wurde die Heizungsanlage dann repariert.

4. Raumgewinn durch die neue Dachterrasse und den ausgebauten Spitzboden: Hier ergaben sich ca. 37 m^2 Wohnfläche (Wohnzimmer mit Kochnische und Badezimmer) und ca. 20 m^2 Dachterrasse mit Blick über das Zentrum von Erfurt.

5. Bautechnik durch eine komplette Erneuerung der sanierungsbedürftigen Bauteile: Für die nächsten Jahrzehnte ist keine größere Baustelle mehr nötig.

6. Reduzierung der Energiekosten auf ca. 30 % des Ausgangswertes: Dadurch können die zusätzlichen Kosten für Zins und Tilgung des KfW-Kredites etwas kompensiert werden.

7. Wertsteigerung: Der Wert des Hauses hat sich über die investierte Summe hinaus deutlich erhöht – unter anderem durch die Zertifizierung als Effizienzhaus 55 durch die DENA.

Doch es gibt auch Nachteile, die nicht unerwähnt bleiben sollen, zum einen die hohen Investitionskosten von 540 €/m². Der dadurch notwendig gewordene KfW-Kredit erhöht die monatliche Belastung für Zins und Tilgung erheblich. Außerdem führte der Umbau zu Unannehmlichkeiten für die Bewohner während der Bauphase. Zusammengefasst lässt sich jedoch sagen, dass die Sanierung in erster Linie Vorteile für Wohnkomfort und Werterhalt des Gebäudes bringt. Sie ist finanzierbar, wenn sowieso große Teile des Gebäudes saniert werden müssen. Die CO_2-Einsparung mag das grüne Gewissen erleichtern; de facto ist dieser Aspekt für den einzelnen Nutzer vernachlässigbar.

3. Sanierung aus volkswirtschaftlicher Sicht

3.1 Vor- und Nachteile

Welche Vorteile und Nachteile würden nun aber aus einer Sanierung aller Bestandsimmobilien in der Bundesrepublik Deutschland für unsere Volkswirtschaft resultieren, wenn das beschriebene Projekt als Modell gewählt wird. Für eine solche Sanierung spricht:

1. Zusätzliche Umsätze für lokale und regionale ausführende Firmen mit entsprechenden positiven Arbeitsmarkteffekten: Beim beschriebenen Projekt wurden kleine und mittelständische Firmen aus Erfurt und Umgebung mit den Bauarbeiten beauftragt und so deren Arbeitsplätze gesichert.

2. Weitere positive Arbeitsmarkteffekte im überregionalen Bereich: Die Baumaterialien selbst kamen im Projekt von überregionalen oder nationalen/internationalen Baustoffherstellern und trugen zu deren Umsätzen bei.

3. Erfahrung und technischer Fortschritt bei Planern und Handwerkern: Jeder Beteiligte lernt bei einem solchen Projekt dazu und erweitert sein Know-how.

4. Vermeidung von Energieimporten: Die notwendige Wärmeenergie wächst jetzt in lokalen Wäldern und wird von örtlichen Dienstleistern so weiterverarbeitet, dass sie verheizt werden kann. Entsprechend verringert sich die Abhängigkeit von großen Energieexporteuren.

5. Die internationale Wettbewerbsfähigkeit der Planer, Baustoffhersteller, Techniker und Handwerker vergrößert sich.

6. Die Kosten für Umweltschäden verringern sich. Der vermiedene Schadstoffeintrag in die Umwelt erspart der Volkswirtschaft erhebliche Kosten, die die Allgemeinheit tragen müsste

Dem gegenüber stehen natürlich die entsprechenden Kosten für die Sanierungen. Daher lässt sich sagen, dass die energetische Sanierung des Altbaubestandes in Deutschland überwiegend positive Aspekte hätte.

3.2 Überlegungen zum Sanierungsbedarf im Bestand

Eingangs habe ich einige Überlegungen zur CO_2-Emission im Gebäudebestand und deren möglicher Reduktion angestellt. Nach der detaillierten Darstellung des Projektes ist klar, welcher Aufwand im Einzelnen betrieben werden muss, um dem Ziel einer massiven Verringerung der Emissionen im Gebäudebestand (das ja erklärtermaßen politischer Wille der Bundesregierung ist!) möglichst nahe zu kommen. Nun, wie sieht es denn im Gebäudebestand aus? Dazu gibt es eine aufschlussreiche Studie des Institutes Wohnen und Umwelt (IWU), Darmstadt und des Bremer Energieinstitutes (BEI) vom Dezember 2010 mit dem Titel „Datenbasis Gebäudebestand/Datenerhebung zur Energetischen Qualität und zu den Modernisierungstrends im deutschen Wohngebäudebestand". Im Folgenden habe ich dieser Studie die Angaben über den Ist-Zustand der Bauteile der Gebäudehülle entnommen und mit den Anforderungen verglichen, die dem hier beschriebenen Projekt zugrunde lagen.

In den folgenden Grafiken sind die Prozentwerte bezogen auf alle Häuser der jeweiligen Gebäudekategorie, die eine Dämmung der Wände, des Fußbodens bzw. der Kellerdecke aufweisen, d.h. die Balken gleicher Farbe addieren sich zu 100 %.

a) Gebäudebestand – Dämmung Außenwand

Die Anforderungen für das Projekt Max-Liebermann-Straße 24 betrugen 20 cm Dämmung. Keine Sanierungsnotwendigkeit besteht ab 14 cm Dämmung (etwas schlechter als beim Vergleichsprojekt). Das führt zu einer Sanierungsnotwendigkeit bei 84 % aller Wohngebäude in der Bundesrepublik Deutschland.

Abb 8: Dämmstoffdicken bei Außenwanddämmung

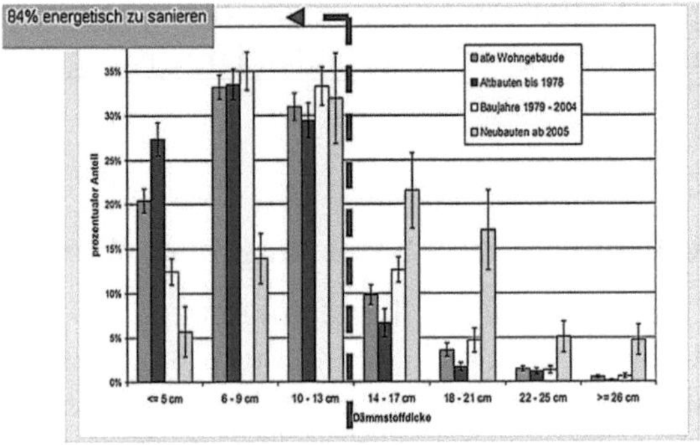

Abb. 9: Dämmstoffdicken im Dach bzw. auf der Obergeschossdecke

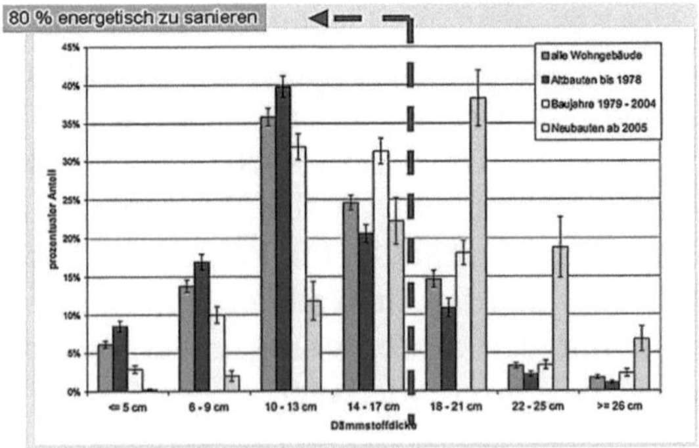

b) Gebäudebestand – Dämmung Dach

Hier betrugen die Anforderungen für das Projekt Max-Liebermann-Straße 24 ebenfalls 20 cm Dämmung wie bei der Wanddämmung. In Deutschland besteht keine Sanierungsnotwendigkeit ab 18 cm Dämmung (etwas schlechter als beim Vergleichsprojekt), was eine Sanierungsnotwendigkeit bei 80 % aller Wohngebäude ergibt.

c) Gebäudebestand – Dämmung Keller

Die Anforderungen für das Projekt Max-Liebermann-Straße 24 betrugen zwischen 12 und 24 cm. In Deutschland besteht keine Sanierungsnotwendigkeit ab 14 cm (etwas schlechter als beim Vergleichsprojekt). Das heißt, dass hierzulande eine Sanierungsnotwendigkeit bei 88 % aller Wohngebäude besteht.

Abb. 10: Dämmstoffdicken bei Fußboden und Kellerdecke

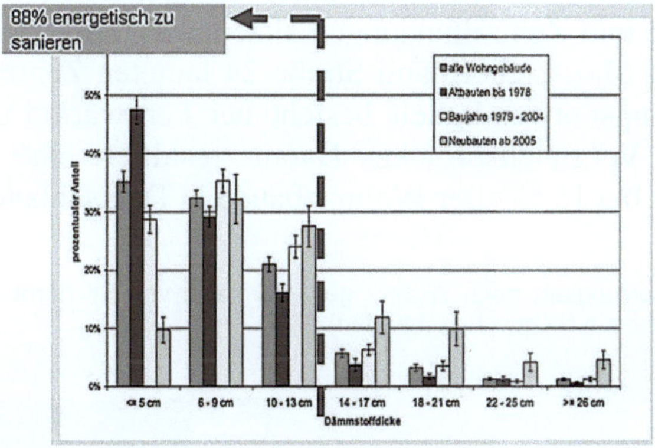

d) Gebäudebestand – Fenster

Hier betrugen die Anforderungen für das Projekt Max-Liebermann-Straße 24 Dreischeibenverglasung, Baujahr 2010. Keine Sanierungsnotwendigkeit besteht ab einer Dreischeibenverglasung, Baujahr ab 1995 (fast so gut wie Vergleichsprojekt). Das führt zu einer Sanierungsnotwendigkeit bei 97 % aller Wohngebäude in Deutschland.

Abb 11: Verglasungsarten und Verbauungsjahr (vor bzw. nach 1995)

	alle Wohngebäude	Altbau bis 1978	Neubau ab 2005
Fenster mit Baujahr bis 1994			
Ein-Scheiben-Verglasung	2.2% +/- 0.2%	4.1% +/- 0.4%	
Zwei-Scheiben-Verglasung*	41.2% +/- 1.0%	56.8% +/- 1.2%	
Drei-Scheiben-Verglasung	0.5% +/- 0.1%	0.4% +/- 0.1%	
Fenster mit Baujahr ab 1995			
Ein-Scheiben-Verglasung	0.3% +/- 0.1%	0.2% +/- 0.1%	0.3% +/- 0.2%
Zwei-Scheiben-Verglasung*	52.6% +/- 1.4%	36.4% +/- 0.8%	85.0% +/- 2.6%
Drei-Scheiben-Verglasung	3.2% +/- 0.4%	2.0% [illegible]- 0.3%	14.7% +/- 2.6%
	100%	100%	100%

e) Gebäudebestand - Heizung

Die Heizungsanlagen sind auf zwei Arten zu betrachten. Zum einen nach Beheizungsart und zum anderen nach dem Energieträger. Bezüglich der Beheizungsart. Sind unter energetischen Gesichtspunkten Fernwärme und Zentralheizungen akzeptabel. Die Anforderungen für das Projekt Max-Liebermann-Straße 24 lauteten Zentralheizung. Keine Sanierungsnotwendigkeit besteht bei Fernwärme und Zentralheizung (wie Vergleichsprojekt). Daraus resultiert eine Sanierungsnotwendigkeit bei 15 % aller Wohngebäude in Deutschland.

Abb. 12: Beheizungsart nach Wohnungen: Vergleich von Stichprobe und Mikrozensus (inkl. Wohnungen in Nichtwohngebäuden)

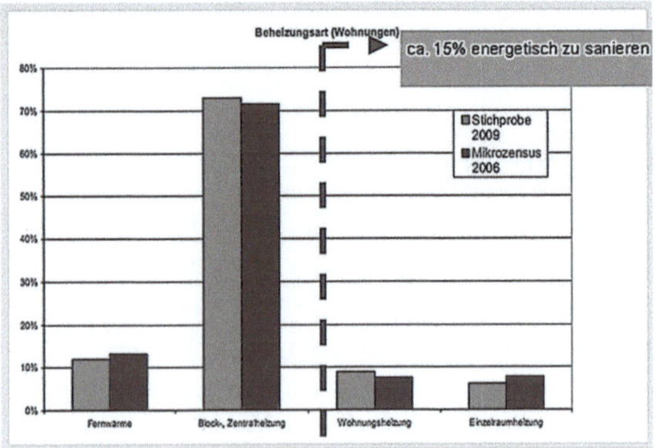

Nach Energieträger sind unter energetischen Gesichtspunkten Fernwärme, Gas und Biomasse akzeptabel. Die Anforderungen für das Projekt Max-Liebermann-Straße 24 lauteten Biomasse. Keine Sanierungsnotwendigkeit besteht bei Fernwärme, Gas oder Biomasse (wie Vergleichsprojekt). Das führt zu einer Sanierungsnotwendigkeit bei 25 % aller Wohngebäude in Deutschland.

Abb. 13: Energieart nach Wohnungen: Vergleich von Stirchprobe und Mikrozensus (inkl. Wohnungen in Nichtwohngebäuden, WP: Wärmepumpe)

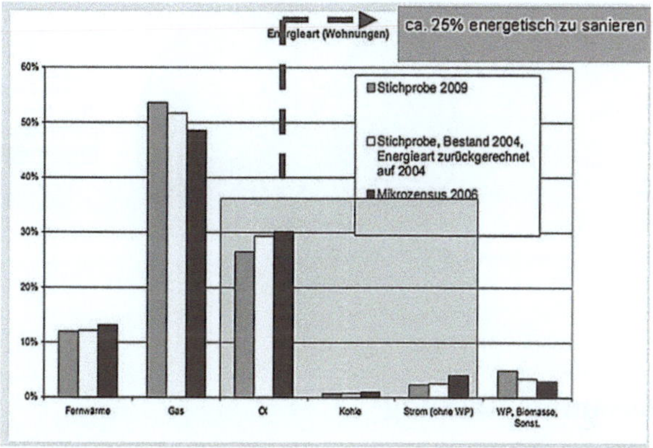

f) Gebäudebestand - Lüftung

Lüftungsanlagen mit Wärmerückgewinnung stellen bisher lediglich 0,75 % des Wohnungsbestandes dar. Klimaanlagen bestehen bei ca. 0,9 % des Wohnungsbestandes. Die Anforderungen für das Projekt Max-Liebermann-Straße 24 lauteten Lüftungsanlage mit Wärmerückgewinnung. In Deutschland besteht keine Sanierungsnotwendigkeit bei Vorliegen einer Lüftungsanlage mit Wärmerückgewinnung (wie Vergleichsprojekt). Daher ist eine Neuinstallation bei etwa 99 % aller Wohngebäude notwendig.

g) Gebäudebestand - Solaranlagen

Der Vollständigkeit halber hier noch die Werte für die Ausstattung bundesdeutscher Dächer von Wohngebäuden mit Solaranlagen. Auch hier erkennt man, dass in Deutschland erheblicher Nachholbedarf besteht.

Abb. 14: Anteile der Gebäude mit Solaranlage am Wohngebäudebestand (PV: Photovoltaik)

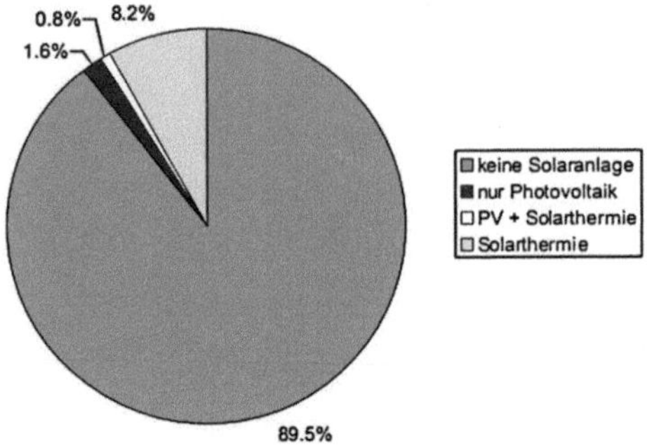

4. Zusammenfassung

Der Wohnungsbestand in Deutschland betragt etwa 3.400.000.000 m^2, die Zahl der Wohnungen etwa 40.000.000 Einheiten bei einer durchschnittlichen Wohnungsgröße von 85 m^2. Will man den Gebäudebestand annäherungsweise auf die Verbrauchswerte des Modellprojektes bringen, müssen saniert werden:

Heizung in ca.	30 % des Bestandes
Dachdämmung in ca.	80 % des Bestandes
Fassadendämmung in ca.	84 % des Bestandes
Kellerdeckendämmung in ca.	88 % des Bestandes
Fenster in ca.	96 % des Bestandes
Lüftung in ca.	99 % des Bestandes

$_2$Man könnte nun die Kosten für die Einzelgewerke des Projektes auf die Kosten je m² Wohnfläche umrechnen und diese dann auf den Bestand hochrechnen, um auf die ungefähren Gesamtkosten zu kommen. Aber dieses Vorgehen birgt viele Unsicherheiten. Außerdem würden die unabhängig von einer energetischen Sanierung sowieso anfallenden Sanierungskosten für die allgemeine Instandhaltung in diese Kosten mit einfließen. Nichtwohngebäude sind in dieser Betrachtung ebenfalls nicht enthalten.

Dennoch lässt sich sagen: Die Aufgabe ist für eine Volkswirtschaft wie die Bundesrepublik anspruchsvoll, aber machbar. Die Mehrkosten lohnen sich vor dem Hintergrund von Versorgungssicherheit, Schaffung von Arbeitsplätzen und Know-how immer. Für den einzelnen Eigentümer lohnen sich im Allgemeinen die Mehrkosten für eine hochwertigere energetische Sanierung, wenn sowieso eine Sanierung des betreffenden Bauteils ansteht oder günstige (im Zweifel subventionierte) Finanzierungsinstrumente zur Verfügung stehen. Hier liegt es an der Politik, den motivierenden Rahmen für die Gebäudeeigentümer zu schaffen.

Literatur

Institut Wohnen und Umwelt, Darmstadt (IWU) / Bremer Energieinstitut (BEI) (2010) Datenbasis Gebäudebestand / Datenerhebung zur Energetischen Qualität und zu den Modernisierungstrends im deutschen Wohngebäudebestand.

Anmerkung

Eine reich bebilderte Version dieses Beitrages ist online unter folgendem Link abrufbar: www.gerl.biz/de/deimpressum/opodiskurs2012-6.pdf

Janina Jänsch

Die Anrechnung natürlicher und anthropogener Effekte auf terrestrische Ökosysteme im Rahmen des Kyoto Protokolls

1. Einleitung

Offensichtlich stellt die Klimaschutzproblematik eines der großen Politikfelder unserer Zeit dar. Ursächlich für den Anstieg der globalen Durchschnittstemperatur ist laut Klimaexperten ein anthropogener Anstieg der Treibhausgaskonzentration in der Atmosphäre. Die globale Klimaerwärmung bringt massive Folgen mit sich, die bereits heute in Teilen der Welt spürbar sind, wie ein Anstieg des Meeresspiegels oder eine Versteppung von Landschaften. Diese weltweiten Veränderungen werden zu erheblichen Kosten führen. Aus diesem Grund begannen bereits in den achtziger Jahren internationale Bestrebungen, den Klimawandel aufzuhalten.

Vor dem Hintergrund knapper Ressourcen sollte das Ziel in der Etablierung eines möglichst effizienten Klimaschutzsystems bestehen. Dabei gilt der Emissionsrechtehandel in der volkswirtschaftlichen Theorie als effizientes Instrument zur Reduktion von Treibhausgasemissionen. Im Jahre 1997 wurde mit dem Kyoto-Protokoll ein internationaler Emissionsrechtehandel beschlossen und im Jahre 2008 mit Beginn der Verpflichtungsperiode etabliert. Der Fokus des Kyoto-Protokolls liegt auf der Reduktion von Treibhausgasemissionen.[1] Daneben wurde in den Artikeln 3.3 und 3.4 der Bereich der terrestrischen Senken (beschränkt) berücksichtigt. Unter einer terrestrischen Senke wird die Bindung von Treibhausgasen in terrestrischen Ökosystemen verstanden, wie beispielsweise Wälder, Wiesen, Äcker oder Weideland.[2] Bei

[1] In Anlage A des Protokolls sind alle Sektoren aufgelistet, die von dem internationalen Emissionsrechtehandel erfasst sein sollen. Vgl. UNFCCC (1998), S. 20.

[2] Vgl. WBGU (1998), S. 14.

der Einbindung terrestrischer Senken in einen Emissionsrechtehandel ergeben sich jedoch besondere Probleme. Eines dieser Probleme besteht in der Unterscheidung natürlicher und anthropogener Effekte auf die Kohlenstoffbindung bzw. –freisetzung in terrestrischen Ökosystemen.

Im vorliegenden Artikel soll die Anrechnung natürlicher und anthropogener Effekte im Status Quo näher analysiert und Schlussfolgerungen für ein potentielles Post-Kyoto-Abkommen gezogen werden. Zur Einführung werden im zweiten Abschnitt die theoretischen Grundlagen erläutert: Die Bedeutung negativer externer Effekte, die Notwendigkeit eines supranationalen Eingriffs und die Wahl eines effizienten Instruments wie dem Emissionsrechtehandel. Im dritten Abschnitt werden die Bedeutung und die Funktionsweise terrestrischer Senken näher betrachtet. Anschließend wird im vierten Abschnitt die Einbindung terrestrischer Senken im Rahmen des Kyoto-Protokolls beschrieben. Im fünften Abschnitt folgen eine Bewertung des Status quo und Implikationen für ein zukünftiges Post-Kyoto-Abkommen. Der letzte Abschnitt fasst die Ergebnisse der Analyse zusammen.

2. Theorie: Marktversagen und Instrumentenwahl

2.1 Marktversagen und staatlicher Handlungsbedarf

Aus ökonomischer Sicht besteht das Problem des Klimawandels darin, dass es sich bei der Luft bzw. der Atmosphäre um ein Allmendegut handelt. Sie kann zwar kostenlos von jedem Bürger genutzt werden, jedoch führt eine starke Beanspruchung zu einer Schädigung des Klimas. Es liegt ein Marktversagen vor, da durch die kostenlose Nutzung der Luft die Kosten der Klimaschädigung bei der Herstellung klimaschädlicher Güter nicht weiter berücksichtigt werden müssen und entsprechend nicht in die Preisbildung einfließen. Im Ergebnis werden zu viele klimaschädliche Güter zu einem zu geringen Preis angeboten.

Ein internationaler Eingriff zur Minderung des Klimawandels ist dann gerechtfertigt, wenn die politischen Maßnahmen eine Nutzensteigerung im Vergleich zur Ausgangssituation hervorbringen, oder anders ausgedrückt: Wenn die notwendigen Klimaschutzmaßnahmen weniger Kosten als die Folgen des Klimawandels aufwerfen. Die Erfüllung dieser Bedingung ist jedoch in der Realität schwer nachzuweisen. Es liegen zwar zahlreiche Schätzungen von Klimaexperten vor, jedoch unterscheiden sich diese aufgrund unterschiedlicher Annahmen teilweise sehr deutlich.[3] Im Folgenden wird daher unterstellt, dass die Individuen dem Schutz des Klimas einen so hohen Wert beimessen, dass dies einen Eingriff rechtfertigt. Im Falle der Klimaschutzproblematik ist ein internationaler Eingriff notwendig, da es sich bei Treibhausgasen um einen globalen Schadstoff handelt.

2.2 Instrumentenwahl: Steuer und Emmissionsrechtehandel

Für einen solchen Eingriff steht in der volkswirtschaftlichen Theorie eine Reihe von Instrumenten zur Verfügung. Dabei gelten vor allem die marktgerechten Instrumente als effizient. Marktgerechte Instrumente ordnen der Emission von Treibhausgasen einen Preis zu und korrigieren auf diese Weise das Preissystem. Eine solche Korrektur kann entweder durch eine Steuer oder durch einen Emissionsrechtehandel erreicht werden. Bei der Steuerlösung wird jeder Einheit Treibhausgas ein Preis zugeordnet, der von den jeweiligen Verursachern in Form einer Steuer entrichtet werden muss. In einem Emissionsrechtehandelssystem wird die maximale Menge an Treibhausgasemissionen festgelegt. Gleichzeitig wird das Recht zur Emission einer Einheit Treibhausgas in Form von Emissionsrechten verbrieft. Es kann also nicht mehr emittiert werden, als durch die Menge der Emissionsrechte festgelegt ist. Die Emissionsrechte sind handelbar und durch Angebot und Nachfrage entsteht ein Preis für die Emission einer Einheit Treibhausgas.

---

[3] Eine der bekanntesten Schätzungen wurde von Nicholas Stern in dem so genannten Stern-Report vorgenommen. Er kam zu dem Ergebnis, dass notwendige Klimaschutzmaßnahmen Kosten in Höhe von ca. einem Prozent des weltweiten jährlichen Bruttoinlandsproduktes aufwerfen würden, während die Kosten der Klimaschädigung ohne jegliche Klimaschutzbemühungen bei ca. fünf Prozent des weltweiten Bruttoinlandsprodukt pro Jahr lägen. Vgl. Stern (2007).

Das Entscheidungskalkül der Emittenten ist sowohl bei der Steuer als auch in einem Emissionsrechtehandel gleich: Ein Unternehmer, bei dessen Produktion Treibhausgasemissionen entstehen, muss zwischen der Emission einer Einheit Treibhausgas und der Entrichtung einer Steuer bzw. dem Erwerb eines Emissionsrechtes abwägen. Er wird so lange Emissionen vermeiden, wie die Kosten der Vermeidung günstiger sind als die Entrichtung der Steuer bzw. der Erwerb eines Zertifikats. Auf diese Weise werden dort Emissionen vermieden, wo dies zu den geringsten Kosten möglich ist. Soweit es einem Unternehmer im Wettbewerb möglich ist, wird er diese Kosten auf die Preise seiner Produkte umlegen, so dass es in der Tendenz zu einem Nachfragerückgang kommt. Im Ergebnis werden weniger klimaschädliche Güter konsumiert.

Der Emissionsrechtehandel ist dann vorteilhaft, wenn ein bestimmtes Mengenziel erreicht werden soll. Durch die festgelegte Zertifikatemenge wird ein solches Ziel immer erreicht, da zu keinem Zeitpunkt mehr Treibhausgase emittiert werden dürfen, als durch die Zertifikate ausgewiesen sind. Dagegen muss bei der Steuervariante zunächst durch ein Trial-and-Error-Verfahren die richtige Steuerhöhe ermittelt werden.

Das von der Politik angestrebte Klimaschutzziel besteht in der Begrenzung der Klimaerwärmung auf zwei Grad Celsius.[4] Dies entspricht einer begrenzten Menge an Treibhausgasen, die in der Atmosphäre verbleiben dürfen.[5] Die Etablierung eines Emissionsrechtehandels zur Erreichung des Klimaschutzziels ist folglich auch aus ökonomischer Sicht empfehlenswert.

---

[4] Das Zwei Grad Ziel gründet auf der Meinung von Klimaexperten, dass ab einer Erwärmung um mehr als zwei Grad Celsius die Wahrscheinlichkeit irreversibler Veränderungen steigt, die die Folgen des Klimawandels drastisch erhöhen. Zu diesen sogenannten Kippschaltern zählt man beispielsweise den Verlust des grönländischen Eisschildes oder des Amazonas-Regenwaldes. Vgl. Schellnhuber/Kadner (2007).

[5] Vgl. WBGU (2009).

Zu Erreichung der maximalen Effizienz eines Emissionsrechtehandels sollte ein umfassendes System geschaffen werden, d.h. alle Länder und alle klimarelevanten Bereiche sollten in einen Emissionsrechtehandel eingebunden werden. Die Einbindung aller Länder ist deshalb notwendig, weil Treibhausgase unabhängig von Ländergrenzen wirken und es für die Erreichung des Klimaschutzziels völlig unerheblich ist, aus welchem Land Treibhausgase in die Atmosphäre gelangen. Darüber hinaus sollten möglichst alle klimarelevanten Bereiche in einem solchen System berücksichtigt werden, da nur auf diese Weise zwischen den unterschiedlichen Klimaschutzmaßnahmen abgewogen und die effizienteste Maßnahme genutzt werden kann. Hierzu gehört auch der Bereich terrestrischer Senken.

3. Grundlagen: Terrestrische Senken

3.1 Definitionen

Im Kyoto-Protokoll liegt der Fokus auf Treibhausgasquellen. Als Quelle wird ein Vorgang oder eine Tätigkeit verstanden, durch die Treibhausgase in die Atmosphäre freigesetzt werden. Dies ist beispielsweise bei der Kohleverstromung der Fall, da durch die Verbrennung fossiler Rohstoffe Kohlenstoff freigegeben wird und als Kohlenstoffdioxid (CO_2) in der Atmosphäre verbleibt.[6] Hingegen bezeichnet eine Senke einen Vorgang, eine Tätigkeit oder einen Mechanismus, durch den Treibhausgase aus der Atmosphäre gebunden werden.[7] Es wird zwischen unterschiedlichen Arten von Senken unterschieden. Unter terrestrischen Senken wird die Speicherung von Treibhausgasen in solchen terrestrischen Ökosystemen verstanden, die sich ober- und unterirdisch auf die Vegetation, die organische Bodenauflage und den Mineralboden verteilen (z. B. Wälder, Moore, Äcker, Wiesen).[8] Die Bindung von Treibhausgasen in marinen Ökosystemen (Meere, Flüsse etc.) wird marine Senke genannt. Eine Senke ist eine Stromgröße. Dagegen bezeichnet der Kohlenstoffvorrat den Bestand an gebundenem Kohlenstoff. Eine Kohlenstoffsenke stellt folglich die Veränderung

[6] Vgl. UNFCCC (1992).
[7] Vgl. ebenda.
[8] Vgl. WBGU (1998), S. 14.

des Kohlenstoffvorrats innerhalb eines Zeitraumes dar.

3.2 Funktionsweise terrestrischer Senken

Um terrestrische Senken in ein internationales Klimaschutzsystem integrieren zu können, sind Kenntnisse über die grundlegende Funktionsweise der Kohlenstoffbindung von Pflanzen und des Kohlenstoffkreislaufs notwendig. Terrestrische Ökosysteme wie Wälder, Wiesen oder Savannen binden zwar im ersten Schritt eine beträchtliche Menge Kohlenstoff, jedoch wird etwa die Hälfte dieses Kohlenstoffs für den Betriebsstoffwechsel der Pflanzen benötigt und wieder in die Atmosphäre abgegeben. Dies wird als autotrophe Atmung bezeichnet. Die andere Hälfte wird für das Pflanzenwachstum verwendet, d. h. der Kohlenstoff wird in neuen Blättern, Zweigen, Wurzeln etc. gebunden. Eine Pflanze bindet also erst dann Kohlenstoff, wenn die Kohlenstoffaufnahme größer ist als die Veratmung von Kohlenstoff. In diesem Fall nehmen die Kohlenstoffvorräte in der Vegetation und im Boden zu. Das Ökosystem stellt hingegen eine Quelle für Kohlenstoffdioxid dar, wenn die Aufnahme von Kohlenstoff geringer ist als die gesamte Abgabe durch Veratmung und Verrottung. Ein solcher Zustand stellt sich vor allem am Ende des Lebenszyklus einer Pflanze ein. Am Ende des Lebenszyklus stirbt die Pflanze ab und gibt während des Verrottungsprozesses den gebundenen Kohlstoff wieder in die Atmosphäre ab.[9]

Während eine einzelne Pflanze einen Lebenszyklus durchläuft, muss dies bei komplexen Ökosystemen nicht unbedingt der Fall sein. Junge Wälder stellen meist eine Kohlenstoffsenke dar, da sie sich noch im Wachstum befinden. Umgekehrt wird bei sehr alten Baumbeständen eine Kohlenstoffquelle vermutet. Im Falle von unberührten Wäldern - so genannten Primär- oder Urwäldern - wird von einem dauerhaften Gleichgewicht ausgegangen, in dem die Kohlenstoffaufnahme der

[9] Kurz- bis mittelfristig bleibt ein Anteil von fünf Prozent in Form von Streu oder Humus gebunden. Langfristig verbleiben 0,5 Prozent als gebundener Kohlenstoff in Form von Holzkohle oder langsam umsetzbaren Humus in der Biomasse. Vgl. ebenda.

Kohlenstoffabgabe entspricht.[10] Gemäß dieser Annahme kommt es in diesen Wäldern folglich nicht zu einer zusätzlichen Kohlenstoffbindung. Im Vergleich zum einzelnen Baum, der am Ende seines Lebenszyklus den gebundenen Kohlenstoff wieder abgibt, kann der Kohlenstoff in Wäldern also über sehr lange Zeiträume gebunden bleiben. Es ist jedoch schwer zu bestimmen, wann ein terrestrisches Ökosystem einen Gleichgewichtszustand erreicht oder wieder verlassen hat. Von einem Gleichgewicht bei unberührten Wäldern kann grundsätzlich nur über sehr lange Zeiträume, bei ausreichend großen Regionen und bei Abwesenheit signifikanter Naturkatastrophen ausgegangen werden, da so Unregelmäßigkeiten über Zeit und Raum ausgeglichen werden.[11]

3.3 Bedeutung von Senken für den Klimaschutz

Senken haben eine beachtliche Bedeutung für den Klimaschutz. Marine und terrestrische Senken nehmen etwa die Hälfte aller jährlichen Kohlenstoffdioxidemissionen auf, d. h. diese Emissionen verbleiben nicht in der Atmosphäre, sondern werden durch marine und terrestrische Ökosysteme wieder gebunden.[12] Dabei übernehmen marine Senken einen Anteil von ca. 25 bis 30 Prozent an den globalen Treibhausgasemissionen.[13] Gleichzeitig machen Emissionen aus Landnutzungsänderungen ca. 20 Prozent der weltweiten anthropogenen jährlichen Kohlenstoffdioxidemissionen aus. Sie stellen damit weltweit die zweitgrößte anthropogene Emissionsquelle für Kohlenstoffdioxid dar und tragen erheblich zum Klimawandel bei.[14]

Über das Potential terrestrischer Senken in einem internationalen Emissionsrechtehandel kann indes keine eindeutige Aussage getroffen werden. Die Effizienz eines Emissionsrechtehandels entsteht dadurch,

---

[10] Dieser Abschnitt folgt Schlamadinger et.al. (2007), S. 274-275.

[11] Die Gleichgewichtsannahme wird von Klimaexperten auch als rein theoretischer Zustand betrachtet. Siehe beispielsweise IPCC (2010), S.13 oder Schlamadinger et.al. (2007), S. 274-275.

[12] Vgl. Canadell et al. (2007) S. 18867 oder Miller (2008), S. 26.

[13] Vgl. ebenda und WBGU (2006), S. 70.

[14] Vgl. Le Quére et al. (2009), S. 832, oder Houghton (2005), S. 20.

dass die Schädiger zwischen unterschiedlichen Klimaschutzmaßnahmen abwägen und sich für die günstigste Variante entscheiden. Bei einer Einbindung terrestrischer Ökosysteme besteht die Möglichkeit, durch eine Ausweitung von Senken Kohlenstoff zu binden und sich Gutschriften ausstellen zu lassen. Diese können dann beispielsweise dafür verwendet werden, eigene Emissionen zu kompensieren oder ein Emissionsreduktionsziel zu erreichen. Umgekehrt sind teilnehmende Staaten dazu verpflichtet, bei einer Zerstörung terrestrischer Kohlenstoffvorräte in Höhe der freigesetzten Kohlenstoffmenge Emissionsrechte vorzuhalten.

In welchem Maße terrestrische Ökosysteme für Klimaschutzmaßnahmen genutzt werden, ist ex ante nicht vorhersehbar und muss über den Marktprozess entdeckt werden. Aufgrund dieser Unkenntnis ist es sinnvoll, möglichst alle klimarelevanten Bereiche in den Emissionsrechtehandel einzubinden, damit zwischen einem möglichst breiten Spektrum an Möglichkeiten abgewogen werden kann.

4. Der Status Quo: Die Einbindung terrestrischer Senken im Kyoto-Protokoll

Mit der Verabschiedung des Kyoto-Protokolls im Jahre 1997 legte sich eine Reihe von Industriestaaten auf völkerrechtlich verbindliche Emissionsreduktionsziele für den Zeitraum 2008 bis 2012 fest. Die einzelnen Reduktionsverpflichtungen der sogenannten Annex-B-Staaten[15] machen zusammengefasst eine Reduktion der globalen Treibhausgasemissionen in Höhe von 5,2 Prozent aus (im Vergleich zum Jahr 1990).[16] Das Kyoto-Protokoll sieht eine Reihe von Mecha-

[15] Annex-B-Länder sind solche Länder, die sich im Kyoto-Protokoll zu Emissionsminderungen verpflichtet haben. Sie sind fast identisch mit den Annex-I-Ländern, die sich im Rahmen der Klimarahmenkonvention unter anderem zu Maßnahmen der Emissionsminderung verpflichtet haben. Vgl. Deutsche Emissionshandelsstelle (2011).

[16] Die Europäische Union (EU-15) verpflichtete sich dabei auf eine Reduktion von acht Prozent (Basisjahr 1990). Innerhalb der Europäischen Union wurden die notwendigen Emissionsreduktionen ebenfalls unterschiedlich verteilt. Deutsch-

nismen zur Erreichung der nationalen Klimaschutzziele vor. Eines dieser flexiblen Mechanismen stellt der internationale Emissionsrechtehandel dar. Die Annex-B-Staaten werden vor Beginn der Verpflichtungsperiode (2008–2012) mit der national festgelegten Emissionsrechtemenge – den so genannten *Assigned Amount Units (AAUs)* – ausgestattet, die sie während der Verpflichtungsperiode handeln können. Dabei berechtigt jede *Assigned Amount Unit* zur Emission einer Tonne CO_2-Äquivalent, d. h. jedes Treibhausgas wird hinsichtlich seiner Treibhauswirkung auf Kohlenstoffdioxid umgerechnet.[17] Am Ende der Verpflichtungsperiode haben die Annex-B-Staaten ihre Reduktionsverpflichtung erfüllt, wenn sie Emissionsrechte in Höhe der Emissionsmenge aus dem Basisjahr 1990 abzüglich der eingegangenen Reduktionsverpflichtung vorweisen. Neben den *Assigned Amount Units* können die Annex-B-Staaten auch weitere Emissionsrechte erwerben, wie beispielsweise *Emission Reduction Units (ERUs) oder Certified Emission Reductions (CERs*).[18] Die Gutschriften aus Senkenprojekten werden *Removal Units (RMUs)* genannt.

Im Fokus des Kyoto-Protokolls steht die Reduktion von Treibhausgasquellen. Die Nutzung terrestrischer Senken als anerkannte Klimaschutzmaßnahme ist lediglich für ausgewählte Klimaschutzaktivitäten aufgenommen worden. Die Bestimmungen zur Einbindung von Senken sind in den Artikeln 3.3 und 3.4 des Kyoto-Protokolls festgehalten.[19] In Artikel 3.3 werden solche von Menschen verursachte Landnutzungsänderungen und forstwirtschaftliche Maßnahmen berücksichtigt, die auf Aufforstung, Wiederaufforstung und Entwaldung seit 1990 zurückzuführen sind. Durch Artikel 3.3 wird folglich die Zunahme bzw. die Zerstörung von Waldgebieten bzw. die damit ein-

land übernahm - ebenso wie Dänemark - eine Reduktionsverpflichtung von 21 Prozent. Vgl. BMU.

[17] Beispielsweise entspricht eine Tonne Methan (CH_4) 25 Tonnen CO_2-Äquivalent. Vgl. Bundesregierung (2011).

[18] Führt ein Annex-B-Land Klimaschutzprojekte in einem Nicht-Annex-B-Land durch, kann es sich in Höhe der eingesparten Emissionen ERUs ausstellen zu lassen. Gutschriften aus Projekten, die in einem Nicht-Annex-B-Land durchgeführt wurden, werden CERs genannt. Vgl. UNFCCC (a).

[19] Die folgenden Ausführungen folgen UNFCCC (1998), S. 3.

hergehenden Veränderungen der Kohlenstoffvorräte berücksichtigt. Die Annex-B-Staaten können sich für Auf- oder Wiederaufforstungen Gutschriften ausstellen lassen. Gleichzeitig sind sie jedoch auch dazu verpflichtet, Zertifikate bei Waldrodungen vorzuhalten. Der Artikel 3.3 ist für alle Annex-B-Staaten verpflichtend.

Dagegen stellte Artikel 3.4 eine freiwillige Komponente des Kyoto-Protokolls dar. Diese optionalen Aktivitäten umfassen Wald-, Acker- und Weidelandbewirtschaftungsmaßnahmen sowie die Begrünung von Ödland.[20] Die Annex-B-Staaten mussten vor Beginn der Verpflichtungsperiode festlegen, ob und welche Maßnahmen sie aus Artikel 3.4 anerkennen möchten.[21] Im Gegensatz zu Artikel 3.3 wird in Artikel 3.4 die anthropogene Veränderung von Kohlenstoffvorräten in bereits bestehenden terrestrischen Ökosystemen berücksichtigt, wie beispielsweise eine zusätzliche Kohlenstoffbindung durch eine intensive Waldbewirtschaftung. Dabei ist die Menge an Gutschriften aus Maßnahmen gemäß Artikel 3.4 gedeckelt, d. h. ein Annex-B-Land kann sich nur bis zu einer festgelegten Höchstmenge solche auf den Ausbau von Senken zurückgehende Zertifikate (RMU) ausstellen lassen. Die maximale RMU-Zertifikatemenge wird länderspezifisch festgelegt und liegt im Falle Deutschlands bei 4,55 Mio. Tonnen Kohlenstoffdioxid pro Jahr bzw. 1,24 Mio. Tonnen Kohlenstoff.[22]

Grundsätzlich gelten die Artikel 3.3 und 3.4 nur für Annex-B-Länder, da nur sie im Rahmen des Kyoto-Protokolls eine Emissionsreduktionsverpflichtung eingegangen sind. In den Nicht-Annex-B-Ländern werden weder Treibhausgasemissionen noch die Kohlenstoffbindung in terrestrischen Ökosystemen vom Emissionsrechtehandel erfasst.[23]

---

[20] Weitere Informationen zu der Ausgestaltung der Artikel 3.3 und 3.4 unter Loft (2009), S. 111-121.

[21] Vgl. Umweltbundesamt (2003), S. 10.

[22] Vgl. Winkler, Bernd (2007), S.17. Zur Umrechnung von Kohlenstoff in den jeweiligen CO_2-Wert wird der Faktor 3,667 [t CO2/t C] zugrunde gelegt. Vgl. Europäische Kommission (2004), S. 14.

[23] Allerdings besteht die Möglichkeit, in diesen Ländern Projekte im Rahmen des Clean Development Mechanism (CDM) durchzuführen. Diese Projekte werden von einem Annex-B-Staat in einem Nicht-Annex-B-Land durchgeführt. Das An-

Allerdings ist gerade in diesen Ländern ein erheblicher Teil der globalen Waldbestände vorzufinden.[24] Die dort stattfindenden massiven Waldrodungen - beispielsweise im Amazonasgebiet - finden folglich keine Berücksichtigung im Rahmen des Kyoto-Protokolls.[25]

Das Kyoto-Abkommen läuft 2012 aus. In den letzten Klimaschutzverhandlungen konnte sich die Staatengemeinschaft nicht auf ein Post-Kyoto-Abkommen einigen. Insofern ist auch die zukünftige Berücksichtigung terrestrischer Senken nicht absehbar.[26] Trotz der Unsicherheiten über ein zukünftiges Klimaschutzabkommen ist es sinnvoll, die derzeitige Einbindung terrestrischer Senken im Rahmen des Kyoto-Protokolls zu analysieren und daraus effiziente Ausgestaltungsoptionen für ein potentielles Nachfolgeabkommen abzuleiten.

---

nex-B-Land kann sich die in dem Entwicklungs- oder Schwellenland eingesparte bzw. gebundene Treibhausgasmenge gutschreiben lassen. Allerdings sind diese Projekte im Bereich terrestrischer Ökosysteme auf Aufforstungs- und Wiederaufforstungsmaßnahmen beschränkt. Gutschriften aus diesen Aktivitäten dürfen ein Prozent der zugelassenen Emissionsrechtemenge des Annex-B-Staates nicht überschreiten. Vgl. UNFCCC (1998), S.11 und Umweltbundesamt (2003), S. 11. Weiterführende Literatur beispielsweise unter Eekhoff et al. (2008).

[24] Vgl. FAO (2011), S. 110-118.

[25] Vgl. FAO (2010), S. 15-23.

[26] Relativ sicher scheint jedoch die Weiterentwicklung von REDD (Reducing Emissions from Deforestation and Degradation). Durch den REDD-Mechanismus sollen in Entwicklungsländern Anreize geschaffen werden, Waldressourcen zu schützen, indem sie für den Erhalt ihrer Waldbestände Kompensationszahlungen erhalten. Auf der UN-Klimakonferenz in Kopenhagen (COP 15) im Jahre 2009 wurde die Bedeutung von REDD hervorgehoben und im Abschlussdokument festgehalten. Es besteht jedoch noch eine Reihe offener Fragen, beispielsweise zur dauerhaften Finanzierung. Vgl. UNFCCC (2009) und Global Canopy Programme (2008).

5. Die Anrechnung natürlicher und anthropogener Effekte im Bereich terrestrischer Senken

5.1 Keine Unterscheidung zwischen natürlichen und direkten anthropogenen Effekten

Laut Kyoto-Protokoll werden allein die direkten durch den Menschen verursachten Kohlenstoffveränderungen in den zugelassenen terrestrischen Ökosystemen angerechnet. Natürliche Effekte sollen nicht berücksichtigt werden. Unter direkten anthropogenen Veränderungen versteht man beispielsweise die Rodung von Wäldern oder die Entnahme von Holz zur Holznutzung. Um lediglich anthropogene Veränderungen anrechnen zu können, muss zwischen natürlichen und anthropogenen Einflüssen unterschieden werden. Dies stellt sich jedoch insbesondere bei der Umsetzung des Artikels 3.4 (Wald-, Acker- und Weidelandbewirtschaftungsmaßnahmen, Begrünung von Ödland) als problematisch heraus. So ist beispielsweise in einem Waldgebiet nur schwer zu messen, welche Kohlenstoffbindung auf natürliche Weise entstanden ist und welche Menge an Kohlenstoff allein aufgrund von Bewirtschaftungsmaßnahmen gebunden wurde.

Um dieses Problem zu lösen, wurde in den Richtlinien zur Erstellung von Treibhausgasinventaren die Unterscheidung zwischen natürlichen und anthropogenen Veränderungen sozusagen umdefiniert:[27] Bei der Anrechnung von Kohlenstoffvorratsänderungen im Bereich terrestrischer Ökosysteme wird zunächst zwischen bewirtschaftetem (*managed land*) und unbewirtschaftetem Land (*unmanaged land*) unterschieden. Per Definition werden alle Veränderungen auf bewirtschaftetem Land als anthropogen bezeichnet, während bei unbewirtschaftetem Land davon ausgegangen wird, dass dort allein natürliche Einflüsse zum Tragen kommen. Veränderungen auf unbewirtschaftetem Land müssen entsprechend nicht gemessen und in den jährlichen Treibhausgasinventarberichten[28] der Annex-B-Länder ausgewiesen werden.

---

[27] Dieser Abschnitt folgt IPCC (2006).

[28] Die Annex-B-Staaten sind zur Erstellung jährlicher Inventarberichte verpflichtet. Die nationalen Inventarberichte weisen unter anderem die nationalen Treib-

Diese Regelung ist jedoch mit neuen Problemen verbunden. Zunächst ist die Definition von bewirtschaftetem Land nicht besonders präzise. Eine Fläche gilt als bewirtschaftet, wenn Eingriffe oder Aktivitäten durch den Menschen vorgenommen werden, die eine soziale, ökologische oder wirtschaftliche Funktion erfüllen.[29] Dabei besteht ein gewisser Interpretationsspielraum, da die einzelnen Staaten selbst näher definieren und entscheiden können, welche Gebiete sie als bewirtschaftet und als nicht bewirtschaftet bezeichnen. Infolgedessen entsteht ein Anreiz, Flächen so auszuweisen, dass sie dem Land einen möglichst großen Vorteil in Form von Gutschriften aus Senken verschaffen. Es ist also durchaus möglich, unbewirtschaftete Waldflächen, die sich im Wachstum befinden und Kohlenstoff binden, durch kleine Eingriffe als `*managed forest*´ auszuweisen. Annex-B-Länder können auf diese Weise Zertifikate erhalten, ohne dass es durch eine menschliche Aktivität zu einer Kohlenstoffbindung kommen musste. Schließlich gelten alle Veränderungen auf bewirtschaftetem Gebiet als vom Menschen verursacht. Diese Befürchtung wurde beispielsweise in Bezug auf Brasilien geäußert, da in den dortigen Schutzgebieten beachtliche Mengen an Kohlenstoff gebunden werden, die nicht direkt auf menschliches Handeln zurückzuführen sind.[30]

Zudem treten natürliche Effekte auch auf bewirtschaftetem Land auf.[31] Diese Auswirkung wird grundsätzlich als geringfügig eingestuft, allerdings ist sie in einigen Fällen durchaus relevant. Beispielsweise weist Kanada erhebliche Probleme aufgrund von Waldbränden und Borkenkäferbefall auf. Die Emissionen aus Waldbränden in den bewirtschafteten kanadischen Waldgebieten machen bis zu 45 Prozent

---

hausgasemissionen bzw. die nationale Kohlenstoffbindung in allen in Anlage A des Kyoto-Protokolls aufgelisteten Sektoren sowie im Bereich Landnutzung, Landnutzungsänderung und Forstwirtschaft (Land Use, Land Use Change and Forestry, LULUCF) auf. Anhand dieser Berichte wird die Erfüllung der nationalen Reduktionsverpflichtung vom Klimasekretariat kontrolliert. Vgl. UNFCCC (b).

29 Vgl. IPCC (2006), S. 1.5.

30 Vgl. IPCC (2010), S.15.

31 Vgl. IPCC (2010), S.10.

der gesamten nationalen Emissionen aus.[32] Der Artikel 3.4 des Kyoto-Protokolls (Wald-, Acker- und Weidelandbewirtschaftungsmaßnahmen, Begrünung von Ödland) wurde von Kanada aufgrund der erheblichen natürlichen Emissionen auf den bewirtschafteten Flächen nicht anerkannt.[33] Umgekehrt wirken sich auch menschliche Aktivitäten auf nicht bewirtschaftetem Land aus. Dies ist beispielsweise dann der Fall, wenn sich kontrollierte Waldbrände auf umliegende unbewirtschaftete Gebiete ausbreiten.[34]

Um eine bessere Unterscheidung zwischen natürlichen und anthropogenen Effekten auf bewirtschaftetem Land zu erreichen, befürwortete die Staatengemeinschaft auf der UN-Klimakonferenz in Cancún im Jahre 2010 das Modell des *forest management reference levels* für eine potentielle nächste Verpflichtungsperiode.[35] Durch die Berechnung eines Referenzwertes soll zwischen natürlichen Effekten und der Wirkung von Klimaschutzaktivitäten unterschieden werden. Der Referenzwert stellt das business-as-usual-Szenario dar, d. h. es wird die Entwicklung von Senken und Quellen geschätzt, die ohne zusätzliche Klimaschutzmaßnahmen stattfinden würde. Dies beinhaltet unter anderem auch den natürlichen Einfluss auf die Kohlenstoffbindung bzw. -freisetzung in terrestrischen Ökosystemen. Das business-as-usual-Szenario wird dann mit der tatsächlichen Entwicklung verglichen und der Differenzbetrag zur Verrechnung der Reduktionsverpflichtung herangezogen. Die Probleme liegen auf der Hand: Ein solcher Referenzwert unterliegt Prognosen und Schätzungen, die naturgemäß mit Unsicherheiten verbunden sind.[36]

---

[32] Zudem sind natürliche Waldbrände ursächlich für etwa 85 Prozent der durch Brand zerstörten gesamten Waldfläche (bewirtschafteter und unbewirtschafteter Wald). Vgl. Natural Resources Canada (2009).

[33] Vgl. Natural Resources Canada (2009).

[34] Vgl. Natural Resources Canada (2009).

[35] Vgl. UNFCCC (2011), S. 5-13.

[36] Ähnliche Kritik besteht auch bei CDM-Projekten. Bei diesen Projekten wird ein business-as-usual-Szenario ermittelt, um die eingesparten Emissionen messen zu können, da sie in Nicht-Annex-B-Ländern durchgeführt werden. Vgl. Eekhoff et al. (2008), S. 23.

Ein 'Herausrechnen' des natürlichen Effektes stellt eine Art Versicherung für den einzelnen Staat dar, da dieser die Kosten einer natürlich verursachten Kohlenstofffreigabe nicht tragen muss. Bei einer Versicherungslösung besteht jedoch die Gefahr des moralischen Risikos (*moral hazard*): Für den Staat ist es möglicherweise vorteilhafter, keine (oder weniger) kostspielige Maßnahmen gegen die natürliche Freisetzung von Kohlenstoff zu treffen, da er die Kosten im Schadensfall nicht tragen muss. Dadurch kann es zu einer vermehrten Kohlenstofffreisetzung in terrestrischen Ökosystemen kommen. Zur Erreichung des Klimaschutzziels müssten diese zusätzlichen Emissionen an anderer Stelle ausgeglichen werden. Im Ergebnis würden andere Staaten die Kosten der zusätzlichen Kohlenstofffreisetzung in Form vermehrter Klimaschutzmaßnahmen tragen. Die Gefahr des *moral hazard* besteht dann, wenn der Schadenseintritt und/oder die Schadenshöhe beeinflussbar sind. Zumindest die Schadenshöhe scheint für den Fall der natürlichen Freisetzung von Kohlenstoff in terrestrischen Ökosystemen beeinflussbar zu sein. Beispielsweise kann der Mensch das Schadensausmaß eines Waldbrandes durch die Auswahl der Baumarten oder durch Maßnahmen der Brandbekämpfung stark beeinflussen. Weniger beeinflussbar ist der Schadenseintritt. So kann beispielsweise ein Blitzschlag, durch den ein Waldbrand ausgelöst wird, kaum verhindert werden. Gleiches gilt für andere Naturereignisse, wie Stürme oder Trockenperioden. Negative Folgen aufgrund von moral hazard können folglich nicht ausgeschlossen werden. Dies gilt solange nicht andere Gründe für den Schutz der Wälder ausschlaggebend sind: Wird beispielweise ein Wald als Naherholungsgebiet genutzt, kann dies einen ausreichend großen Anreiz für Waldschutzmaßnahmen bieten.

Ein weiteres Problem bei der Übernahme des Risikos durch die Staatengemeinschaft besteht in der Gefahr, dass ein Land möglichst natürliche Ursachen für eine Kohlenstofffreisetzung angibt, um die Kosten nicht selbst tragen zu müssen. Schließlich ist oft nur schwer zu unterscheiden, ob die Freisetzung von Kohlenstoff auf natürliche Art oder durch menschliches Verschulden verursacht wurde. Um ein solches Fehlverhalten zu verhindern, müssten von einer unabhängigen Institution regelmäßig Kontrollen durchgeführt werden. Dies würde zu zusätzlichen Kosten des Klimaschutzsystems führen.

Es stellt sich jedoch grundsätzlich die Frage, warum der natürliche Einfluss auf terrestrische Ökosysteme überhaupt durch die Staatengemeinschaft versichert werden sollte. Gemäß dem Subsidiaritätsprinzip ist zunächst einmal jeder Staat für sich selbst verantwortlich. Dies würde bedeuten, dass der Staat das Risiko zusätzlicher Kosten durch natürlich verursachte Treibhausgasemissionen auf seinem Territorium zunächst selbst tragen sollte. Dies folgt ebenso aus dem Prinzip der Haftung, nach dem derjenige, der einen Nutzen erzielt, auch den Schaden tragen muss.[37] Der Staat trägt zwar auf der einen Seite das Risiko zusätzlicher Kosten bei einer natürlichen Kohlenstofffreisetzung, auf der anderen Seite jedoch erhält er Gutschriften, wenn auf seinem Territorium natürliche Senken gemessen werden. Dem Risiko einer natürlichen Kohlenstofffreisetzung steht hier der potentielle Nutzen einer Kohlenstoffbindung gegenüber. Ein solches Szenario unterscheidet sich kaum von dem Risiko, das beispielsweise ein Landwirt trägt. Der Landwirt muss Kosten, die aufgrund natürlicher Ereignisse entstehen, selbst tragen (z.B. Ernteausfälle aufgrund langer Trockenperioden). Er hat lediglich die Möglichkeit, das Risiko durch eine private Versicherung abzusichern. Übertragen auf die Anrechnung natürlicher Effekte in einem Emissionsrechtehandel müsste geprüft werden, ob eine solche private Versicherungslösung zur Absicherung des Risikos einer natürlichen Kohlenstofffreisetzung für Staaten möglich ist.[38] Bei einer natürlich verursachten Zerstörung terrestrischer Kohlenstoffvorräte käme dann die Privatversicherung für die Kosten auf, die zur Kompensation der natürlich verursachten Kohlenstofffreisetzung benötigt würden. Wie bei jeder Versicherung besteht jedoch auch hier die Gefahr des *moral hazard*. Das moralische Risiko ist in diesem Fall jedoch geringer, da der Staat bei einer privaten Ver-

[37] Vgl. Eucken (1968), S. 279.

[38] Ob tatsächlich eine Versicherung auf Staatenebene notwendig ist, hängt davon ab, ob der Staat den Emissionsrechtehandel auf eine andere Ebene überträgt. Das Kyoto-Protokoll ist auf Staatenebene angelegt. Jedoch hat beispielsweise die Europäische Union beschlossen, zumindest einen Teil ihrer Reduktionsverpflichtung durch einen Emissionsrechtehandel auf Unternehmensebene zu erfüllen. In diesem Falle wären es beispielsweise die Waldbesitzer und Bauern, die sich versichern müssten.

sicherung eine Prämie zahlen muss, die seinem Risiko entspricht. Auf Seiten des Versicherten besteht ein Anreiz, Maßnahmen gegen den Verlust an terrestrischen Kohlenstoffvorräten durchzuführen, da dadurch sein Risiko sinkt und entsprechend eine geringere Versicherungsprämie zu zahlen ist. Ein geringeres Risiko kann der Versicherte beispielsweise durch die Einstellung zusätzlicher Förster oder den Kauf neuer Löschflugzeuge signalisieren.[39]

Eine Risikoübernahme durch den jeweiligen Staat bzw. durch private Versicherungen ist jedoch dann problematisch, wenn Länder mit einem hohen Risiko aufgrund der beträchtlichen Risikoprämien nicht bereit sind, einem solchen Klimaschutzabkommen beizutreten.[40] Da Kanada bereits Artikel 3.4 (Wald-, Acker- und Weidelandbewirtschaftungsmaßnahmen, Begrünung von Ödland) aufgrund der erwarteten hohen Kosten nicht angenommen hat, scheint ein solches Szenario nicht unwahrscheinlich. Für die Effektivität und Effizienz eines Klimaschutzsystems ist jedoch die Teilnahme aller Länder von enormer Bedeutung und kann möglicherweise ein entscheidendes Argument für eine Risikoübernahme durch die Staatengemeinschaft darstellen.

Im Ergebnis ist die Frage nach der Zurechnung also nicht so leicht zu beantworten. Vor dem Hintergrund des Subsidiaritäts- und Haftungsprinzips scheint es sinnvoll, dass jeder Staat die Verantwortung für natürliche Veränderungen auf seinem Territorium selbst übernimmt und gegebenenfalls durch eine private Versicherung absichert. Dies kann möglicherweise dazu führen, dass vor allem Länder mit einem hohen Risiko nicht bereit sind, aufgrund erwarteter hoher Kosten einem solchen Klimaschutzabkommen beizutreten. Wenn diese Gefahr

---

[39] Alternativ besteht auch die Möglichkeit, Selbstbehalte einzuführen. Ein Staat müsste demnach im Schadensfall einen Teil der Kosten selbst tragen. Da der Staat eher das Schadensausmaß als den Schadenseintritt beeinflussen kann, wäre hier ein prozentualer Selbstbehalt sinnvoll.

[40] Ein Verzicht auf eine private Versicherung würde an der Problematik nichts ändern. Ohne Versicherung würden den Ländern ebenfalls hohe Kosten entstehen, da sie bei einer natürlich verursachten Kohlenstofffreigabe Emissionsrechte erwerben oder an anderer Stelle Emissionen vermeiden müssten.

als groß und die Teilnahme aller Länder an einem Klimaschutzabkommen als unerlässlich erachtet wird, kann eine Versicherung durch die Staatengemeinschaft trotz der beschriebenen negativen Folgen durch *moral hazard* begründet werden.

5.2 Die Berücksichtigung indirekter anthropogener Effekte

Auf der UN-Klimaschutzkonferenz in Marrakesch wurde eine weitere Unterscheidung zwischen direkten und indirekten durch den Menschen verursachten Einflüssen getroffen.[41] Bei indirekten anthropogenen Effekten handelt es sich vor allem um solche Veränderungen, die in einem bereits fortschreitenden anthropogenen Klimawandel begründet liegen. Solche indirekten durch den Menschen verursachten Veränderungen sollen bei der Anrechnung nationaler Emissionen bzw. Kohlenstoffbindungen nicht berücksichtigt werden.[42]

Ein Ausklammern indirekter durch den Menschen verursachten Veränderungen terrestrischer Ökosysteme ist insofern nachvollziehbar, als dass ein Staat die Emissionen, die durch einen anthropogenen Klimawandel verursacht werden, nicht selbst verschuldet hat. Umgekehrt stellen auch auf diese Weise entstandene terrestrische Senken nicht das Verdienst des einzelnen Staates dar. Vielmehr ist der anthropogene Klimawandel durch Treibhausgasemissionen unterschiedlicher Staaten in der Vergangenheit verursacht. Somit kann eine Übertragung dieser Emissionen bzw. Senken auf die Staatengemeinschaft begründet werden.[43] Dies gilt auch für ein System, in dem einem Staat sowohl natürliche als auch direkte anthropogene Effekte angerechnet werden. In der praktischen Umsetzung stellt eine solche Übertragung jedoch ein Problem dar, da hierfür ausreichend Kenntnisse zur Be-

---

[41] Vgl. UNFCCC (2002), S. 55.

[42] Vgl. ebenda.

[43] Genau genommen müssten indirekte anthropogene Veränderungen den großen Industrienationen angerechnet werden, da sie in der Vergangenheit große Mengen an Treibhausgasen emittiert haben und somit Hauptverursacher des anthropogenen Klimawandels sind. Jedoch scheint es kaum möglich, den Beitrag eines Industriestaates am anthropogenen Klimawandel eindeutig zu berechnen.

rechnung des indirekten Effektes vorhanden sein müssen. Die Klimaexperten stellten zwar eine zusätzliche Kohlenstoffbindung in terrestrischen Ökosystemen fest, die nicht auf direkte menschliche Klimaschutzaktivitäten zurückzuführen ist, jedoch konnte bis heute weder die genaue Ursache noch der genaue Entstehungsort ermittelt werden.[44] Es wird lediglich vermutet, dass diese zusätzliche Senke hauptsächlich durch indirekte anthropogene Effekte, beispielsweise durch CO_2-Fertilisation[45], Stickstoffdüngung oder Bewirtschaftungsaktivitäten in der Vergangenheit verursacht wird.

Da der Standort dieser zusätzlichen Kohlenstoffbindung nicht bekannt war, bestand in den internationalen Klimaschutzverhandlungen die Befürchtung, dass Annex-B-Staaten sich Teile dieser Senke anrechnen lassen und auf diese Weise ihre Reduktionsverpflichtung zumindest teilweise erfüllen könnten. Laut Kyoto-Protokoll wäre eine solche Anrechnung jedoch nicht zulässig gewesen. Um dies zu verhindern, wurden die Gutschriften, die sich die Annex-B-Staaten gemäß Artikel 3.4 des Kyoto-Protokolls ausstellen lassen können, begrenzt. Die Deckelung liegt bei fünfzehn Prozent der projektierten Kohlenstoffbindung, höchstens aber bei drei Prozent der Emissionen des Basisjahres.[46] In Deutschland beträgt das Höchstmaß an zulässigen Gutschriften aus Senkenprojekten 1,24 Mio. Tonnen Kohlenstoff bzw. 4,55 Mio. Tonnen Kohlenstoffdioxid pro Jahr.[47] Diese Menge stellt nur einen kleinen Teil der insgesamt gemessenen Kohlenstoffbindung durch Waldbewirtschaftungsmaßnahmen dar. Für die Verpflichtungsperiode 2008-2012 wird in Deutschland mit einer durchschnittlichen jährli-

---

[44] Diese zusätzliche Senke wird auch als 'missing sink' oder 'residual land sink' bezeichnet. Vgl. IPCC (2007), S. 520. Dieser Abschnitt folgt Schlamadinger et.al. (2007), S. 274-277.

[45] Als CO_2-Fertilisation wird ein verbessertes Pflanzenwachstum unter erhöhtem atmosphärischem Kohlenstoffdioxid (CO_2) verstanden. Eine erhöhte Kohlenstoffbindung aufgrund von CO_2-Fertilisation hängt folglich direkt mit dem anthropogen ansteigendem Treibhausgasgehalt in der Atmosphäre zusammen. Vgl. Max-Planck-Institut für Meteorologie.

[46] Vgl. UNFCCC (2001), S. 11.

[47] Vgl. Winkler (2007), S. 17.

chen Steigerung des Kohlenstoffvorrats um 2,1 Mio. Tonnen Kohlenstoff bzw. etwa 7,7 Mio. Tonnen Kohlenstoffdioxid gerechnet.[48]

Da die zusätzliche Kohlenstoffbindung in terrestrischen Ökosystemen weder räumlich noch sachlich genau zugeordnet werden kann, stellen die länderspezifisch festgelegten Obergrenzen nur Vermutungen dar und sind mit Unsicherheiten verbunden. Es ist also nicht unwahrscheinlich, dass in einigen Annex-B-Staaten die ausgestellten Gutschriften gemäß Artikel 3.4 nicht der tatsächlichen Kohlenstoffbindung durch Bewirtschaftungsmaßnahmen entsprechen.

In einem Klimaschutzsystem, in dem einem Staat sowohl natürliche als auch direkte anthropogene Veränderungen angerechnet werden, besteht eine ähnliche Problematik. Auch hier wäre eine Deckelung mit großen Unsicherheiten verbunden und es wäre durchaus möglich, dass die Staaten dann nicht mehr in der Lage wären, den vollständigen Nutzen aus ihren terrestrischen Ökosystemen zu ziehen, sie jedoch das volle Risiko übernehmen müssten.

Vor dem Hintergrund der erheblichen Unsicherheiten kann alternativ auch eine Vernachlässigung des indirekten anthropogenen Effekts in Erwägung gezogen werden. Dies wäre vor allem in einem Klimaschutzsystem, in dem einem Staat sowohl natürliche als auch anthropogene Veränderungen angerechnet werden, von Vorteil, da weiterhin nicht zwischen verschiedenen Effekten bei der Erstellung einer nationalen Klimabilanz unterschieden werden müsste. In dem aktuellen Kyoto-Klimaschutzsystem blieben die beschriebenen Schwierigkeiten bei der Unterscheidung zwischen natürlichen und direkten anthropogenen Effekten bestehen. Solange keine weiteren Kenntnisse über den Kohlenstoffkreislauf terrestrischer Ökosysteme bestehen, scheint eine Lösung des Problems in beiden Anrechnungsverfahren nicht erreichbar.

---

48 Vgl. ebenda.

6. Schlussfolgerung

Bei der Einbindung terrestrischer Senken kommt es unter anderem deshalb zu Problemen, weil es in diesem Bereich nicht nur zu anthropogenen sondern auch zu natürlichen Emissionen bzw. Kohlenstoffbindungen kommt. Laut Kyoto-Protokoll sollen allein die direkten anthropogenen Veränderungen berücksichtigt werden. In der Umsetzung kam es jedoch zu erheblichen Problemen, da eine solche Unterscheidung oft nur schwer zu treffen und mit erheblichen Unsicherheiten verbunden ist.

Ein 'Herausrechnen' der natürlichen Effekte kann kritisch betrachtet werden. Nach dem Subsidiaritäts- und Haftungsprinzip ist eine Anrechnung natürlicher und direkter anthropogener Veränderungen der Kohlenstoffvorräte auf das Treibhausgaskonto des jeweiligen Landes durchaus gerechtfertigt. Zudem geht eine Risikoübernahme durch die Staatengemeinschaft mit der Gefahr des moralischen Risikos einher. Allerdings würden Länder mit einem hohen Risiko einem Klimaschutzsystem, in dem einen Staat sowohl die direkten anthropogenen als auch die natürlichen Effekte angerechnet werden, möglicherweise nicht beitreten.

Im Rahmen des Kyoto-Protokolls sind neben den natürlichen Effekten auch indirekte anthropogene Veränderungen der Kohlenstoffvorräte nicht den jeweiligen Staaten anzurechnen. Eine Übertragung einer indirekten anthropogenen Kohlenstoffbindung bzw. -freisetzung auf die Staatengemeinschaft kann durchaus begründet werden, da solche Veränderungen nicht auf den jeweiligen Staat, sondern auf weltweite Treibhausgasemissionen in der Vergangenheit zurückzuführen sind. Jedoch ist eine solche Unterscheidung aufgrund fehlender naturwissenschaftlicher Kenntnisse mit großen Unsicherheiten verbunden. Zusammengefasst kann die Frage nach der optimalen Anrechnung natürlicher, direkter und indirekter anthropogener Effekte nicht eindeutig beantwortet werden.

Literatur

BMU (Bundesministerium für Umwelt, Naturschutz und Reaktorsicherheit) Glossar, online unter http://www.bmu.de/klimaschutz/ internationale-klimapolitik/glossar/ doc/print/2902.php#eu (abgerufen am 20.09.2011).

Bundesregierung (2011) Kleines Klimalexikon, online unter http://www.bundesregierung.de/Webs/Breg/un-klimakonferenz/DE/ KleinesKlimalexikon/kleines-klimalexikon.html (abgerufen am 10.10.2011).

Canadell, Josep G./Le Quére, Corinne/Raupach, Michael R./Field, Christopher B./Buitenhuis, Erik T./Ciais, Philippe/Conway, Thomas J./Gillett, Nathan P./Houghton, R. A./Marland, Gregg (2007) Contributions to accelerating atmospheric CO2 growh from economic activity, carbon intensity, and efficiency of natural sinks, in PNAS, Vol. 104, Nr. 147, S. 18866-18870, online unter http://www.pnas.org/content/104/47/18866.full.pdf+html (abgerufen am 06.10.2011).

Deutsche Emissionshandelsstelle (2011) Glossar, online unter http://www.dehst.de/DE/Serviceseiten/Glossar/Functions/_glossar.html?lv2=1710072&lv3=1967532 (abgerufen am 10.10.2011).

Eekhoff, Johann / Jänsch, Janina / Roth, Steffen J. / Vossler, Christian (2008) Effiziente Treibhausgasreduktion durch Nutzung des Clean Development Mechanism (CDM), IWP Diskussionspapier, Nr. 01/2008 online unter http://www.iwp.uni-koeln.de/DE/ Publikationen/ dp/dp1_08%20%28CDM%29.pdf (abgerufen am 09.10.2011).

Eucken, Walter (1968) Grundsätze der Wirtschaftspolitik, Tübingen.

Europäische Kommission (2004) Entscheidung der Kommission vom 29. Januar 2004 zur Festlegung von Leitlinien für Überwachung und Berichterstattung betreffend Treibhausgasemissionen gemäß der Richtlinie 2003/87/EG des Europäischen Parlaments und des Rates, online unter http://eur-lex.europa.eu/LexUriServ/LexUriServ. do?uri =OJ:L:2004:059:0001:0074:DE:PDF (abgerufen am 23.09.2011).

FAO (Food and Agriculture Organization of the United Nations) (2010) Global Forest Resources Assessment 2010, online unter http://www.fao.org/docrep/013/i1757e/i1757e.pdf (abgerufen am 13.10.2011).

FAO (2011) State of the World´s Forests 2011, Rom, online unter http://www.fao.org/docrep/013/i2000e/i2000e.pdf (abgerufen am 23.09.2011).

Global Canopy Programme (2008) The Little REDD Book. A guide to governmental and non-governmental proposals for reducing emissions from deforestation and degradation, online unter http://www.amazonconservation.org/pdf/redd-_the_little_redd_book_dec_08.pdf (abgerufen am 26.09.2011).

Houghton, Richard A. (2005) Tropical deforestation as a source of greenhouse gas emissions, in: Moutinho/Schwartzmann (Hrsg) (2005), Tropical deforestation and climate change, Washington D.C., S. 13-21.

IPCC (Intergovernmental Panel on Climate Change) (2006) 2006 Guidelines for National Greenhouse Gas Inventories, Volume 4: Agriculture, Forestry and other Land Use, online unter http://www.ipccnggip.iges.or.jp/pu-blic/2006gl/vol4.html (abgerufen am 28.09.2011).

IPCC (2007) Climate Change: The Physical Science Basis, Contribution of Working Group I to the Fourth Assessment Report of the Intergovernmental Panel on Climate Change, Cambridge, New York, online unter http://www.ipcc.ch/publications_and_data/publications _ipcc_fourth_assessment_report_wg1_report_the_physical_science_b asis.htm (abgerufen am 10.10.2011).

IPCC (2010) Revisiting the Use of Managed Land as a Proxy for Estimating National Anthropogenic Emissions and Removals, IPCC Expert Meeting Report, 5-7 May, 2009, Brazil, online unter http://www.ipcc-nggip.iges.or.jp/meeting/pdfiles/0905_MLP_Report.pdf (abgerufen am 28.09.2011).

Le Quére, Corinne / Raupach, Michael R. / Canadell, Josep G. / Marland, Gregg / Bopp, Laurent / Ciais, Philippe / Conway, Thomas J. / Doney, Scott C. / Feely, Richard A. / Foster, Pru / Friedlingstein, Pierre / Gurney, Kevin / Houghton, Richard A. / House, Joanna I. / Huntingford, Chris / Levy, Peter E. / Lomas, Mark R. / Majkut, Joseph / Metzl, Nicolas / Ometto, Jean P. / Peters, Glen P. / Prentice, I. Colin / Randerson, James T. / Running, Steven W. / Sarmiento, Jorge L. / Schuster, Ute / Sitch, Stephen / Takahashi, Taro / Viovy, Nicolas / van der Werf, Guido R. / Woodward, F. Ian (2009) Trends in the sources and sinks of carbon dioxide, in nature geosciences, Vol.2, Nr. 12, S. 831-836, online unter http://www.nature.com/ngeo/journal/v2/n12/pdf/ngeo689.pdf (abgerufen am 06.10.2011).

Loft, Lasse (2009) Erhalt und Finanzierung biologischer Vielfalt - Synergien zwischen internationalem Biodiversitäts- und Klimaschutzrecht, Schriftenreihe Natur und Recht, Band 12, Berlin und Heidelberg.

Max-Planck-Institut für Meteorologie Bedeutung der unterschiedlichen CO_2-Fertilisation in jungen und alten Wäldern für den CO_2-Anstieg im 21. Jahrhundert, online unter http://www.mpimet.mpg.de/wissenschaft/land-im-erdsystem/master-und-bachelorarbeiten/bedeutung-der-unterschiedlichen-co2-fertilisation.html (abgerufen am 28.09.2011).

Miller, John B. (2008) Sources, sinks and seasons, in NATURE, Vol. 451, S. 26-27, online unter http://www.nature.com/nature/journal/v451/n7174/pdf/451026a.pdf (abgerufen am 06.10.2011).

Natural Resources Canada (2009) Forest Carbon Accounting. Frequently asked questions: Some Questions & Answers about Carbon and Forests, online unter http://carbon.cfs.nrcan.gc.ca/FAQ_e.html (abgerufen am 29.08.2011).

Schellnhuber, Hans Joachim / Kadner, Susanne (2007) Klima, Krisen und Konflikte, Impulsreferat gehalten von Prof. Hans Joachim Schellnhuber beim 17. Forum Globale Fragen „Klimawandel und Sicherheit“ am 13. Juni 2007 im Auswärtigen Amt, Berlin, online unter http://www.auswaertiges-amt.de/cae/servlet/contentblob/389728/

publicationFile/4509/17GF-Schellnhuber.pdf (abgerufen am 13.10. 2011).

Schlamadinger, Bernhard / Bird, David N. et.al. (2007) A synopsis of land use, land-use change and forestry (LULUCF) under the Kyoto Protocol and Marrakech Accords, Environmental Policy 10 (2007), S. 271-282.

Stern, Nicholas (2007) The Economics of Climate Change, Cambridge.

Umweltbundesamt (2003) Klimaverhandlungen – Ergebnisse aus dem Kyoto-Protokoll, den Bonn Agreements und Marrakesh-Accords, Berlin.

UNFCCC (United Nations Framework Convention on Climate Change) (a) The Mechanisms under the Kyoto Protocol: Emissions Trading, the Clean Development Mechanism and Joint Implementation, online unter http://unfccc.int/kyoto_protocol/mechanisms /items/1673.php (abgerufen am 10.10.2011).

UNFCCC (b) Existing Requirements for Reporting and Review for Annex I Parties under the Convention and the Kyoto Protocol, online unter http://unfccc.int/national_reports/reporting_and_review_for_annex_i_ parties/items/5689.php (abgerufen am 23.09.2011).

UNFCCC (1992) United Nations Framework on Climate Change, S. 4, online unter http://unfccc.int/resource/docs/convkp/conveng.pdf (abgerufen am 21.09.2011).

UNFCCC (1998) Kyoto Protocol to the United Nations Framework Convention on Climate Change, online unter http://unfccc. int/resource/docs/convkp/kpeng.pdf (abgerufen am 28.09.2011).

UNFCCC (2001) Review of the Implementation of Commitments and other provisions of the Convention, FCCC/CP/2001/L.7, online unter http://unfccc.int/resource/docs/cop6secpart/l07.pdf (abgerufen am 29.09.2011).

UNFCCC (2002) Report of the Conference of the Parties on its seventh session, held at Marrakesh from 29 october to10 november 2001.

Addendum. Part Two: Action taken by the Conference of the Parties, FCCC/CP/2001/13/Add.1, online unter http://unfccc.int/resource/docs/cop7/13a01.pdf (abgerufen am 28.09.2011).

UNFCCC (2009) UNFCCC Resource Guide for preparing the National Communications of Non-Annex I Parties. Module 3: National Greenhouse Gas Inventories, Bonn, online unter http://unfccc.int/ resource/docs/ publications/09_resource_guide3.pdf (abgerufen am 26.09.2011).

UNFCCC (2011) Report of the Conference of the Parties serving as the meeting of the Parties to the Kyoto Protocol on its sixth session, held in Cancun from 29 November to 10 December 2010, FCCC/KP/CMP/2010/12/add.1, online unter http://unfccc.int/ resource/docs/2010/cmp6/eng/12a01.pdf (abgerufen am 28.09.2011).

Winkler, Bernd (2007) Die Rolle des Waldes beim Klimaschutz aus Sicht des Bundesministeriums für Ernährung, Landwirtschaft und Verbraucherschutz, Textfassung für den Tagungsband der Tagung "Klimaschutz und Klimawandel - Rolle der Forstwirtschaft" am 27. und 28.09.2007 in Gotha.

WBGU (Wissenschaftlicher Beirat der Bundesregierung für Globale Umweltveränderungen) (1998) Die Anrechnung biologischer Quellen und Senken im Kyoto-Protokoll: Fortschritt oder Rückschlag für den globalen Umweltschutz?, Sondergutachten, Bremerhaven, online unter http://www.wbgu.de/fileadmin/ templates/dateien/ veroeffentlichungen/sondergutachten/sn1998/wbgu_sn1998.pdf (abgerufen am 10.10.2011).

WBGU (2006) Die Zukunft der Meere – zu warm, zu hoch, zu sauer, Sondergutachten, Berlin, online unter http://www.wbgu.de/fileadmin/ templates/dateien/veroeffentlichungen/sondergutachten/sn2006/wbgu_sn2006.pdf (abgerufen am 10.10.2011).

WBGU (2009) Kassensturz für den Weltklimavertrag – Der Budgetansatz, Sondergutachten, Berlin, online unter http://www.wbgu. de/fileadmin/templates/ dateien/veroeffentlichungen/sondergutachten/ sn2009/wbgu_sn2009.pdf (Abruf: 09.08.2010).

Ralph Wrobel

Energiewende ohne Markt? Ordnungspolitische Perspektiven für den deutschen Stromsektor

1. Problemstellung

Durch die Katastrophe von Fukushima im Frühjahr 2011 ist ein beschleunigter Atomausstieg in Deutschland beschlossen worden, ja sogar eine „Energiewende". Bundeskanzlerin Merkel formulierte bereits am 29.3.11: „*Wir müssen schneller in das Zeitalter der erneuerbaren Energien kommen!*"[1] Dafür sollte eine „schlüssige Energiewende" durch eine Ethik-Kommission erarbeitet werden. Parallel steigen die Öl- und Benzinpreise dramatisch aufgrund der politischen Instabilität in der arabischen Welt, Grund genug für eine grundlegende Energiewende. Aber warum ohne Markt? Der deutsche Energiemarkt besteht aus mehreren miteinander verbundenen Märkten, dem für Strom, für Heizenergie (insbesondere Heizöl und Gas) und für Mobilitätsenergie (Benzin etc.). Diese sind größtenteils durch regionale Monopole, Oligopole oder Netzstrukturen gekennzeichnet. Enorme staatliche Eingriffe wie Subventionen und Regulierungen ergänzen das Bild. Schnelle und effiziente Anpassungen sind in einem solchen Innovationssystem nicht zu erwarten.

Deutschland braucht daher ein marktwirtschaftliches Energiekonzept. Die Ordnungspolitik, basierend auf der Marktordnung Walter Euckens, ist in der Lage ein solches marktwirtschaftliches Konzept für die Energiewende in Deutschland bereitzustellen. Wie eine solche marktwirtschaftliche Energiepolitik aussehen kann, soll daher hier beschrieben werden. Dabei wird auf den Strommarkt fokussiert, der durch ganz besondere Vermachtung, Vernetzung sowie Subventionierung und Regulierung gekennzeichnet ist. Dafür wird zunächst die Struktur des Strommarktes in Deutschland beschrieben. Dabei werden auch die Steuern, Subventionen und Regulierungen kurz dargestellt.

---

[1] Landeszentrale für politische Bildung Baden Württemberg (o.J.).

Anschließend wird eine marktwirtschaftlich orientierte Energiepolitik diskutiert. Dazu werden den Ergebnissen der „Ethik-Kommission“ der Bundesregierung sowie deren bisheriger Umsetzung ordnungspolitische Alternativen, basierend auf Walter Euckens Marktordnung, gegenübergestellt.

2. Die deutschen Energiemärkte

2.1 Struktur des deutschen Strommarktes

Die Struktur der Energiemärkte in Deutschland ist insbesondere durch regionale Monopole auf dem Strommarkt gekennzeichnet.[2] Zwar herrscht im Bereich Verkauf an Endkunden ein reger Wettbewerb in Deutschland. So gibt es für die Stromleitungen eine Öffnung durch EU-Richtlinien von 1996 und 2003, die eine Durchleitungsgebührenkontrolle durch die Bundesnetzagentur vorsehen. Andererseits ist die Stromproduktion massiv vermachtet. So beherrschen spätestens seit den Fusionen von 2003 vier große Kraftwerksbetreiber (RWE, E.ON, Vattenfall und EnBW) mit 77 % an der gesamten Stromerzeugung (2006) den Markt. Das ist im europäischen Vergleich zwar durchschnittlich – in Frankreich oder Griechenland gibt es sogar vollständige Monopole – aber durchaus nicht zufriedenstellend.[3]

Eine marktwirtschaftliche Preisbildung sollte durch die Einführung der Strombörse in Leipzig (EEX AG – European Energy Exchange) erreicht werden. Aber es liegen durch die Besonderheiten des Strommarktes einige besondere Probleme vor. So kann Strom nicht gespeichert werden und die Nachfrage ist unelastisch sowie volatil. Die Funktion der Leipziger Börse ist es deshalb, die Angebote für einzelne Stunden des Folgetages zu bestimmen. Dazu werden aggregierte Angebotsfunktionen aus den Grenzkostenfunktionen der einzelnen Kraftwerke bestimmt.[4] Doch bei diesem Verfahren gibt es zahlreiche

[2] Vgl. Monopolkommission (2010), S. 15.

[3] Vgl. Institut der deutschen Wirtschaft (2008).

[4] Vgl. Ockenfels (2007), S. 44 – 45.

Hinweise auf Machtmissbrauch. So strengte die EU-Kommission (2007/2008) ein Kartellverfahren gegen E.ON wegen des Verdachts der „Kapazitätszurückhaltung“ an. Von Kapazitätszurückhaltung wird dann gesprochen, wenn von einem Stromproduzenten die Kapazitäten eines oder mehrerer Kraftwerke nicht angeboten werden, obwohl dieses zum Marktpreis profitabel Strom produzieren könnte. Zweck dieser Zurückhaltung ist es immer, den Marktpreis zu erhöhen („monopolistische Preisbildung“). In einem Vergleich erklärte sich E.ON bereit, 1/5 seiner Erzeugungskapazitäten zu veräußern.[5] Doch das ist keine Lösung. Die Gewinne aus der monopolistischen Preisbildung sind nämlich enorm: Die Stromproduzenten konnten so zwischen 1950 und 2008 durch Marktmonopolisierung Zusatzgewinne von ca. 35,7 Mrd. Euro verdienen.[6]

Die Leipziger Strombörse ist offensichtlich nicht in der Lage, dieses Problem zu lösen. Hinzu kommt, dass die Börse seit 2009 nicht mehr behördlich beaufsichtigt wird. So kam es durch die Verschmelzung der EEX Power Spot GmbH mit der französischen EPEX Spot SE zu Rechtsmängeln, die weder eine Aufsicht durch französische noch deutsche Behörden ermöglichten. Ein konkretes Verbot des Insiderhandels für die Strombörsen fehlt in Deutschland ebenso wie ein explizites gesetzliches Verbot Stromerzeugungskapazitäten zurückzuhalten. Dadurch ist der Strommarkt stark vermachtet. Die Liberalisierung der Strommärkte hat so nur zu einer Ausbeutung der Verbraucher durch die monopolistisch agierenden Stromkonzerne geführt.[7] Die Liberalisierung ohne einen wettbewerbspolitischen Rahmen durchzuführen, war daher falsch und kann als weitestgehend gescheitert betrachtet werden.

---

[5] Vgl. Canty/Lüdemann (2010).

[6] Vgl. Forum für Ökologisch-Soziale Marktwirtschaft (2010), S. 5.

[7] Vgl. Lüdemann (2011), S. 43.

2.2 Regulierung und Subventionierung des deutschen Strommarktes

Insbesondere mit ökologischen Begründungen wird zusätzlich massiv in den Strommarkt interveniert. Grundsätzlich als marktwirtschaftlich ist dabei der Handel mit CO_2-Emissionszertifikate zu erwähnen. Seit 2005 existiert EU-weit ein Emissionshandel für Unternehmen, der durch das Prinzip des *cap & trade* – beschränken und handeln – gekennzeichnet ist. So werden ökonomische Anreize ausgesendet, den Ausstoß schädlicher Klimagase dort zu senken, wo es am effizientesten ist. Allerdings gibt es zahlreiche Sonderregelungen für energieintensive Industrien, welche zu einer starken Verzerrung des Wettbewerbs führen.[8] Ebenso wirkt die Förderung „bekannter" regenerativer Energien verzerrend. So ist von allen Stromkunden eine Einspeisevergütung für regenerative Energien in Höhe von zwei Cent pro KWh für Wind- und Solarenergie abzugeben. Diese Vergütungen sind sehr langfristig konzipiert. Hinzu kommen Subventionen von etwa sechs bis sieben Mrd. Euro (2010) für die Photovoltaik, trotz minimalen Anteils am Strommix. Ob diese langfristige Subventionierung sinnreich ist, kann bezweifelt werden, so werden bereits heute die die Umweltfolgen von Offshore-Windparks diskutiert. Die Förderung von Biodiesel und anderen nachwachsenden Rohstoffen zur Stromerzeugung führen zu Preissteigerungen auf Lebensmittelmärkten. Das Erneuerbare Energien-Gesetz (EEG) und das Kraft-Wärmeenergie-Koppelungs-Gesetz (KWKG) sind dabei CO_2-bezogen redundant aufgrund des Emissionshandels, schränken aber den Finanzspielraum der Klimapolitik ein.[9]

Aber auch die Atomenergie wird kontinuierlich massiv staatlich gefördert. So wurden zwischen 1950 und 2008 ca. 61 Mrd. Euro Steuergelder für Forschung, Endlagersuche, Castor-Transporte etc. in die Atomenergie investiert. Hinzu kommen ca. 68,3 Mrd. Euro für Steu-

---

[8] Vgl. Jänsch/Vossler (2011), S. 1.

[9] Vgl. Monopolkommission (2010), S. 13.

ervergünstigungen durch Rückstellungen.[10] Zudem profitieren die Atomkraftwerke von einer faktischen Befreiung von der Haftpflicht. Gemäß einer Studie der Bundesregierung würde es bei einem schweren Kernschmelzunfall in einem deutschen Atomkraftwerk zu Schäden von bis zu 5.500 Milliarden Euro kommen. Die Haftpflicht der Atombetreiber ist aber auf 2,5 Milliarden Euro gedeckelt, ansonsten haften sie mit ihrem Vermögen. Da dies aber niemals ausreichen würde, um einen umfangreichen Schaden abzudecken, laufen alle deutschen Atomkraftwerke quasi ohne ausreichende Haftpflichtversicherung.[11] Damit können aber die Preise der einzelnen Energiearten nicht mehr die Signale aussenden, die sie in einem marktwirtschaftlichen System müssten, Signale der relativen Knappheit! Externe Kosten wären hingegen zu internalisieren, um den Preismechanismus wieder funktionsfähig zu machen.

3. Eine marktwirtschaftliche orientierte Energiepolitik

3.1 Die bisherige „Energiewende“

Grundlage jeder deutschen Energiepolitik sind die drei energiepolitischen Ziele: Versorgungssicherheit, Wirtschaftlichkeit und Wettbewerbsfähigkeit sowie Umweltverträglichkeit.[12] Basierend darauf hat auch die Ethik-Kommission der Bundesregierung im Frühjahr 2011 ihre Empfehlungen formuliert. Erster Kernpunkt ist ein dirigistischer Atomausstieg. So beschloss die Bundesregierung die acht ältesten Atomkraftwerke umgehend stillzulegen, unabhängig von ihrer tatsächlichen technischen Qualität und ihres tatsächlichen Sicherheitsrisikos. Zudem empfahl die Energie-Kommission der Bundesregierung eine Erweiterung der Subventionen, konkret eine umfangreiche Aufstockung der Förderungen für Gebäudesanierung und die Abschaffung

[10] Daten aus: Forum für Ökologisch-Soziale Marktwirtschaft (2010), S. 5. Eigene Berechnungen, da zahlreiche Punkte aus den Berechnungen des Berichtes nicht nachvollziehbar sind.

[11] Vgl. Reisel (2007), S. 53.

[12] Vgl. dazu z.B. DIW (2007).

stromfressender Altelektronik sowie den Ausbau regenerativer Energien und den Neubau von Gaskraftwerken. Hinzu sollen ordnungsrechtliche Vorgaben der Produktqualität kommen und „intelligente Stromzähler“ eingeführt werden. Der von der Energie-Kommission empfohlene Aufbau einer nationalen Strom-Versorgungsreserve in Höhe einer halben Jahresproduktion erfordert zudem den Aufbau von Stromspeichern, d.h. zunächst eine entsprechende Forschungsförderung. Bürokratisch erscheint zudem die Empfehlung, einen parlamentarischen Beauftragten und ein „Nationales Forum Energiewende“ zur gesellschaftlichen Begleitung zu schaffen.[13]

Davon hat die Bundesregierung bisher nur wenig umgesetzt. Die sieben alten Atomkraftwerke bleiben abgeschaltet. Des Weiteren werden alle anderen deutschen Atomkraftwerke bis spätestens 2022 in Reihenfolge *„ihres verbleibenden Risikos und ihrer Bedeutung im regionalen Stromnetz“* vom Netzt genommen. Eines der abgeschalteten Kraftwerke wird jedoch als „Kaltreserve“ für Engpässe weiter genutzt.[14] Eine umfangreiche Aufstockung der Förderungen für Gebäudesanierung und die Abschaffung stromfressender Altelektronik sowie den Ausbau regenerativer Energien und den Neubau von Gaskraftwerken hat es hingegen bisher nicht gegeben. Ganz im Gegenteil, die Solarförderung soll sogar gesenkt werden. Wie Atomausstieg und Energiewende konkret aussehen sollen, ist daher immer noch unklar.

3.2 Ordnungspolitische Alternativen

Anstelle all dieser dirigistischer Maßnahmen sollte aus ordnungspolitischer Sicht eine Strategie der Marktöffnung, Entflechtung und Stärkung der Monopolaufsicht eingeführt werden. So hat bereits die Monopolkommission in ihrem Bericht „Strom und Gas 2009“ neue Vorschriften zur Transparenz des Börsengeschehens an der Leipziger Strombörse gefordert, ebenso wie die Einführung eines „systematischen Marktet Monitoring“ zur Aufdeckung von wettbewerbsbe-

---

[13] Zitiert nach Schwägerl (2011).

[14] Vgl. Landeszentrale für politische Bildung Baden Württemberg (o.J.).

schränkenden Verhaltens. Wichtig wäre ihrem Bericht zufolge zudem eine Vereinheitlichung der Netzregulierung durch Bundesnetzagentur und Landesnetzagenturen, eine Verstärkung der Fusionskontrolle im Stromsektor sowie eine verstärkte Entflechtung der Stromkonzerne, da die freiwilligen Verpflichtungszusagen in Missbrauchsverfahren der EU mangelhaft sind.[15]

Ordnungspolitisch muss eine Entflechtung der marktbeherrschenden Großkonzerne durch eine Trennung von Netz und Produktion begleitet werden.[16] Außerdem ist die Aufsicht über Strombörse konkret zu verbessern, indem ein Insiderhandelsverbot und ein Kapazitätsrückhaltungsverbot eingeführt werden. So könnte es zu einer effizienten Stromproduktion zu Marktpreisen kommen. Der Strom würde dann effizient über die Strombörse gehandelt, da keine Anreize zur Kapazitätszurückhaltung mehr vorliegen. Diese Effizienzgewinne könnten wiederum zum Klimaschutz genutzt werden.[17]

Ein weiterer wichtiger ordnungspolitischer Punkt ist zudem die Internalisierung negativer externer Effekte. Deutschland ist weltweit einer der größten Energieverbraucher, insbesondere durch schlecht gedämmte Immobilien.[18] Diesem kann durch kontinuierliche Emissionsrechte-Verknappung und eine Anhebung technischer Mindeststandards für entsprechende Produkte entgegengewirkt werden. Dann würden die steigende Energiepreise tatsächliche Anreize zum Energiesparen bieten. Teure Subventionen könnten vermieden werden. Doch auch alle Kosten der Atomenergie (z.B. für Endlager etc.) sind parallel auf die Betreiber derselben zu übertragen. Insbesondere wäre die schrittweise Einführung einer umfassenden Haftpflicht für alle Atomkraftwerke notwendig. Dies würde einen marktwirtschaftlichen Ausstieg aus der Atomenergie bewirken, bei dem die konkreten Pro-

---

[15] Vgl. Monopolkommission (2010), S. 19 – 22 und 31.

[16] Dies ist inzwischen durch den freiwilligen Verkauf ihrer Netze durch die vier großen deutschen Stromkonzerne erfolgt.

[17] Vgl. dazu auch Lüdemann (2011), S. 47.

[18] Vgl. Heizspiegel (2010).

duktionsleistungen und Sicherheitsrisiken der einzelnen Atomkraftwerke entscheidend wären, jedoch nicht ihr Alter in Jahren.

Zuletzt ist aus ordnungspolitischer Sicht ein Subventionsabbau zu fordern. Die Ethik-Kommission der Bundesregierung sieht: *„enorme technische, ökonomische und gesellschaftliche Chancen für die weitere Profilierung Deutschlands als Exportnation im Hinblick auf nachhaltige Produkte und Dienstleistungen“*[19]. Aber fördern wir mit EEG und KWKG die „richtigen“, wirklich zukunftsfähigen Technologien? Und, wird die Welt unsere Technologien tatsächlich in absehbarer Zeit nachfragen? All dies ist unsicher und kann die deutsche Industrie auf ein technologisches Abstellgleis befördern. Dadurch werden die Möglichkeiten heute noch unentdeckter technischer Lösungen der Energiefrage systematisch unterschätzt.[20] Deshalb ist stattdessen der Wettbewerb als Entdeckungsverfahren zu nutzen. Eine Preisentwicklung der Energieformen entsprechend ihrer Knappheit und eine breite Förderung der grundlegenden Energieforschung würden Investitionen in verschiedene neue Technologien (energieträgerneutral und technologieoffen) lenken und dadurch nicht nur die Versorgungssicherheit in Deutschland erhöhen, sondern auch die Wirtschaftlichkeit der Energieproduktion verbessern, die Wettbewerbsfähigkeit der deutschen Industrie erhöhen und gleichzeitig die Umweltbelastungen senken.

4. Fazit

Was auch immer wir tun werden, die Energiepreise werden steigen! Aber wie reagieren wir auf diese Entwicklung? Stärken wir die Souveränität der Konsumenten in Deutschland und fördern wir die Innovationstätigkeit unserer Industrie? Oder intervenieren wir weiter in die Energiemärkte hinein, subventionieren und dirigieren? Aus ordnungspolitischer Sicht können marktwirtschaftliche Strukturen die Kosten für die Energiewende zumindest minimieren. Deshalb sind offene Energiemärkte mit schneller und effizienter Reaktion auf Nachfrage-

[19] Zitiert nach Schwägerl (2011).
[20] Vgl. Monopolkommission (2010), S. 14.

änderungen notwendig, ebenso eine Verstetigung der Energiepolitik zur Planungs- und Investitionssicherung sowie eine weitere Europäisierung der Aufsicht und Deregulierung von Energiemärkten. Dann hätte die Energiewende in Deutschland auch diesen Namen verdient.

Literatur

Canty, Kevin; Lüdemann, Volker (2010) Strompreisbildung ohne Aufsicht, in: FAZ.net (vom 23.11.2010), online: www.faz.net/-01r0dk.

DIW [Deutsches Institut für Wirtschaftsforschung] (2007) Die Energiepolitik zwischen Wettbewerbsfähigkeit, Versorgungssicherheit und Nachhaltigkeit, in: DIW (Hrsg.): Vierteljahresheft zur Wirtschaftsforschung 76 (1).

Forum Ökologisch-Soziale Marktwirtschaft (Hrsg.) (2010) Staatliche Förderungen der Atomenergie im Zeitraum 1950 – 2010, Berlin.

Heizspiegel (2010) Vergleichswerte zu Heizenergieverbrauch, Heizkosten und CO2-Emissionen für das Abrechnungsjahr 2009, online: http://www.heizspiegel.de/fileadmin/heizspiegelkampagne/Flyer_BW HSP/BWHS_2010/Heizspiegel_Bundesweit _2010_web.pdf.

Institut der deutschen Wirtschaft (2008) Strommarkt: Liberalisierung läuft, online: http://www.iwkoeln.de/Publikationen-/iwd/ Archiv/tabid/122/articleid/22574/language/enUS/Default.aspx.

Jänsch, Janina; Vossler, Christian (2011) Eine Energiewende zum Nulltarif ist ein Hirngespinst, Institut für Wirtschaftspolitik (Hrsg.): Ordnungspolitischer Kommentar 05/2011.

Landeszentrale für politische Bildung Baden-Württemberg (o.J.) Die Energiewende, online: http://www.lpb-bw.de/energiewende.html.

Lüdemann, Volker (2011) Für eine bessere Aufsicht im Stromhandel, in: Orientierungen zur Wirtschafts- und Gesellschaftspolitik, Nr. 130 (Dez. 2012), S. 43 – 47.

Monopolkommission (2010) Strom und Gas 2009: Energiemärkte im Spannungsfeld von Politik und Wettbewerb, Sondergutachten 54, o.O.

Ockenfels, Axel (2007) Strombörse und Marktmacht, in: Energiewirtschaftliche Tagesfragen, 57. Jg., Heft 5, S. 44 – 58.

Reisel, Daniela (2007) Fundamentalistisch induzierte Krisen am Beispiel ausgewählter Fälle: Analyse, Prognose und Handlungsempfehlungen, Norderstedt.

Schwägerl, Christian (2011) Töpfer und Co. Wollen Atomausstieg bis 2021, in: Spiegelonline, online: www.spiegel.de.

Bernhard Seliger

Grünes Wachstum in Südkorea - Etikettenschwindel, Neo-Keynesianismus oder ein neues Paradigma der Ordnungspolitik?

1. Einführung

Südkorea hat in den letzten beiden Jahrzehnten eine doppelte Transformation der Wirtschaftsstruktur vollgezogen – vom „dreckigen" Schwellenland zu einem „sauberen" High-Tech-Land, und, in letzter Zeit, zu einem „grünen Wachstumsland". Dieses Schlagwort hat Südkorea vielleicht nicht erfunden, hat es aber sehr geschickt genutzt und zur offiziellen wirtschaftspolitischen Vision der Regierung von Präsident Lee Myung-Bak (2008-2013) gemacht. Am 15. August 2008, am 60. Jahrestag der Gründung der Republik Korea, verkündete Präsident Lee Myung-Bak eine neue Vision des nationalen Wachstumsmodells: „*Low Carbon Green Growth*" (LCGG). Die Grundlage des neuen Konzepts der Entwicklung „für die nächsten 60 Jahre" ist ein ökologisch orientiertes Wachstum, welches die Verwendung von Kohlenwasserstoffen reduziert. "Grünes Wachstum" – das ist ein neues Entwicklungsparadigma, das neue Wachstumsmotoren und Arbeitsplätze schaffen soll unter Verwendung "grüner" Technologien und sauberer Energie. Hintergrund der politisch mit viel Elan vorgebrachten Politik ist, daß bisher jeder demokratisch gewählte südkoreanische Präsident versucht hat, seiner relativ kurzen Präsidentschaft – es gibt keine Wiederwahlmöglichkeit – seinen Stempel aufzudrücken durch eine besondere Politik.[1]

Die erste große politische Vision, die Lee Myung-Bak im Wahlkampf hatte, war die des Baus eines „großen Kanals" von Seoul nach Busan,

---

[1] Im Fall von Kim Young-Sam (1993-1998) war dies die Politik der Globalisierung, im Fall Kim Dae-Jungs (1998-2003) die sogenannte „DJ-nomics" Politik der wirtschaftspolitischen Reformen nach der Asienkrise, im Fall Roh Moo-Hyuns (2003-2008) die Politik der „partizipativen Regierung". Letztlich läßt sich diese Art der Benennung von Präsidentschaften, die geradezu rituelle Züge hat, auf die Mottos zurückverfolgen, unter die früher die Könige ihre Regentschaft stellten.

die ebenfalls schon Züge von Wachstumspolitik und grüner Politik durch Umleitung des Verkehrs auf Wasserstraßen hatte. Sie wurde jedoch scharf kritisiert, für technisch unmöglich gehalten, und schließlich durch das ebenfalls umstrittene Programm des Ausbaus von vier großen Flüssen ersetzt, das Teils des Programms des grünes Wachstums war, jedoch in seinen Auswirkungen umstritten ist.[2] Zur Umsetzung der Vision vom grünen Wachstum wurden im Jahr 2009 die Presidential Commission on Green Growth gegründet, die einen Fünf-Jahres-Plan für die Umsetzung von grüner Wachstumsstrategie entwickelt hat. International feierte das Programm einen großen Erfolg. Es wurde zu einem Leitthema der OECD (Jones/Yoo 2011 und 2012), zu einem der wichtigsten Themen des G 20 Treffens von Seoul, sowie von den internationalen Entwicklungsbanken wie der ADB sowie der UNEP zu einem Leitmotiv für die Wachstumspolitik in Südostasien und weltweit gemacht (United Nations Environmental Program 2009, UN-ESCAP, ADB, UNEP 2012, Asian Development Bank 2012). Allerdings gibt es nicht nur viele Befürworter des Programms, sondern auch eine Opposition, die das „Grüne“ des Programms in Frage stellt. Dadurch gibt es heute eine Debatte über die ökologische Ernsthaftigkeit und ökonomische Sinnhaftigkeit des grünen Wachstums.

Im Folgenden soll untersucht werden, inwieweit grünes Wachstum tatsächlich als politische Innovation zu einer ökologischen Wende in der südkoreanischen Politik führen wird, oder ob es sich eher um Etikettenschwindel handelt. Der zweite Abschnitt beleuchtet dabei die Definition des grünen Wachstums. In Teil 3 wird eine ordnungspolitische Sichtweise der Umweltpolitik angewandt. Im vierten Abschnitt werden die konkreten Maßnahmen des grünen Wachstums in Korea diskutiert, gefolgt von einem Ausblick (5.).

---

[2] Kritiker werfen dem Programm nicht nur vor, durch die Flussbegradigungen ökologischen Schaden angerichtet zu haben. Insbesondere ein Bericht des Rechnungshofs sorgt für Zündstoff, da er dem Projekt mangelnde Wirtschaftlichkeit vorwirft, da Dämme mit großer Geschwindigkeit, aber sehr unsicher gebaut seien und große Wartungskosten entstehen würden.

2. Was ist Grünes Wachstum?

Wenn es auch keine klare Definition gibt, was „grünes Wachstum" eigentlich ist, so gibt es doch einen Konsens darüber, was es erreichen soll: grünes Wachstum soll hohe – und für sich entwickelnde Volkswirtschaft aufholende – Wachstumsraten bringen und dabei gleichzeitig den Ausstoß von CO_2 senken oder zumindest stoppen, grüne Industrien fördern und allgemein sicherstellen, daß die Ressourcen und Nutzungen der Natur, die für das Wachstum gebraucht werden, durch die Wachstumspolitik nicht zerstört werden.[3] Damit erinnern die Definitionen der grünen Wachstumspolitik an die Definition der Nachhaltigkeit durch die Brundtland Kommission. 1987 veröffentlichte die Brundtland Kommission (Weltkommission für Umwelt und Entwicklung) den Report „Unsere gemeinsame Zukunft", wo erstmals das Konzept der nachhaltigen Entwicklung formuliert und definiert wurde, was einen weltweiten Diskurs zur Folge hatte und die Aufmerksamkeit auf das Thema Nachhaltigkeit lenkte. Unter einer nachhaltigen Entwicklung versteht die Kommission eine Entwicklung, „die die Bedürfnisse der Gegenwart befriedigt, ohne zu riskieren, dass künftige Generationen ihre eigenen Bedürfnisse nicht befriedigen können." Letztlich ist grüne Wachstumspolitik also eine Zusammensetzung einer – zunächst nicht näher definierten – Wachstumspolitik mit dem Konzept der Nachhaltigkeit. Nachhaltigkeit im Sinne der Einhaltung des Verantwortungs- oder Haftungsprinzips kann aber auch als ordnungs-politische Tugend definiert werden. Andererseits kann es genauso gut im Sinne von Staatseingriffen sowohl zur Förderung einer bestimmten Industriestruktur (z.B. grüne Exportindustrien oder erneuerbare Energien) wie auch zur Erhöhung der Staatsausgaben aus makroökonomischen Gründen führen. Damit ist grünes Wachstum einer jener schwer definierbaren Begriffe, die Hayek als „Wieselwort" für die wissenschaftliche Debatte ablehnte. Tatsächlich aber ist dieses Schlagwort nun einmal zu einer Konstante der internationalen wirtschaftspolitischen Debatte geworden, eine Beschäftigung mit dem

[3] Zur Definition s. Bowen (2012). S. auch die Diskussion des Konzepts im politischen Diskurs bei Jacobs (2012).

Wort ist unumgänglich.

In der Version Südkoreas ist von einem Konzept des „*Low carbon, green growth*" die Rede, in der die ökologische Funktion sich nicht nur allgemein im Begriff „grün" widerspiegelt, sondern konkret auf geringe CO_2-Emissionen hinweist. Dies hat einen entscheidenden Unterschied zum europäischen Diskurs über „ökologische" Erneuerung der Wirtschaftspolitik: Ein zentrales Element dieser grünen Wachstumspolitik ist die Kernenergie, die Südkorea mit billiger Energie versorgt und gleichzeitig den CO_2-Ausstoß gering bleiben lässt, ohne den Energiehunger des Landes zu reduzieren. In der ursprünglichen Planung Südkoreas war ein Zuwachs von etwa einem Kernkraftwerk pro Jahr in der Zeit von 2010 bis 2020 geplant. Zwar sind die großen Ausbaupläne für die Kernenergie nach der Katastrophe von Fukushima zunächst auf Eis gelegt worden, aber über ein Drittel der verbrauchten Energie besteht aus Kernkraft und dieser Anteil wird wohl auf längere Sicht kaum reduziert werden können. Zwar gibt es ein moderates und bisher nicht sehr erfolgreiches Programm zum Ausbau erneuerbarer Energien, dieses führt jedoch in erster Linie zu einem relativen Rückgang fossiler Brennstoffe. Die Exporte der südkoreanischen Atomindustrie sind u.a. mit politischer Unterstützung der Regierung forciert worden. Kritiker sehen deshalb das grüne Wachstum sowohl im Inland wie auch im Ausland als nur bedingt gegeben an.

Die Grundidee des grünen Wachstums ist, dass Wachstum und klimatische und ökologische Nachhaltigkeit nicht nur vereinbare Ziele sind, sondern gegenseitig verstärkend für die Zukunft der Menschheit gemacht werden können. Grüne Wachstumspolitik im Sinne der von Südkorea entwickelten Konzeption, die dann auch z.B. von der ADB, UNDP und UNEP aufgegriffen wurde, bietet eine Reihe von Strategien an, die auf ein fortgesetztes Wirtschaftswachstum und ökologische Nachhaltigkeit gleichzeitig zugehen sollen. Das grüne Wachstum ist viel weiter gefasst als nur die Energie- oder Umweltpolitik. Grünes Wachstum soll ein neues Entwicklungsparadigma werden, das neue Motoren des wirtschaftlichen Wachstums und Arbeitsplätze schafft, gleichzeitig unter Einbezug der "grünen" Technologien und sauberer Energie. Es handelt sich um eine ausdrücklich technologiefreundliche und –nutzende Form der Wirtschaftspolitik (Popp 2012), wobei insbesondere der IT-Technologie eine wichtige Rolle zukomme (Mikoleit 2010). Diese ist z.B. eine Schlüsseltechnologie für die smarten Energienetze, die die Energieeffizienz steigern sollen. Gleichzeitig spielen auch moderne Umweltdienstleistungen eine wichtige Rolle bei der Umsetzung des Konzepts des grünen Wachstums (Vincent 2012); hier kommt es vor allem auf die Zuweisung klarer Eigentumsreche bzw. die Kosteninternalisierung bei der Preisfindung für die Dienstleistungen an.

Dadurch soll wirtschaftliches Wachstum mit Umweltverträglichkeit in Einklang gebracht werden und sogar die Armut bekämpft werden.[4] Wie bei vielen anderen langfristigen Visionen ist dabei nicht ganz klar, wie Zielkonflikte zwischen dieses Zielen gelöst werden können und vor allem, ob diese Politik für ein Land alleine oder für alle Länder gleichzeitig erfolgreich sein kann. Letzteres ist vor allem ein Problem der grünen Handelspolitik, insofern sie bestimmte „grüne" Exportindustrien stützen soll. Dieses Problem tritt z.B. stark in der deutschen Version der Energiewende auf, wo immer wieder auf die arbeitsplatzschaffende Wirkung von Subventionen für erneuerbare Energien hingewiesen wurde, die Deutschland zum Exporteur grüner Energien machen würde: weder sind diese auf ein Land alleine zu beziehen, sofern man sie nicht durch zusätzliche Handelsrestriktionen unterstützt, noch sind sie logisch möglich, wenn andere Länder eine ähnliche Politik durchführen.[5]

[4] Zur Armutsbekämpfung durch grünes Wachstum s. die Diskussion in Dercon (2012). Die Weltbank (World Bank 2012) spricht deshalb auch von inklusivem grünem Wachstum, was eine zusätzliche Dimension der Politik bedeutet.

[5] In Deutschland haben z.B. die Subventionen nach dem EEG maßgeblich zum Aufbau der Solarindustrie beigetragen – in China. Gleichzeitig führte das Problem des „*carbon leakage*", d.h. der befürchteten Abwanderung von energieintensiven Industrien in Länder mit geringerer Regulierungsdichte zum ersten grünen Handelskrieg, nämlich im Luftfahrtbereich. Zu den Wechselwirkungen von Handel und grünem Wachstum s. Copeland (2012) und de Melo (2012).

3. Grünes Wachstum – eine ordnungspolitische Sicht

Lange Zeit haben Ökonomen von den Umweltfaktoren vor allem und oft ausschließlich die Ressource Boden betrachtet. Später kam die Analyse externer Effekte hinzu, die dann das wichtigste Referenzmodell für die ökonomische Betrachtung der steigenden Umweltverschmutzung in der Mitte des letzten Jahrhunderts wurde. Eine neue Wende brachte die Debatte über Umwelt und Wachstum, die von der Publikation des Reports über „Grenzen des Wachstums" des Club of Rome ausging. Die Vorhersagen des Club of Rome erwiesen sich alle als irreführend. Dennoch kam es zu einer scharfen wachstumspolitischen Debatte zwischen Vertretern „neo-Malthusianischer" Ansätze, die prominent vom zeitweiligen Weltbankökonomen Herman Daly (1977) vertreten wurden, der für eine „*steady state economy*" plädierte. Auf der anderen Seite standen Wachstumsoptimisten, die wie Julian Simon (1981) auf die Substituierbarkeit von Ressourcen, auf unsere Unwissenheit bezüglich der vorhandenen Ressourcen sowie der von uns verwendeten Technologien hinwiesen.

Die ordnungspolitische Betrachtung der Umwelt als normative Theorie der Wirtschaftsordnung ging zunächst von den externen Effekten und ihrer Internalisierung, also von Umweltverschmutzung als wesentlichem Problem. Als Lösung dieses Problem bot sich die ordnungspolitische Rahmensetzung an, um die richtigen Preise zu erreichen, bei denen die externen sozialen Effekte internalisiert sind (getting *the prices right*). Coase (1960) wies nach, dass bei genügend definierten Eigentumsrechten die Anfangsverteilung an Ressourcen keine Rolle für das zu erreichende Gleichgewicht sei. Die Definition genügender Eigentumsrechte wurde dann zum Paradigma, um das Problem der Allmendegüter („*tragedy of the commons*") zu lösen (Hardin 1968). Die Frage, wie die Internalisierung externer Effekte am besten durchgesetzt werden kann, führte zur Debatte über Umweltauflagen vs. Steuern vs. der Schaffung von Märkten.

Aus ordnungspolitischer Sicht ist dabei zu beachten, dass die Interdependenz der Ordnungen Teillösungen, die auf Interventionen im Markt beruhen, nicht zuläßt. Ein schon erwähntes Beispiel sind Interventionen in der Industriestruktur im Bereich der erneuerbaren

Energien. Zwar ist es richtig, die Internalisierung externer Effekte durch „richtige" Preissetzung zu fördern. Aber erstens ist fraglich, inwiefern der Staat tatsächlich das Wissen hat, solche „richtigen" Preise zu berechnen. Nichts zeigt die Dominanz politischer Ziele gegenüber einer echten Internalisierungspolitik deutlicher als die Schaffung von Ausnahmebereichen bei energieintensiven Industrien und die politische Manipulation von Preisen anhand der Zahlungsbereitschaft der Bürger (Wähler) bei den schnell wachsenden Energiekosten in Deutschland im Jahr 2013. Zweitens führen Maßnahmen zur Veränderung der Energiestruktur schnell zu Folgeinterventionen, z.B. in der Handelspolitik oder in der Wettbewerbspolitik. Bei Wirtschaftsintegration ergibt sich das Zusatz-problem, dass diese Maßnahmen international – durch Koordination oder Harmonisierung – durchgesetzt werden müssen.

Die Interdependenz der Ordnungen innerhalb der Marktwirtschaft ist ein wichtiger Aspekt. Darüber hinaus kann sich die Industriestruktur nicht völlig von der Entwicklung des Gesellschaftssystems entwickeln, wie die Debatte über die Nuklearenergie in Deutschland deutlich gezeigt hat. Eine Auseinanderentwicklung vom wirtschaftlichen Entwicklungspfad und gesellschaftlichen Bewusstsein führt zu einer Akzeptanzlücke. Swaney (1987) spricht von der Notwendigkeit der Ko-Evolution von Wirtschaftsordnung und Gesellschaftsordnung oder kurz ko-evolutionärer Nachhaltigkeit.

Im Sinne der evolutorischen Ordnungspolitik ist auch zu beachten, dass Ordnungen nicht statisch sind, sondern selber in einem Ordnungswettbewerb stehen. Dies geht auf das schon erwähnte Informationsproblem sowie ex ante unbekannte Innovationen zurück. Der Ordnungswettbewerb selber bedarf wieder einer Wettbewerbsordnung, ein Feld, das u.a. in der konstitutionellen Ökonomik bearbeitet wird. Im Bereich der Umweltpolitik sind deshalb Lösungen, die bestimmte, heute als gut erkannte Technologien fördert und damit gegenüber anderen Technologien diskriminiert, problematisch. [6] Nachhaltigkeitspolitik wird dann schnell zur Industriepolitik für

---

[6] Zum Problem der statischen und dynamischen Effizienz von Umweltregulierungen s. Prosi (1989).

bestimmte Industrien. Das Offenhalten des Innovationsprozesses sowohl für technologische wie auch für institutionelle Neuerungen ist nicht einfach, wie man z.B. am Schicksal der CO_2-Märkte im Rahmen des Kyoto-Protokolls sehen kann. Einerseits ist ein Versuchsprozess unabdingbar – und, wie man am schwierigen Umfeld des Emissionshandels in Europa sehen kann, reicht dazu eine dreijährige Testphase nicht unbedingt aus. Andererseits ist die Schaffung langfristiger, stabiler Preisstrukturen, die zu substanziellen Investitionen in bestimmte, gewünschte Industrien führt, mit institutionellen und technologischen Neuerungen oft nicht vereinbar.

Die letzten erwähnten Punkte, ko-evolutionäre Nachhaltigkeit und Ordnungswettbewerb, weisen schon darauf hin, dass zur normativen Theorie der Umweltordnungspolitik unbedingt auch eine positive Theorie, nämlich die politische Ökonomie der Umweltpolitik, gehört. Drei Aspekte sollen hier näher beleuchtet werden: Erstens ist Umweltpolitik, wie oben schon im Zusammenhang mit Energiepreisen erwähnt, nicht unabhängig vom Wettbewerb um Wählerstimmen in Demokratien. Dies wird deutlich bei der Debatte um Kernenergie, deren gesellschaftliche Akzeptanz u.a. durch das NIMBY-Problem bei der Suche nach Zwischen- und Endlagern gelitten hat. Verstanden als Konsumgut, ist die Nachfrage nach einer intakten Umwelt (verstanden als eine schöne Landschaft und saubere Naturressourcen wie Wasser und Luft), einem superioren Gut, deutlich abhängig vom Einkommensniveau einer Gesellschaft. Dies wiederum erklärt die Dynamik z.B. internationaler Klimaverhandlungen oft besser als normative Ansätze. Es ist aber auch bedeutend für die Analyse nationaler Umweltpolitiken und damit ein wichtiger Erklärungsfaktor für die Nachfrage nach Umweltpolitik im Sinne der grünen Wachstumspolitik in Südkorea. Zweitens ist Umweltpolitik auch handelspolitisch relevant. Sie kann zum einem nichttarifären Handelshemmnis werden und als *„raising competitors` costs“* geradezu zu einer handelspolitischen Strategie, um unliebsame, weil billigere Konkurrenten auszuschalten. Im Sinn der neuen Handelstheorie kann sie auch Teil einer Politik der Rentenumleitung sein. Dies kommt deutlich im Argument der Entstehung von Exportarbeitsplätzen in grünen Technologien zum Ausdruck, die ein wichtiges Element der

Strategie des grünen Wachstums ist. Hier ergibt sich nun die Frage, inwieweit eine internationale Durchsetzung von Strategien grünen Wachstums zu Subventionswettläufen und möglicherweise „grünen Handelskriegen“ führen kann.[7]

Die oben erwähnten Ansätze der Umweltordnungspolitik sind schon mehrere Jahrzehnte alt. Die Theorie der externen Effekte geht auf Pigou (1932) zurück und wurde u.a. von Walter Eucken aufgegriffen. Der Zusammenhang von Eigentumsrechten und Umwelt wurde neben dem schon erwähnten Artikel von Coase (1960) besonders auch von Alchian und Demsetz (1973) behandelt. Die Theorie handelbarer Umweltrechte stammt von Dales (1968). Andererseits ist auch die normative, paternalistische Sicht auf Umwelt, wie sie z.B. in der „*needs vs. wants*“-Debatte zum Ausdruck kam, nicht neu. Doch die Nachfrage nach der grünen Wachstumspolitik ist ein international erst sehr junges Phänomen. Zwar gab es vor allem in den Industrieländern schon seit Jahrzehnten kleine Gruppen, die „ökologische“ Wirtschaftspolitik forderten, erst in jüngster Zeit aber konnten sie Mehrheiten gewinnen, sowohl im Wettbewerb um Wählerstimmen als auch international im Sinne des Erfolgs des Schlagworts der grünen Wachstumspolitik, wo sie vorher kaum eine Rolle spielten. Zwei Gründe werden für diese neue Sicht auf Umweltprobleme genannt: Erstens ist das das Argument, dass das Bevölkerungswachstum zu stärkeren Eingriffen zwinge. Dieses neo-malthusianische Argument ist allerdings nicht besonders überzeugend und auch nicht wirklich neu. Bereits die Weltwirtschaftskrise ab 2008 hat gezeigt, dass der Hunger nach Energie und Rohstoffen und damit die Preise auch weiterhin nicht unabhängig von konjunkturellen Phänomenen sind. Zweitens zeigt sich in jüngster Zeit, dass dieselben Vorhersagen vom Ende der natürlichen Ressourcen, die schon im Club of Rome – Report nicht zugetroffen haben, nun wieder deutlich am Beispiel der Entwicklung der Technologie des *shale gas fracking* in den USA, die zu einer starken Senkung der Energiepreise geführt hat und die die USA auf mittlere Frist voraussichtlich zum Energieexporteur machen wird, mit

---

[7] Dazu gibt es schon Beispiele wie den amerikanisch-brasilianischen Ethanol-Konflikt und chinesisch-amerikanische Konflikte; s. Karp und Stevenson (2012).

weltweiten geopolitischen und geoökonmischen Auswirkungen.

Die zweite Debatte, die auch nicht neu, doch wieder stärker aufgeflammt ist und die den Erfolg der grünen Wachstumspolitik mit erklären kann, ist die um die Beherrschbarkeit von Technologien. Dies wurde bereits in der Debatte um weltweite Epidemien wie BSE sowie der Debatte um den Klimawandel deutlich, am stärksten jedoch durch die Katastrophe von Fukushima. Dabei spielen die tatsächlichen Auswirkungen (im Sinne von ökonomischen und sozialen Kosten) weniger eine Rolle als die Perzeption der Bedrohungen und Katastrophen durch die Gesellschaft; die grüne Wachstumspolitik wäre demgemäß als eine Politik der nachhaltigen Ko-Evolution einer Gesellschaft zu verstehen, die Konsumwünsche und Angst vor bestimmten technologischen Entwicklungen miteinander verbindet. Damit wird das Konzept aber auch immer der Gefahr ausgesetzt sein, letztlich ein hohles Heilsversprechen zu sein.

4. Grünes Wachstum in Südkorea - Status, politische Ziele, ordnungspolitische Beurteilung

Die besondere Bedeutung der Umweltpolitik in Südkorea ist zunächst aus dem Zusammenwirken geographischer und wirtschaftshistorischer Faktoren verständlich. Mit einer Bevölkerungsdichte von 492 Einwohner pro km^2 gehört Südkorea zu den drei am dichtesten besiedelten Flächenstaaten. Dazu kommt eine starke Konzentration auf die Metropolregion Seoul. Fast 50% der Gesamtbevölkerung und Fahrzeuge befinden sich in dieser Region (Seoul, dessen Fläche nur 11,8% der Landfläche abdeckt, sowie die umgebende Gyeonggi-Provinz und die angrenzende Hafenstadt Incheon).[8] Außerdem durchlebte das Land eine Phase der unvergleichlich schnellen Industrialisierung und Urbanisierung. In wenigen Jahrzehnten, und mit Wachstumsraten, die von 1960 bis 1990 im Durchschnitt die

[8] Die starke urbane Konzentration erforderte auch einen besonderen Rahmen für die grüne Wachstumspolitik, wenn sie im Ziel, Emissionen zu senken, erfolgreich sein will; s. Kamal-Chaoui, L., et al. (2011). Zum Konzept der Low Carbon City am Beispiel der südkoreanischen Stadt Gangneung s. Kim (2010).

höchsten der Welt waren, katapulierte sich Südkorea von einem feudal geprägten Agrarstaat zu einer modernen Industrienation. Dies war einerseits mit dem starken Verbrauch an den knappen Umweltressourcen verbunden, vor allem an Boden. Andererseits führte das steigende Pro-Kopf-Einkommen und damit einhergehend die Änderung der Lebens- und Arbeitsbedingungen (wie die Einführung der Fünf-Tage-Woche) zu veränderten Konsumbedingungen, u.a. einer stärkeren Nachfrage an „sauberer" Natur als Konsumgut. Viele der großen Infrastrukturprojekte, die u.a. im Bereich der Reklamationen im Westmeergebiet zu einer Bedrohung für die Biodiversität in Korea geworden waren, wurden jetzt kritischer gesehen, ließen sich aber nicht mehr rückgängig machen.

Im Bereich der Energie ist Südkorea ist fast vollständig von Importen abhängig, nämlich im Jahr 2008, zu Beginn der Politik des grünen Wachstums, zu 97%, davon 83% von fossilen Brennstoffen. Der Energieimport hat in den vergangenen Jahrzehnten stark zugenommen. So sind die Ausgaben von 4,96 Mrd. USD im Jahr 2004 auf 14,15 Mrd. USD im Jahr 2008 gestiegen, was den Export von Auto-, Halbleiter- und Schiffbau (11,09 Mrd. USD) übertrifft. Die Energieintensität zwar ist in den vergangenen Jahren kontinuierlich gesunken, lag aber 2008 mit 0,335 toe/1.000 USD des BIP weiterhin deutlich über dem OECD Durchschnitt (0,187). Der CO_2-Ausstoß Südkoreas hat sich im Zuge des wirtschaftlichen Aufstiegs zwischen 1990 und 2005 fast verdoppelt. Nach den Angaben von 2005 lag Südkorea auf Platz 10 der größten CO_2-Emittenten im Kreis der OECD-Staaten.

Es gab also gute Gründe für den Aufstieg der Umweltpolitik inklusive einer grünen Energiepolitik zu einem Leitthema der Regierungspolitik. Andererseits war, nach dem frühen Scheitern autoritärer wie demokratischer Regierungen bis 1960 die Wachstumspolitik immer die ultima ratio des südkoreanischen Staats gewesen, nicht zuletzt auch im intensiven Systemwettbewerb mit dem feindlichen Bruder Nordkorea. Noch die Wahl des Präsidenten Lee Myung-Bak, eines früheren erfolgreichen Managers von Hyundai, war stark von seinem Versprechen beeinflusst, das Wachstum wieder zu erhöhen; angepeilt wurden sieben Prozent. Angesichts der kontinuierlich sinkenden potenziellen Wachstumsrate Südkoreas sowie der 2008 einsetzenden Wirtschaftskrise war dies zwar unrealistisch und wurde auch deutlich verfehlt. Dennoch wäre eine ökologische Politik ohne Wachstumsversprechen politisch nicht durchsetzbar gewesen. Insofern ist die Verbindung von beidem in Südkorea kongenial gewesen und führte zur schnellen Popularität des Konzepts. Dieses wurde nach der programmatischen Rede von Präsident Lee 2008 mit zwei Programmen, dem eher fiskalpolitisch ausgerichteten „New Green Deal" ab Januar 2009 sowie dem im Juli 2009 verabschiedeten Fünf-Jahres-Plan für grünes Wachstum operationalisiert, wozu als wichtigste Handlungsfelder der koreanischen grünen Wachstumsstrategie Politik in Bezug auf den Klimawandel, Energieeffizienz, erneuerbare Energien und Atomenergie aber auch in den Bereichen Transport, Städtebau, Treibstoffeffizienz usw. gehörte. Aufgrund dieser Ankündigungen wurde das Konzept dann internationalisiert, einerseits durch die Publikationen und Konferenzen internationaler Organisaitonen (z.B. UNEP 2010), andererseits auch durch eine gezielte Internationalisierungspolitik Südkoreas, vor allem im Zusammenhang mit dem G 20 Gipfel in Seoul und mit der Gründung des Global Green Growth Institute. Der Fünf-Jahresplan selber basiert dabei wieder, und nicht zufällig, auf dem Konzept der gelenkten Marktwirtschaft, wie sie in Südkorea in der Phase der aufholenden Industrialisierung, und, politisch gesehen, der Entwicklungsdiktatur vor 1987 typisch war. Fünf-Jahres-Pläne spielten unter Präsident Park Chung-Hee und seinen Nachfolgern eine entscheidende Rolle bei der Änderung der Industriestruktur, der Förderung des Aussenhandels (s.u.) und der Infrastrukturpolitik. Sie wurden aber graduell weniger wichtig und schließlich aufgegeben, aus zwei Gründen: Erstens wurde im Laufe der Zeit die Wirtschaftslenkung, die anfangs mit den wachsenden, und bei der Finanzierung – die in jedem Entwicklungsprozess einen entscheidenden Engpass darstellt – mit Hilfe günstiger, staatlich vergebener Kredite bevorzugten Chaebol (Mischkonzernen) sehr erfolgreich gewesen war, mit dem Wachstum der Chaebol und der gesamten Wirtschaft immer schwieriger. Insbesondere die Chaebol waren politisch nicht mehr so leicht zu lenken und konnten ihre Finanzierungsquellen diversifizieren. [9] Zweitens führte das zusehends wirtschaftlich erfolgreiche Südkorea zunehmend Liberalisierungsschritte durch, die teilweise aufgrund der Erkenntnis durchgeführt wurden, dass eine freiere Wirtschaft schneller wachsen kann, teilweise auch mit der politischen Liberalisierung und Demokratisierung zusammenhing, die dazu führte, dass das Ziel einer „Wirtschaftsdemokratie“ 1987 in die Verfassung geschrieben wurde. Schließlich hatte die Wirtschaftslenkung auch international stark an Ansehen verloren, vor allem nach dem Zusammenbruch der sozialistischen Zentralverwaltungswirtschaften, was im Zuge der Globalisierungspolitik unter dem ersten zivilen, demokratisch gewählten Präsidenten Kim Young-Sam (1993-1998) dazu führte, dass die staatliche Wirtschaftslenkung weitgehend abgeschafft wurde.

Der neue Fünf-Jahres-Plan für das grüne Wachstum war zumindest rhetorisch allerdings wieder stark an die Pläne der Vergangenheit angelehnt, wenn es natürlich auch inzwischen um eine ganz andere Art der Lenkung ging. Staatliche Ausgabenpolitik spielte in diesem Konzept eine wichtige Rolle. Natürlich muss dies auch im Zusammenhang mit der seit 2008 andauernden Wirtschaftskrise gesehen werden. Für eine Regierung, die angetreten war, um die Wachstumsraten anzuheben, war es notwendig, ein wachstums-freundliches Projekt zu haben. Dies war der sogenannte grüne New Deal oder grüne Stimulusplan, der international abgestimmt war und der zu einer starken Erhöhung der Ausgaben im Rahmen der Politik des Grünen Wachstums führte.[10] Im Rahmen des Fünf-Jahres-Plans wurden jedes Jahr bis zu zwei Prozent des Bruttoinlandsproduktes investiert, was

---

[9] Das wurde z.B. deutlich in den Anfang der 1990er Jahre gescheiterten Pläne zum Abbau von Überkapazitäten durch vom Staat vermittelte Fusionen, ein Mittel der Industriepolitik, das bis in die frühen 1980er Jahre noch funktioniert hatte.

[10] Weltweit wurden unter dem Label des grünen Stimulusplan etwa 500 Mrd. USD ausgegeben; s. Ladislaw und Goldberger (2010). Für eine Beurteilung der Aussichten, zur Belebung der Weltwirtschaft beizutragen, und der Risiken für die fiskalische Solidität s. Barbier (2010). S. auch die klare Bejahung dieser Frage bei Bowen et al. (2009). Edenhofer und Stern (2009) sprechen von Investitionen in Projekte mit „hohen sozialen Erträgen“. Die Identifizierung solcher Projekte bleibt aber politisch schwer möglich.

doppelt so viel ist, wie von der UNEP empfohlen wurde. Das Gesamtvolumen beträgt zwischen 83 und 97 Mrd. USD im Zeitraum vom 2009-2013. Die Regierung erwartet, dass die Umsetzung des grünen Wachstums zur Produktionssteigerung bis auf 141,7 Mrd USD führen wird.

Die Ausgabenpolitik des Fünf-Jahres-Plans wurde dabei in drei Gruppen unterteilt. Im Rahmen der ersten Gruppe sind 44,3 Mrd USD für Maßnahmen zur Bekämpfung des Klimawandels und zur Sicherstellung der Energieunabhängigkeit zugeordnet. 22,3 Mrd. USD werden zur Entwicklung von grünen Technologien und deren Anwendung in der Industrie eingesetzt. 21,7 Mrd USD wurden der Verbesserung des Lebensstandards und der Stärkung der internationalen Stellung Südkoreas (z.B. durch „*nation branding*") zugewiesen. Die Ergebnisse dieser Politik sind gemischt: Makroökonomisch gesehen hat Südkorea die schwere Wirtschafts- und Finanzkrise von 2008 und 2009 und die nachfolgende Phase der großen Unsicherheit in der Weltwirtschaft zwar nicht unbeschadet überstanden – die Wachstumsrate Südkoreas ist stark gesunken – aber andererseits ist Südkorea nicht in eine Rezession geraten, trotz seiner starken Abhängigkeit von internationalem Handel. Aber kann die Politik der Stimulierung wirklich grün genannt werden oder handelt es sich doch eher um neokeynesianisches *deficit spending*?

Kritiker sehen dies vor allem in der Bedeutung, die graue Industrien, insbesondere die Bauindustrie, im Rahmen der Stimulierungspolitik hatten. Die Bauindustrie ist in Südkorea traditionell eine der wichtigsten Stützen der heimischen Wirtschaftstätigkeit. Große Infrastrukturprojekte waren teilweise regionalpolitisch motiviert (beispielsweise der Ausbau auch unprofitabler regionaler Flughäfen), teilweise makroökonomisch, vor allem im Rahmen der Asienkrise von 1997 und 1998. Das Vier-Flüsse-Projekt ist das wichtigste Projekt im Rahmen des grünen Stimulus. Es wurde angepriesen als ein führendes Projekt von grünem Wachstum und als eine „neue konzeptionelle Hochwasserschutz-Politik, um auf den Klimawandel vorzubereiten." Allerdings ist das Projekt nichts anderes als ein großes Tiefbauprojekt, das natürliche Wasserströmungen durch den Bau von großen Dämmen schneidet. Umweltschützer befürchten, dass sich das Projekt lediglich als Fortsetzung der bisherigen Politik der Gewinnung neuen Landes entpuppt, bei dem dem Ökosystem irreparabler Schaden zugefügt werde. So wurden z.B. seit 2006 große Teile eines wertvollen Naturraums im Gelben Meer durch Eindeichungsmaßnahmen des Wattenmeeres bei Saemangeum zerstört. Die langfristigen Auswirkungen des Vier-Flüsse-Projekts sind noch nicht klar. Tatsächlich hat das Projekt wichtige Aspekte gehabt, wie verbesserten Hochwasserschutz und eine Nutzung der Flüsse als wichtiges und legitimes Konsumgut für die reicher gewordene Mittelklasse (wie z.B. durch die Anlage von Ökoparks und Fahrradwegen). Allerdings gibt es Befürchtungen wegen der Eindeichungen, die sowohl ökologisch umstritten sind, als auch möglicherweise ökonomisch, da sie nach einem Bericht des südkoreanischen Rechnungshofs unsolide gebaut sind.

Ein weiterer Kritikpunkt, der schon genannt wurde, war die Definition der Kernkraft als grüne Industrie, die sowohl als internationales Exportgut als auch als heimische unverzichtbare Alternative zu fossilen Brennstoffen gesehen wurde. Vor der Katastrophe von Fukushima waren 8 Atomkraftwerke im Bau und 11 in der Planung. Südkorea plante, den eigenen Strombedarf bis 2030 zu über 40 % aus nuklearer Energie decken. Im Moment sind es 23 %. Die Kritiker protestieren jedoch, dass Nuklearenergie keine saubere Energie sei, da es bisher keine Lösung für die Entsorgung des radioaktiven Abfalls gibt. Für Umweltorganisationen stellt der südkoreanische Weg ein Paradoxon dar. Zwar sind derzeit die Planungen für den Ausbau der Kernindustrie angehalten worden, aber zumindest das erreichte Niveau an Deckung des Energiebedarfs aus nuklearer Energie wird auf absehbare Zeit beibehalten. Dabei ist wichtig zu sehen, dass die grüne Wachstumspolitik auch keinen Widerspruch mit dem Ziel der Erhöhung der Versorgungssicherheit bei fossilen Brennstoffen darstellt. So reiste Präsident Lee Myung-Bak im März 2011 in die Vereinigten Arabischen Emirate, wo er zunächst den „Zayed Prize for Global Environmental Leadership“ entgegennahm und dann einen Öllieferungsvertrag im Umfang von 110 Billiarden Won (101 Mrd. USD) abschloss (s. Kosch O’Donnell, 2011).

Schließlich kam es auch zur Kritik am ureigensten Konzept der *low carbon, green growth* Politik, nämlich dem Emissionsziel Südkoreas. Obwohl Südkorea sich unter der Lee Myung-Bak Regierung sehr aktiv in internationalen Klimaverhandlungen gezeigt hatte, wie dem COP 15 Gipfel in Kopenhagen, wurde doch die bisherige Ausnahmestellung Südkoreas, das sich nicht den Industriestaaten zurechnete, verteidigt und das Klimaziel sehr moderat gestaltet, eine Strategie, die Südkorea durchaus nicht alleine genutzt hat, sondern auch andere Staaten. Die südkoreanische Regierung kündigte das mittelfristige Treibhausgas-Reduktionsziel bei 4% unter dem Niveau von 2005 (30 % von BAU bis 2020) an. Kritiker sehen das 4%-Reduktionsziel als enttäuschend und entspricht nicht seiner historischen Verantwortung Südkoreas für den Klimawandel. Sie sehen insbesondere die Projektion der BAU (Normalemissionen) als übertrieben an, um im Sinne der aus der Zentralverwaltungswirtschaft wohlbekannten „weichen Pläne“ ein einfacheres Klimaziel zu bekommen.

Um das Klimaziel zu erreichen, wurden verschiedene Wege erprobt. Eines ist dabei der auch in Europa relativ neu eingeführte Emissionshandel, um eine effiziente Form der Vermeidung von Emissionen durch Marktmechanismen zu erreichen. Das südkoreanische Parlament beschloss im Jahr 2012 den Emissionshandel von 500 Firmen ab 2015. In Asien sind bisher nur Australien und Neuseeland schon so weit. Diese Einführung internationaler Innovationen im Rahmen der grünen Wachstumspolitik ist typisch und auch prinzipiell als positiv zu bewerten. Schwieriger ist es, wie auch der Fall des Emissionshandels in Europa zeigt, einen funktionierenden Markt zu schaffen, ohne gleichzeitig die Industrie, vor allem die energieintensive Industrie, zu schädigen. Wegen niedriger Energiepreise im industriellen Bereich hat sich die südkoreanische Wirtschaft als ein Land ohne eigene Energie-ressourcen stark auf energieintensive Industrien spezialisiert und ist z.B. weltweit führend in Petrochemie. Diese Stellung würde durch zu effektiven Emissionshandel geschädigt; ein zu laxer Emissionshandel durch die freie Vergabe von Rechten wäre ökologisch nicht wünschenswert.

Ein weiteres politisches Instrument ist die freiwillige Selbstverpflichtung der 30 größten Unternehmen, bis 2013 insgesamt 15

Milliarden Euro in Umwelttechnologien zu investieren. Doch einige Beobachter kritisieren Südkoreas Vorpreschen als „Mogelpackung", weil die Politik zuerst die „Wirtschaft" betont und danach erst „grün". So fließt mehr als ein Drittel der „grünen" Investitionen in die CO_2-freie Atomkraft. Die bisherige Bilanz der Investitionen ist bescheiden und verfehlt vor allem im Bereich der erneuerbaren Energien deutlich das eigentlich vorgesehene Ziel. Schließlich wurde auch an der Form der Implementierung der Umweltpolitik im Rahmen des grünen Wachstumsplans Kritik geübt, weil sie nicht-partizipativ und hierarchisch, von oben nach unten durchgesetzt wurde. Dies war nicht nur als Kritik an der Form, sondern auch am Inhalt der Politik gedacht, da so oft das lokale Wissen zur effektiven Umweltpolitik nicht genützt wurde.

Eines der wichtigsten Ziele der grünen Wachstumspolitik war es, die grünen Exportindustrien als Substitute zu früheren energieintensiven Industrien aufzubauen. Dies Ziel ist einerseits stark an der bisherigen Erfahrung der südkoreanischen Wirtschaftsentwicklung orientiert, andererseits ein sehr wichtiges Ziel, da, wie gesagt, die bisherige Energiepreispolitik die Ansiedlung energieintensiver Industrien begünstigte. Dieses Ziel ist Teil eines immer noch stark vorhandenen paternalistischen Wirtschaftsverständnisses in Südkorea, wo der Staat von 1962 bis Mitte der 1990er Jahre regelmäßige Fünf-Jahres-Pläne für die wirtschaftliche Entwicklung durchführte, die auf Theorien eines quantitativen Wachstumsparadigmas basierten. Nach dem Koreakrieg war Südkorea zunächst für sein Überleben auf ausländische Hilfslieferungen angewiesen. Versuche, durch Importsubstitution leistungsfähige Exportindustrien zu kreieren, scheiterten, solange sie unspezifisch blieben und lediglich die Märkte gegen ausländische Waren abschirmten. Dies änderte sich mit der Einführung der Politik der Exportförderung durch selektive Liberalisierung von Märkten für Rohmaterialien und Vorprodukte, plus selektive finanzielle Anreize für Exportfirmen. Graduell änderte sich die Exportstruktur von Produkten des Primärsektors (eines der wichtig frühen Exportgüter waren z.B. Perücken) hin zu Gütern der Haushaltseletronik und Stahlindustrie und später Autos, Schiffen und IT-Produkten, darunter den auf allen Weltmärkten starken Handys.

Gleichzeitig nahm der Außenhandel stark zu und wurde graduell liberalisiert, sowohl durch Aufgabe von Importrestriktionen und Investitionshemmnissen im Rahmen der multilateralen Welthandelsrunden, also auch im Rahmen einer in der letzten Dekade aktiven Politik der bilateralen Freihandelsabkommen, mit dem Höhepunkt des Abschlusses von zwei Freihandelsabkommen mit der Europäischen Union und den USA (2011 und 2012 in Kraft getreten).

Bereits heute spielt Korea eine wichtige Rolle als Anbieter und Exporteur von grünen Technologien, vor allem im Bereich von Solar- und Windenergie, bei Hybrid- und Elektroautos sowie bei von vielen als Antithese der grünen Industrien betrachteten, aber emissionssenkenden Atomenergie.Nach dem Erfolg des Verkaufs von bis zu vier Atomkraftwerken ins Ausland (in die Vereinigten Arabischen Emirate) sowie eines Forschungsreaktors (nach Jordanien) will Südkorea in den kommenden Jahren unter die Top 3 der Atomkraftwerksexportnationen aufsteigen. Die Atomkraft soll zum vierten Standbein des Landes ausgebaut werden, nach der Auto-, Halbleiter- und Schiffbauindustrie. Deswegen bauen die Südkoreaner ihren Atomsektor aus. Ihr bisher größtes Exportprojekt ist die Lieferung von vier Reaktoren in die Vereinigten Arabischen Emirate. Weitere Länder, wie Türkei, Vietnam und Indonesien, stehen ebenfalls auf der Liste für mögliche Reaktorexporte. Aber auch bei Industrien, die weniger stark umstritten sind, wie z.B. erneuerbaren Energien, ist Südkorea zu einem wichtigen Anbieter geworden. Zum Zweck der Förderung von F&E und Investitionen wurden 27 grüne „Kerntechnologien" als förderungswürdig definiert, u.a. in den Bereichen Klimawandel, Energieressourcen und Energieeffizienz, darunter auch die Kernenergie. Die theoretische Basis für die Förderung solcher Industrien ist das *rent shifting*, die Umleitung von Oligopolrenten zur eigenen Industrie. Dies ist jedoch nicht nur theoretisch umstritten, weil es von sehr hohen und oft nicht gegebenen Informations-voraussetzungen für die politischen Entscheider ausgeht, sondern auch praktisch für Südkorea nicht einfach, angesichts der starken Konkurrenz von Japan, das immer noch technologisch führend ist, und China, das immer schneller neue Technologien adaptiert und inzwischen, nicht zuletzt dank des deutschen Marktes, zu einem der größten Anbieter von

Anlagen im Bereich der erneuerbaren Energien geworden ist. Nicht unwichtig sind dabei potenzielle Renten, die sich für *first mover* durch die Setzung eigener Maßstäbe bei der Standardisierung ergeben können.

Ein wichtiges politisches Instrument zur Förderung der grünen Exportindustrien und der internationalen Verankerung der Politik des grünen Wachstums überhaupt war die internationale „grüne Diplomatie" Südkoreas unter der Lee Myung-Bak Regierung. Wichtigstes Element war die auf dem COP 15 Gipfel in Kopenhagen angekündigte Gründung des Global Green Growth Institute (GGGI), das nach seiner Gründung 2010 durch bilaterale Verträge internationalisiert wurde und u.a. in Abu Dhabi und Kopenhagen Zweigstellen eröffnete und schließlich im Jahr 2012, und damit in Rekordzeit, den Status einer internationalen Organisation bekam. Das GGGI unterstützt seit seiner Gründung andere Länder bei der Formulierung ihrer eigenen Programme für die Entwicklung der grünen Wirtschaft. Die Hauptaufgabe der Organisation ist die Verbreitung der neuen Strategie der wirtschaftlichen Entwicklung in Entwicklungsländern ohne Zerstörung der Umwelt. Im Juni 2012 fanden auf dem Rio+20 Gipfel die Programme, vorgestellt vom GGGI, eine breite Unterstützung (United Nations Conference on Sustainable Development 2010; Vedeld 2011). Auf dem Gipfel erhielt das GGGI den Status einer internationalen Organisation. Am 18. Oktober 2012 wurde das Gründungsdokument für das GGGI in Kraft gesetzt. Nirgends zeigt sich deutlicher die Politisierung der grünen Wachstumspolitik, andererseits aber auch die ökonomische Ausrichtung der Diplomatie Südkoreas. Gleichzeitig konnte so Südkorea, das schon durch seine Dominanz im Bereich bestimmter Elektronik- und IT-Produkte für weltweite Konsumenten den Status des modernen Hochtechnologiestaats innehat, auch sein Image als umweltbewußter Staat stark verbessern. Damit konnte Südkorea seinen Status als *„free rider"* in der internationalen Umweltpolitik, den es vor COP 15 noch durch seine Klassifizierung als umweltpolitisches Entwicklungsland ohne eigene Reduktionsverpflichtungen hatte, endgültig abstreifen. Dazu trug auch eine aktive Reisediplomatie und der Abschluss von Abkommen zur Erzeugung sauberer Energie mit Industriestaaten wie auch Entwicklungsländern bei.[11]

5. LCGG in Südkorea: Erfolge, Desiderata und die Frage der Zukunft der Politik des grünen Wachstums

Die Diskussion des grünen Wachstumspolitik in Südkorea hat gezeigt, dass es sich um eine Mischung aus politischer Strategie zur Umetikettierung einer unpopulären Ausgabenpolitik (vom „Großen Kanal“ zu den „vier Flüssen“) handelt, um keynesianische Ausgabenpolitik, paternalistische Wirtschaftslenkung und Industriepolitik, aber auch, zumindest zum Teil als Wirtschaftsordnungspolitik im Sinne der Internalisierung externer Effekte, beispielsweise bei der Einführung des Emissionshandels. Nicht zuletzt hat Südkorea auch explizit und implizit politische Ziele mit der grünen Wachstumspolitik verfolgt. Mit der Ausrichtung der heimischen Wirtschaft auf das neue Konzept hofft Korea, eine globale Führungsrolle übernehmen zu können. Die Republik demonstriert über seine Politik auf nationaler Ebene Engagement und Fühtung durch die Förderung globaler Anstrengungen zur Erreichung einer grünen Wirtschaft und hat damit z.B. in Südostasien seine wirtschaftliche Rolle kontinuierlich ausgebaut.

Natürlich sollten die originär ökologischen Ziele der Politik Südkoreas nicht vergessen werden. Zu den wichtigsten Ziele bei den grünen Indikatoren, die die koreanische Regierung von 2009 bis 2020 anstrebt, gehört z.B. die Reduktion der Energieintensität von 0,317 auf 0,233, zweitens, die Vergrösserung des Anteils von umweltfreundlichen landwirtschaftlichen Produkten zu vergrößern von 4,5% auf 18% und drittens die Erhöhung nationaler Waldressourcen von 862 auf 1,087 Millionen m^3 Biomasse. Im Vergleich mit 2007 sind die Kennzahlen im Bereich der grünen Industrien, Lebensqualität und globaler Führung 2012 gestiegen.

---

[11] Alleine Anfang 2010 wurden auf Initiative des südkoreanischen Präsidenten Verträge mit den Niederlanden, Portugal, Vietnam und Bangladesh sowie Sri Lanka abgeschlossen und weitere Gespräche mit Pakistan, Guyana und den Malediven geführt; s. Kosch O'Donnell (2010).

Zu einer grünen Wirtschaftsordnungspolitik im eigentlichen Sinne wird die Politik des grünen Wachstums dadurch allerdings noch nicht. Zu den normativ dringend geboten erscheinenden Maßnahmen zählt die transparente Gestaltung der Klimaziele, nicht nur im Sinne der Glaubwürdigkeit, sondern auch der Effektivität des geplanten Emissionshandels und die konsequente Preispolitik bei den Energiepreisen sowie anderen Ressourcenpreisen, z.B. beim Wasser, sowohl im Bereich der Industrie wie auch der Verbraucher. Damit könnte eine bessere Internalisierung externer Umwelteffekte erreicht werden und gleichzeitig würden F&E und Investitionen auch ohne staatliche Lenkung in eine grünere Richtung tendieren.

Viel wichtiger ist aber die Frage, ob die grüne Wachstumspolitik mehr war als nur ein Slogan einer Regierungszeit. Die politischen Mottos früherer südkoreanischer Präsidenten sind sang- und klanglos verschwunden und im Präsidentschaftswahlkampf in Südkorea war 2012 das Thema des grünen Wachstums komplett ausgespart (Korea Times 2012). Die geringe Popularität des Präsidenten Lee Myung-Bak gegen Ende seiner Amtszeit, nicht untypisch für die südkoreanische Präsidialdemokratie seit 1987, führte zu einer Distanzierung aller Kandidaten von seiner Politik. Es ist also unwahrscheinlich, dass grünes Wachstum unter dieser Bezeichnung weiterhin ein offizielles Politikziel bleibt. Andererseits ist die grüne Wachstumspolitik nicht alleine eine südkoreanische Politik, sondern stark internationalisiert. Und auch national wird die „Vergrünung“ der Politik in Südkorea nicht einfach aufgehoben, wenn auch andere Ziele, wie derzeit das Problem der Ungleichheit, mehr diskutiert werden. Ob grünes Wachstum also erfolgreich als neues Politikziel, möglicherweise sogar als neues Paradigma der Wirtschaftspolitik überleben wird, hängt davon ab, wie erfolgreich auch international grünes Wachstumspolitiken sind und wie stark umweltpolitische Ziele weiterhin die nationale Politikgestaltung beeinflussen, z.B. in der Politik zum Klimawandel. Der Erfolg der Politik wiederum muss langfristig sein, damit in der internationalen Politik nicht nur grüne Wachstumspolitik als Eintagsfliege oder eines neben vielen anderen mehr oder weniger gescheiterten Schlagworten der Entwicklungs-politik enden wird. Dies wiederum ist eng mit der gewählten Ausrichtung der grünen Wachstumspolitik verbunden: wird sie zuerst eine Politik der Staatsausgaben in mehr oder weniger umweltrelevante Projekte sein, wird sie eine Politik der Rentenumlenkung bei grünen Technologien mit der Gefahr von Subventionswettläufen und grünen Handels-kriegen, oder wird es doch eher um grüne Wirtschaftsordnungspolitik gehen? Nur im letzten Fall hat das Konzept vom grünen Wachstum Aussichten, ein synonym für nachhaltige Wirtschaftspolitik zu werden, als das es eigentlich gedacht ist.

Bibliographie

Alchian, Armen A. - Harold Demsetz (1973). "The Property Rights Paradigm," *Journal of Economic History*, Vol. 33, S. 16-27.

Asian Development Bank (2012). "Going green, Why is Asia Moving Toward a Green Model of Economic Growth," *Development Asia*, January-March, Internet file: http://www.adb.org/sites/default/files/ devasia12.pdf (accessed January 15, 2013).

Barbier, Edward B. (2010),"Green Stimulus, Green Recovery and Global Imbalances," World Economics, Vol. 11, no. 2, S. 149-177.

Bowen, Alex (2012). 'Green'Growth: What Does it Mean?," Environmental Scientist, December, S. 7-11. Im Internet: http://www2.lse.ac.uk/GranthamInstitute/publications/researcharticles/Docs /green-growth-environmental-scientist-dec12.pdf (Zugriff am 15. Januar 2013).

Bowen, Alex; Fankhauser, Sam; Stern, Nicholas; Zenghelis, Dimitri (2009). *An outline of the case for a 'green' stimulus*, Policy Brief, Centre for Climate Change, Im Internet: http://eprints.lse.ac.uk/24345/1/An_outline_of_the_case_for_a_green_stimulus.pdf (Zugriff am 15. Januar 2013).

Coase, Ronald H. (1960). "The Problem of Social Cost," *Journal of Law and Economics*. Vol. 3, no. 1, S. 1–44.

Copeland, Brian R. (2012). *International Trade and Green Growth*, World Bank Policy Research Working Paper no. 6235, Washington, D.C.: World Bank.

Dales, John H. (1968). *Pollution, Property and Prices*, Toronto: University of Toronto Press.

Daly, Herman (1977). *Steady-State Economics* , Washington, D.C.: Island Press.

De Melo, Jaime (2012). Trade in a 'Green Growth' Development Strategy Global Scale Issues and Challenges, World Bank Policy Research Working Paper no. 6236, Washington, D.C.: World Bank.

Dercon, Stefan (2012). Is Green Growth Good for the Poor?, World

Bank Policy Research Working Paper no. 6231, Washington, D.C.: World Bank.

Edenhofer,Ottmar - Stern, Lord Nicholas (2009). Towards a Global Green Recovery, Recommendations for Immediate G20 Action, Report submitted to the G20 London Summit Im Internet: http://www.pik-potsdam.de/members/edenh/publications-1/global-green-recovery_pik_lse (Zugriff am 15. Januar 2013).

Hardin, Garrett (1968). „The Tragedy of the Commons,“ *Science,* Vol. 162, no. 3859, S. 1243-1248.

Jacobs, Michael (2012). *Green Growth: Economic Theory and Political Discourse*, Centre for Climate Change Economics and Policy Working Paper No. 108, im Internet:http://www.cccep.ac.uk /Publications/Working-papers/Papers/100-109/WP108-green-growth-economic-theory-political-discourse.pdf (Zugriff am 15. Januar 2013).

Jones, Randall S.- Byungseo Yoo (2012). *Achieving the "Low Carbon, Green Growth" Vision in Korea*, OECD Economics Department Working Papers, No. 964, Paris: OECD.

Jones, Randall S. - Byungseo Yoo (2011). *Korea's Green Growth Strategy: Mitigating Climate Change and Developing New Growth Engines*, OECD Economics Department Working Papers, No. 798, Paris: OECD.

Kamal-Chaoui, L., et al. (2011). *The Implementation of the Korean Green Growth Strategy in Urban Areas*, OECD Regional Development Working Papers 2011/02, Paris: OECD.

Karp, Larry und Stevenson, Megan (2012). Green Industrial Policy: Trade and Theory, World Bank Policy Research Working Paper 6238, Washington, D.C.: World Bank.

Kosch O'Donnell, Jill (2011). *ROK Green Growth Quarterly Update: January-March 2011*, Center for U.S.-Korea Policy. Im Internet: http://asiafoundation.org/resources/pdfs/ODonnellGGApril2011.pdf (Zugriff am 15. Januar 2013).

Kosch O'Donnell, Jill (2010). *ROK Green Growth Quarterly Update: April-June 2010*, Center for U.S.-Korea Policy. Im Internet:

http://www.asiafoundation.org/resources/pdfs/GreenGrowthQuarterlyJuly20101.pdf (Zugriff am 15. Januar 2013).

Kim, Kwi-Gon (2010). Urban Development Model for the Low-Carbon Green City: The Case of Gangneung, Seoul: Seoul National University, Im Internet: http://www.weitz-center.org/uploads /1/7/0/8/1708801 /urban_ development_model_kwi_gon_kim.pdf (Zugriff am 15. Januar 2013).

Korea Times (2012). „Green growth shunned as election issue," *Korea Times*, 14. Dezember 2012, im Internet: http://www.koreatimes.co. kr/www/news/nation/2013/01/180_ 126936.html (Zugriff am 15. Januar 2013).

Ladislaw, Sarah O. und Goldberger, Nitzan (2010). Assessing the Global Green Stimulus, Washington, D.C.: Center for Strategic and International Studies, Washington. Im Internet: http://csis.org/files/ publication/010216_Ladislaw_GlobalGreenStimulus_0.pdf (Zugriff am 15. Januar 2013).

Mickoleit, Arthur (2010). *Greener and Smarter ICTs, the Environment and Climate Change*, OECD Green Growth Papers no. 1/2010, Paris: OECD.

Pigou, A.C. (1932). *The Economics of Welfare*, 4. Auflage, London: Macmillan.

Popp, David (2012). *The Role of Technological Change in Green Growth*, World Bank Policy Research Working Paper no. 6239, Washington, D.C.: World Bank.

Prosi, Gerhard (1989). "Statische und dynamische Effizienz der Umweltpolitik," in: *Bayerisches Landwirtschaftliches Jahrbuch*, Vol. 66, no. 3, S. 259-272.

Simon, Julian (1981). *The Ultimate Resource*, Princeton: Princeton University Press.

Swaney, James A. (1987). „Elements of a Neoinstitutional Environmental Economics," *Journal of Economic Issues*, Vol. 21, S. 1739-1799.

UN-ESCAP, ADB, UNEP (2012) *Green Growth, Resources and Resilience: Environmental Sustainability in Asia and the Pacific*. Im Internet: http://www.unescap.org/esd/environment/flagpubs/ggrap/documents/Full-Report.pdf (Zugriff am 15. Januar 2013).

United Nations Conference on Sustainable Development (2010). *Proposal of the Republic of Korea on the Rio +20 Outcome Document*, Ohne Ort: UNCSD. Im Internet: http://uncsd2012.org/content/documents/ 643ROK.pdf (Zugriff am 15. Januar 2013).

United Nations Environment Programme (2009). Overview of the Republic of Korea's Green Growth, National Vision, Geneva: UNEP. Im Internet: http://www.greengrowth.go.kr/?p=42533 (Zugriff am 15. Januar 2013).

Vedeld, Tron (2011). *Grønn økonomi og Rio+20."Business-as-usual"eller nytt paradigme?*, Oslo: Norsk institutt for by- og regionforskning, im Internet: http://www.nibr.no/filer/2011-118.pdf (Zugriff am 15. Januar 2013).

Vincent, Jeffrey R (2012). *Ecosystem Services and Green Growth*, World Bank Policy Research Working Paper no. 6233, Washington, D.C.: World Bank.

World Bank (2012). *Inclusive Green Growth: The Pathway to Sustainable Development*, Washington D.C.: World Bank.

Joost Platje

Institutional Change for Creating Capacity and Capability for Sustainable Development – a Club Good Perspective

Introduction

Although the socio-economic development of many nations during the last two centuries has been very impressive, there are many issues questioning the sustainability of this development. Questions have been raised whether increased consumption will lead to increased happiness, or whether people will become more dependent on growth (Galbraith, 1958). While the so-called consumption society may lead to questionable results for social welfare, the increased use of natural resource and problems of waste, pollution, lack of regeneration of renewable resources and too slow progress in finding substitutes for non-renewable resources pose increasing threats for environmental sustainability (Boulding, 1966; Rao, 2000). These issues are slowly being recognized. However, there still seems to be emphasis on the importance of fundaments of economic growth, while the limits to growth (Meadows et al., 1972) are hardly questioned. Even when these limits to growth are recognized, the techno-centric paradigm seems to prevail (Gladwin et al., 1995). This paradigm, putting it simply, assumes that people seem to believe that economic growth and technological development will solve environmental and social problems. At such a moment, focus remains on growth, while neglecting the type of growth and the necessity for improving different aspects of the quality of life. Aristotle (1995 (330BC)) already argued that possessing material goods is more likely to be considered the fundament of a good life. Spiritual development, while possibly significantly contributing to the quality of life and reducing resource intensity of production, is likely to remain the domain of a limited group. It may be that spiritual development is a kind of luxury good, which may be appreciated when basic needs are fulfilled (compare Maslov, 1943). In such a situation, the paradox may appear that investment in and effort for reducing resource intensity of production are determined by the level of production, and becomes more important when environmental problems and overuse of natural resources become more visible.

The focus in this article is on the need for institutional change for entering a path of more sustainable (or, less unsustainable) development in the context of the seemingly infinite need for increased production and welfare. Arguments will be provided that the New Institutional Economics (NIE) may be useful in creating a theory of institutional change, strengthening society's capacity and capability for sustainable development (SD). However, without changing paradigms (worldviews) that growth is necessary and, in combination with technological advance, a mean to solve social and environmental problems, there are incredible challenges in entering a path of SD. First, some conditions for NIE to become a theory on society's capacity and capability for SD will be discussed in the context of its current focus on economic and environmental issues. Then, the notion of institutional capital will be developed and some of its determinant presented (value in the public domain, institutional strength, good governance, an institutional equilibrium). The level of transaction costs and assignment of property rights seem to be crucial for the process of institutional change. Finally, it will be argued that with the current technocentric paradigm, when technological advance is too slow, there exists a danger that SD will become, at most, a kind of club good.

2. NIE and the paradigm of growth

It may be that the current paradigm or worldview in economic sciences is not fit for becoming a science supporting the aims of SD (Fiedor, 2006). Mainstream economics seems to focus on the importance of increase in production and creation of employment for increasing the quality of life. The paradigm that growth is good and necessary is hardly questioned. While NIE questions some basic assumptions of neo-classical economics, such as complete rationality[1] and the neutral-

[1] NIE questions the rationality principle of Neo-Classical Economics by using the concept of bounded rationality (Simon, 1957). This concept means that people take rational decisions under the conditions of limited time and lack of and

ity of institutions (Furubotn and Richter, 1997), the importance of growth (North, 1981, 1990) and efficiency in production and exchange (Williamson, 1985, 1998) remains unchallenged. It focuses on the importance of property rights (e.g., who owns and is responsible for what) for incentives for as well as the hampering influence of high transaction costs on economic activity (see Eggertsson, 1990; Furubotn and Richter, 1997). Little focus is on issues of sustainability of resource use, as well as issues of inequality and equity. However, a basis for including environmental external costs in an institutional theory of SD can be found in Ronald Coase's (1960) analysis of the importance of well-defined property rights and low transaction costs for internalizing negative externalities. The work of authors such as Sen (1999) and De Soto (2000) may be useful to include social issues in institutional analysis of SD.

While NIE focuses on the importance of transaction costs and property rights for economic activity, it seems that the so-called techno-centric paradigm, which can be found in mainstream economic theory (in particular neo-classical economics), is not really questioned. The techno-centric paradigm (Gladwin et al., 1995) assumes that economic growth and technological change solve problems of poverty and environmental pollution. Of course, it can be argued, following the Coase Theorem, that well assigned and enforced private property rights not only stimulate economic performance, but also makes the owners responsible for causing negative environmental externalities, while new technologies and more resources create opportunities for abatement of existing pollution and finding new energy resources when non-renewable ones are used up. However, very specific conditions should be fulfilled. While the right to pollute exists (e.g., tradable emission permits), this right should not exceed the absorption and carrying capacity of ecosystems. As will be discussed later on, the establishment of such rights, in case of too slow technological development, may

asymmetric information. As a consequence, outcomes of decisions may be sub-optimal from the theoretical point of view when possessing complete information, as assumed in Neo-Classical Economics. However, under the mentioned conditions, peoples' aims are still rational.

negatively influence the opportunities for economic activity for those not having these rights.

Another issue is the so-called trickle-down effect[2] (see Todaro, 1997). It seems that distributional issues are not of main interest for many New Institutional Economists (but see, e.g., De Soto, 2000). One may get the impression that it is implicitly assumed that the trickle-down effect functions, implying that institutions do not matter for distributional issues, and economic growth leads to an increase in wealth and income for all citizens. The idea is that when income or production increases, the increased spending trickles down via a kind of multiplier effect to the poorer layers of society. However, a condition for this is possession of factors of production (physical capital, natural capital, human capital) in order to be able to earn. The non-possessing excluded groups are not likely to gain. Also, when inequalities exist, they may become bigger when the poor receive a relatively small increase in income.

The argument that NIE does not really focus on social issues may sound a bit strange when considering the fact that Ronald Coase's famous article on the importance of property rights and transaction costs is entitled The Problem of Social Cost (Coase, 1960). However, while environmental externalities have negative impact on the quality of life of the victims, it still does not consider distributional issues. Establishment of property rights on environmental resources, which often have features of an open-access regime (non-excludability of and rivalry in use, like with air and water resources), may have serious distributional and incentive effects regarding production and income. In environmental economics it is argued that internalization of negative externalities would lead to a fall in output, implying that the market

---

[2] The trickle-down effect is supposed to function when "… development is purely an economic phenomenon in which rapid gains from the overall growth of gross domestic product and income per capita would automatically bring benefits (trickle down) to the masses in the form of jobs and other economic opportunities. The main preoccupation is therefore to get the growth job done while problems of poverty, unemployment, and income distribution are perceived to be of secondary importance (Todaro, 1997, 725)."

produces too much from a social point of view (see Begg et al., 1994). However, as environmental protection has not been taken into consideration in much economic analysis, and has not been of real importance in the political discourse until the second half of the twentieth century, it may be argued that many people assume polluting activities to be a right. At this moment, it is not economic activity that leads to environmental damage. It is the reduction of environmental damage that leads to economic costs! The social dimension of these issues requires more research.

Well-established property rights and low transaction costs are expressed by efficient institutions and institutional governance, stimulating economic activity (North, 1990). Institutional governance embraces organizational structures that are involved in management of the formal institutions. This includes governmental and non-governmental organisations, business and societal associations, etc., involved in information collection and processing, lowering the information costs in social and economic life. Another function of institutional governance is policy development and implementation, where in accordance with principles of good governance multiple stakeholders should be involved (Platje, 2011). Efficient institutional governance enables empowerment of weak stakeholders, and facilitates putting social and environmental issues on the policy agenda. By lowering barriers for participation in social and economic life, and producing (semi-) public goods such as health care, education, safety and access to information, it enhances human capabilities (Sen, 1999) and in turn social sustainability. It is an important instrument in supporting inter- and intragenerational equity.

When economic and social interactions increase (more transactions), it can be expected that existing formal institutions and structures of institutional governance are only able to deal with a limited amount of transactions efficiently (Pejovich, 1995). In the "traditional" NIE approach, this means that when economic activity increases, there may be more court cases due to disagreements on the effects of economic activity (e.g., negative externalities), requests for information, more complicated negotiations, etc. Increasing and changing human activity requires a change in social order and organization, in order to prevent stagnation. The issue is that even when a society develops in a sustainable way, a kind of management mechanism expressed by institutional governance and embedded in formal and informal institutions is required to remain on such a developmental path.

3. Institutional capital

In NIE, institutions are defined as the formal and informal rules of the game, providing incentives for economic activity (North, 1990). Formal rules can, in principle, be written down in laws, documents, contracts, etc., and be enforced in court. Informal institutions embrace rules determined by culture, mental models, values, norms of behaviour, etc. In the context of SD, the focus should be shifted from economic performance to economic, social and environmental sustainability and the conditions for achieving a good life for current and future generations. The existing institutional framework and functioning of institutional governance is an asset, a kind of capital, which aim should be the "production" of individuals' and society's capacity and capability to enter or remain on a path of SD. Institutional capital creates the capacity for institutional and organisational innovation and change.

The capacity and capability to develop sustainably can be considered from the individual and system point of view. From the individual point of view, people should have capabilities to live a life that satisfies them (Sen, 1999). This implies empowerment and expanding individual political and democratic freedoms, as well as availability of economic resources needed to fulfil individual life plans. While this introduces the social element in NIE, environmental sustainability and protection of ecosystems not only influence the quality of life of current generations, but also preserve developmental opportunities for future generations (Jepma and Munashinge, 1998). From the system point of view, a high level of institutional capital means that social, economic and political systems are efficient, resilient and adaptively efficient.

Following North's (1990) definition of institutions, a distinction is made between formal and informal institutional capital. Formal institutional capital embraces value in the public domain, institutional strength, good governance and objective science. Informal institutional capital is determined by an institutional equilibrium. Below, the public domain, institutional strength, good governance and an institutional equilibrium are shortly discussed.

The Public domain and the Coase Theorem

The notion of the public domain (Barzel, 1989) is related to the so-called Coase Theorem, which was developed based on Ronald Coase's (1960) article on The problem of Social Cost. The idea is that when property rights are perfectly defined, transaction costs of collecting information, negotiation, monitoring and enforcement are zero while there is freedom of contract, markets will find optimal solutions for negative environmental externalities. The essence of the Theorem is that in reality none of these conditions is fulfilled. The existence of transaction costs may makes it difficult to exactly define property rights. Technological advance has as a consequence that goods and services become more complex. This, in turn, increases the transaction costs of measuring all their characteristics (Barzel, 1982). Furthermore, negotiation costs as well as monitoring and enforcement costs may be high, making characteristics of a good available to others, i.e., there is value in the public domain creating possibilities for opportunistic behaviour. Opportunistic behaviour concerns individuals or groups trying to increase their wealth at the expense of others or the environment. A large forest may be privately or state owned. However, in practice it may be too expensive to monitor, creating opportunities for people to obtain wood for heating and other resources without being allowed to by the owner. Furthermore, use of goods may be limited by law (e.g., environmental regulations, speed limits, regulations for construction), while environmental protection reduces the alienability of natural resources and in turn contractual freedom. While an inalienability rule may be needed to leave environmental resources for future generations, it negatively influences current economic activity (Bromley, 1989, 1991). High transaction costs may also be a reason for reduced freedom of contract. When negotiation and enforcement costs are high due to, for example, inefficient public administration, in reality people cannot make full use of their property rights.

Generally speaking, the larger the value in the public domain, the less likely it is development will be sustainable. As incentives for opportunistic behaviour become stronger, people are more likely to focus on redistributive struggle, and less on productive activity (Platje, 2004, 30). This negatively influences economic activity, social cohesion and natural resource management. On the one hand, less economic activity leads to lower use of environmental resources. On the other hand, when institutional governance functions poorly due to high transaction costs, while property rights do not exist or are not enforced, strong economic interest groups may force through environmentally-unsound investments. Furthermore, knowledge and education may be used for unsustainable activities exploiting labour and natural resources. Generally speaking, the larger the value in the public domain, the less institutional capital exists, and the less likely it is a path of SD will be entered.

Institutional strength

Institutional strength focuses on incentives provided by the institutional environment, in particular property rights regimes, for human activity in accordance with principles of SD. A condition for institutions to be strong is low value in the public domain. When it is known who has the right to what, this person or group can also be held responsible for his/her/their behaviour. However, well-defined and enforced property rights do not automatically lead to SD. For example, when the right of alienation on the environment exists, this includes the right of destruction. This may at most lead to a situation of weak sustainability, assumed that substitutes can be found for the disappearing environmental resources (Borys, 2005). When property rights on physical and natural resources accumulate in the hands of the few, the system may be strong, but not sustainable from the social point of view. A system may be strong while human liberties do not exist, people do not have the right on their own labour (e.g., slavery), etc. Thus, an equitable distribution of property rights on natural and physical resources, as well as civil and political liberties, are a condition for strong institutions to support SD.

When property rights are well-delineated, a question is what effect different types of property rights regimes have on SD. The discussion here is based on Jepma and Munashinge (1998), Ostrom et al. (1993) and Cornes and Sandler (1996). Regarding the economic elements of SD, it has been argued that private property provides the strongest incentives for efficiency and growth (Furubotn and Richter, 1997). However, conditions to be fulfilled are the existence of competition and properly functioning institutional governance. Furthermore, private property and the willingness to possess more than other people may lead to ever-increasing production and consumption (Veblen, 1919) and increasing problems with pollution and access to natural resources. When property rights are unequally distributed, institutional governance is weak, and/or owners are difficult to identify, capabilities may be reduced for a large part of the population.

While common property may lead to lower economic output due to incentive effects, social cohesion may increase. When there is a large group of co-owners, the benefits of investment are distributed among these co-owners. As the direct private benefits decrease, this may provide disincentives for individuals to invest and innovate. However, as all have access to the fruits of the property right, capabilities are distributed more equitable. Public goods such as safety, knowledge, water protection, institutional governance as well as semi-public goods such as public education and health care have similar effects. Like with any type of property rights regime, institutional governance is crucial for its functioning, while empowering people and creating capabilities to function in social and economic life.

Regarding environmental protection, much depends on the transaction costs of internalizing externalities determined by the functioning of institutional governance. Furthermore, as mentioned, a question is whether crucial natural resources and ecosystem functions are alienable. Important is that use of renewable environmental resources is allowed up to the carrying capacity and capacity to renew, while the pace of use of non-renewable resources should not exceed the pace of development of substitutes. In case of local environmental resources, as Ostrom et al. (1993) argue, it may be that a common property regime is more effective in preventing overuse of local environmental resources, as all members of the community are directly involved, and no third party enforcement has to be used. This is contrary to popular belief inspired by Hardin's (1968) article on the Tragedy of the Commons that this type of property rights leads to overuse. However, Hardin rather discussed an open access regime, without a mechanism of managing the common resource (Bromley, 1989, 1991). The effectiveness of managing common property depends on the level of managerial transaction costs, which tend to increases with an increase in the number of members of such a club. The costs of internal monitoring and enforcement mechanisms should be compared with the cost of use of formal institutional governance in case of private property.

It is the current generation that decides on the developmental opportunities for future generations. Independent of the type of property rights regime, general access to health care and education, as well as efficient institutional governance, creates capabilities for future generations by supporting the development of human capital and reducing the transaction costs of participating in social and economic life. Public and semi-public goods support inter-generational equity. When environmental resources are overused, a solution may be the creation of inalienability rules (strong sustainability) or support of technological advance (weak sustainability). While the intergenerational effect of private property depends much on the distribution of property rights between families and inheritance laws, local common property may also in this case lead to the inclusion of a larger group of people in sharing the fruits of development.

Good governance

For analysis of institutional change, good governance, determined by transaction costs of access of stakeholders to and the efficiency of institutional governance, may be the most important element of institutional capital. As mentioned, institutional governance is involved in the design, interpretation, interpretation and enforcement of formal rules of the game by politics, police, court, etc. Another important function is data collection on economic, social and environmental issues (land registers, environmental protection agencies, statistical bureaus, scientific units, non-governmental organisations, etc.) (Platje, 2011), bringing social and environmental issues on the policy agenda. Institutional governance, when functioning properly, embraces a mechanism for institutional change and transitions to SD, creating society's capacity and capability to developing sustainably. The efficiency of conducting its policy function is embedded in existing formal institutions as well as mental models and value systems. Good governance can be defined as participation (inclusion of different stakeholder interests), accountability, effectiveness and coherence (Commission ..., 2001, 10). It is strongly related to the EU subsidiarity principle (Ahlt and Szpunar, 2005), stating that policy should be developed at the level as close to the citizen as possible where this can be done most efficiently.

Informal institutional capital – institutional equilibrium

The last element of institutional capital is an institutional equilibrium, where formal institutions and institutional governance are supported by informal institutions (Furubotn and Richter, 1997, 23-4). Trust in and acceptance of the formal system lowers enforcement costs of existing formal rules, while trust in institutional governance may facilitate institutional change and reduces quarrel about reliability of information. However, it also may be that inefficient institutions and institutional governance, focussing on aims that are contrary to principles of SD, are supported, hampering institutional change. Trust in and acceptance of rules may also impede change when the current situation is considered to be satisfactory, or when the expected outcome of institutional change is highly uncertain (compare van de Mortel, 2000). While a lack of acceptance of the formal system may provide incentive for institutional change, it may also lead to a situation of high transaction costs and adverse incentives, contributing to unsustainable production and consumption activities.

3. Institutional change and sustainable development as a club good

A club good approach has not been applied to the dynamic aspects of SD yet (but see Platje, 2011). Although being in contradiction with the intra- and intergenerational aspects of SD, a club good approach may be useful in order to analyse whether parts of the world can develop sustainably regarding the level of production, natural resource use and social equity, while effectively excluding other parts of the planet. The importance of a club good approach lies in the idea that people and countries are unlikely to resign from the aim of economic growth (e.g., Galbraith, 1958; Keijzers, 2003), while one question is whether technological development will be quick enough in order to find substitutes for non-renewable resources as well as renewable natural resources which are overused. If this is not the case, in order to guarantee continuing growth of production and consumption in one area, region or country, other areas need to be excluded from access to and use of the mentioned natural resources. A similar approach may be used to analyse the problem of social exclusion in highly developed countries (see Castells, 1996, 1998).

As a result of economic growth, population growth and technological development, efficient institutional governance is likely to undergo a kind of depreciation. Putting it simply, as it is only able to deal with a certain amount of transactions, the limited capacity will lead to an increase in transaction costs with an increase in the number of transactions (Pejovich, 1995). Without institutional innovation, the system is likely to deteriorate, and the depreciation of institutional capital reduces society's capacity to enter a path of SD. Furthermore, a lack of institutional capital may lead to a perpetuation of the situation, or even worsening, due to lack of institutional innovation.

It may be that the possession of institutional capital and, in particular, access to institutional governance, is fundamental to (sustainable) development becoming a kind of club good. While a public good is featured by the impossibility of excluding people from use, and non-rivalry in use exists, a club good is characterized by non-rivalry or partial rivalry, while exclusion is possible (Buchanan, 1965; Cornes and Sandler, 1996). It can be argued that basic liberties such as freedom of speech, freedom of press, freedom of contract, competition and enforcement of contracts are characterised by non-rivalry in use and non-excludability. Institutions and institutional governance supporting the increase in human capabilities and stimulate system survival do not only have a public good character, but also may be featured by positive externalities. As a result, there exists a free-rider problem in institutional change. There is no group in society obtaining direct benefits when creating such institutions and institutional governance. Most public goods are featured by some rivalry in use, as is the case with highways which may congest. While the capacity of a highway or organization of institutional governance may determine the level of rivalry, as mentioned, such a good may also depreciate, reducing the quality and quantity of services as well as positive externalities for current and future generations (Cornes and Sandler, 1996). In case of limited capacity and increasing demand, access should be reduced. One way of achieving this, is the formation of a club.

It may be that different levels of institutional capital, i.e., society's capacity and capability to trigger off and direct institutional change, are a determinant of unequal development (compare Todaro, 1997). This inequality may become institutionalised in a process of institutional change for SD in higher developed countries with a higher level of institutional capital. If being possible at all, such a club is unlikely to be stable in the long-run. While it is difficult to create institutional capital due to problems with path dependency, interest groups with aims contradicting principles of SD, informational problems, etc. (see North, 1990; van de Mortel, 2000), it is difficult to maintain a high level of institutional capital due to the discussed problem of depreciation in the face of fast technological and economic changes. Furthermore, developmental processes and environmental problems may be featured by uncertainty and non-linearity (Rao, 2000), making "investment" in institutional capital difficult.

Thus, economic and political integration of higher developed areas may increase developmental differences on a global level. This may be in particularly relevant in the current discourse on European integration. The idea will be explained by way of a simplified example. Suppose there are three countries having the following characteristics:

- Country A is highly developed, has a high level of institutional capital and innovates in its institutional structure.
- Country B and C are less developed, and have a low level of institutional capital.

Now suppose that country A and B integrate politically and economically, while C remains outside this club.

Country B may mimic country A, as good practice somewhere else provides incentives for institutional change (North, 1990). As country A may have an interest in institutional innovation in country B, e.g., supporting the development of a common market, this may give an extra impulse for change. Suppose science and education is supported. They lower the threat of introduction of inefficient institutions, as not only different interests are represented, but also decisions are made based on generally accessible reliable information. The creation of efficient institutional governance strengthens processes of institutional change, and lowers the risk of institutional deterioration. Furthermore, science and education may support the understanding that people, although having different mental models, have more interests in common than they think, reducing the cost of institutional change (see Ruttan and Hayami, 1984, 205). However, country B may also copy "bad practice" from country A, while examples somewhere else may also lead to copying of an institutional framework by a powerful group in their own advantage (Castells, 1998).

While country C may still have incentives to mimic, it faces greater challenges, related to the mentioned factors hampering institutional change. A lower level of institutional capital is often featured by poorly delineated property rights, high transaction costs of political change resulting from an inefficient or corrupt public administration, stronger influence of interest groups having goals leading to increased overuse of the environment, social inequalities, etc. In such a case, the lack of capacity for institutional change may lead to a perpetuation of unsustainable development paths.

However, it was argued that, in accordance with the techno-centric paradigm, there seems to be a lack of will to reduce production and consumption. Then, a fundamental question becomes whether natural resources can be renewed or substitutes can be found. When natural resources become scarcer, technological advance and transfer of environmentally sound production technology is too slow, while appetite for growth increases, there exists a threat of collapse of economic activity of high developed countries, or increase in conflicts about scarce natural resources. In this situation, development of production and consumption for one part of society or the world will be based on exclusion of other people, areas, regions or countries. A high level of institutional capital, innovative power as well as economic, military and political strength may be conditions to become a „member of the club." Strong stakeholders are often located in or connected with large urban administrative and financial centres with significant economic potential, and/or connected with criminal networks (see Castells, 1998).[3] A high level of institutional capital, accompanied by economic and military power, supports players from these areas to become powerful global stakeholders. It can be argued that due to the lack of global institutional governance in the process of proceeding globalisation there is large value in the public domain. As a consequence, strong stakeholders struggling to achieve their goals, such as multinational enterprises, the International Monetary Fund, the World Band, the World Trade Organisation, financial networks, criminal networks, etc.), increase in salience.

While, as mentioned, it may be difficult to establish a club of sustainably developing countries or areas,[4] there exist opportunities for estab-

[3] Economic power facilitates access to institutional governance and establishment of property rights (e.g., patents on biotechnology) (see Stiglitz, 2002, 2006).

[4] One reason for the instability of such a club may be the large number of interested and salient stakeholders, which easily may lead to overuse of resources, in particular when the transaction costs of un-allowed access or withdrawal are too high. Access to institutional governance is based on basic liberties embedded in democracy and law and regulations, from which people can be excluded by law or due to high transaction costs of access (e.g., bureaucracy), a lack of capabilities

lishing management regimes for global commons and excluding people, groups, regions or countries from access and use. The aim of a club may be to create a situation of lack of rivalisation in use (i.e., a public good) for the members of the club. Thus, in case of energy resources, this may mean sustainable energy supply, where with the depletion of non-renewable resources such as oil and coal substitutes become available for the members of the group. The club should have such an amount of members that the carrying capacity is not exceeded, while being able to renew or find substitutes for resources. Exclusion may be achieved by law, force, establishment of a property rights regime (ownership, management and use rights), high transaction costs of access for non-members, etc.

4. Concluding remarks

In order to enter a path of SD, it may not be enough to create strong institutions in the form of well-established and enforced property rights. Efficient institutional governance, like other (semi-) public goods, may cause large positive externalities, supporting intra- and intergenerational equity. Formal institutional capital creates capacity for SD and the development of innovative solutions. However, a change in worldviews in science and society may be a condition for such institutional capital to develop. In economic science, the focus should be shifted from economic activity and efficiency to capabilities for achieving a good life and society's capacity to adapt and change in the face of the (new) challenges of SD. In society, a change in worldviews may be required, as otherwise development of efficient institutions and institutional governance for SD may be too difficult.

In the current process of globalization, there exists the danger of SD becoming, at most, a kind of club good. Looking at the huge differ-

expressed by education and income, etc. While many basic liberties have features of a public good, their use is limited by the "carrying capacity" and existence of institutional governance. Even efficient institutional governance faces transaction costs of access and use, creating rivalry. Access to efficient institutional governance may become a privilege for certain elites.

ences in levels of development, there is no SD at the moment. As environmental resources are overused, a management system should be created to solve this problem. However, as levels of institutional capital differ between countries, it may be in particular strong players from the areas with a high level of institutional capital as well as economic and political power that determine their own development path and set the structures for global environmental management. It may be that access to efficient institutional governance will be limited for certain groups of countries, while, when being successfully, a management system for environmental resources, e.g., required for food and energy production may lead to exclusion of large parts of the world population. Or, putting it differently, the currently existing inequalities may become institutionalized as a result of the aim of environmental sustainability. A solution for this is to support the creation of institutional capital in areas and countries with weak institutions.

However, this may be against the interest of the more developed areas, as it may lead to increased competition for scarce resources. When the aim remains (increased) growth, while eco-innovation proceeds too slowly, it is even unlikely that a club of sustainably developing areas or countries will persist, while problems with increasing scarcity and overuse will only intensify, with all its negative or even disastrous effects for future development.

References

Ahlt, M.; Szpunar, M. (2005) Prawo europejskie, wyd. IV. (European Law, 4th edition). Warszawa: Wydawnictwo C.H. Beck.

Aristotle (1995) Politics. Transl. Barker, E., revised with an introduction and notes by Stalley, R.F. Oxford: Oxford University Press.

Barzel, Y. (1982) Measurement Cost and the Organization of Markets. Journal of Law and Economics 25(1): 27-48.

Barzel, Y. (1989) Economic Analysis of Property Rights. Cambridge: Cambridge University Press.

Begg, D.; Fischer S.; Dornbusch, R. (1994) Economics, fourth edition. London: McGraw-Hill.

Borys, T. (2005) Indicators for Sustainable Development – a Polish experience. Warszawa-Białystok: Fundacja Ekonomistów Środowiska i Zasobów Naturalnych.

Boulding, K.E. (1966) The Economics of the Coming Spaceship Earth. In: Jarrett, H. (ed.). Environmental Quality in a Growing Economy, Essays from the Sixth RFF Forum: 3-14. Baltimore MD: Resources for the Future/Johns Hopkins University Press.

Bromley, D.W. (1989) Economic Interests and Institutions: the conceptual foundation of public policy. Oxford: Basil Blackwell.

Bromley, D.W. (1991) Environment and Economy – property rights and public policy. Oxford: Basil Blackwell.

Buchanan, J. M. (1965) An Economic Theory of Clubs. Economica 32: 1-14.

Castells, M. (1996) The Rise of the Network Society. Cambridge: Blackwell Publishers.

Castells, M. (1998) End of Millennium. Cambridge: Blackwell Publishers.

Coase, R.H. (1960) The Problem of Social Cost. Journal of Law and Economics 3(1): 1-44.

Commission of the European Communities (2001) European Governance: a white paper. COM(2001) 428 final. Brussels: European Commission.

Cornes, R.; Sandler, T. (1996) The Theory of Externalities, Public Goods and Club Goods. Cambride: Cambridge University Press.

De Soto, H. (2000) The Mystery of Capital: why capitalism triumphs in the West and fails everywhere else. Basic Books: New York.

Eggertsson, T. (1990) Economic Behavior and Institutions. Cambridge: Cambridge University Press.

Fiedor, B. (2006) Antropologiczne Podstawy Koncepcji Zrównoważonego Rozwoju z Perspektywy Ekonomicznej: od homo oeconomicus do homo sustensis (An Anthropological Theory of the Concept of Sustainable Development from an Economic Perspective: from homo oeconomicus to homo sustensis). In: Borkowska, B.; Wrzeszcz-Kamińska G. (eds.). Prace Naukowe Akademii Ekonomicznej im. Oskara Langego we Wrocławiu 1131: 104-119. Wrocław: Wydawnictwo Akademii Ekonomicznej.

Furubotn, E.G.; Richter, R. (1997) Institutions and Economic Theory - the contributions of the New Institutional Economics. Ann Arbor: The University of Michigan Press.

Galbraith, J.K. (1958) The Affluent Society. Boston: Houghton Mifflin.

Gladwin, T.N.; Kennelly, J.J.; Krause, T-S. (1995) Shifting Paradigms for Sustainable Development: implementations for management theory and research. The Academy of Management Review 20(4): 874-907.

Hardin, G (1968) The Tragedy of the Commons. Science 62: 1243-48.

Jepma, C.J.; Munasinghe, M. (1998) Climate Change Policy – facts, issues and analyses. Cambridge: Cambridge University Press.

Keijzers, G. (2003) Creating Sustainable Directions – collaborative stakeholder approach of governments and business. Rotterdam: Erasmus Universiteit.

Maslov, A.H. (1943) A Theory of Human Motivation. Psychological Review 50(4): 370-96.

Meadows, D.H.; Meadows, D.L.; Randers, J.; Behrens, W. (1972) The Limits to Growth – a report to the Club of Rome. New York: Universe Books.

North, D. C. (1981) Structure and Change in Economic History. New York: W.W. Norton.

North, D.C. (1990) Institutions, Institutional Change, and Economic Performance. Cambridge: Cambridge University Press.

Ostrom, E.; Schroeder, L.; Wynne, S. (1993) Institutional Incentives and Sustainable Development. Infrastructure policies in perspectives. Boulder, San Francisco & Oxford: Westview Press.

Pejovich, S. (1995) Economic Analysis of Institutions and Systems. Dordrecht: Kluwer Academic Publishers.

Platje, J. (2004) Institutional Change and Poland's Economic Performance since the 1970s – incentives and transaction costs: Wrocław: CL Consulting i Logistyka.

Platje, J. (2011) Institutional Capital – creating capacity and capabilities for sustainable development. Opole: Opole University Press.

Rao, P.K. (2000) Sustainable Development - economics and policy. Oxford: Blackwell Publishers.

Ruttan, V.W.; Hayami, Y. (1984) Toward a Theory of Induced Institutional Innovation. Journal of Development Studies 20(4): 203-223.

Sen, A.K. (1999) Development as Freedom. New York: Anchor Books.

Simon, H. (1957) Models of Man (Social and Rational. Mathematical Essays on Rational Behavior in a Social Setting). New York: John Wiley and Sons.

Stiglitz, J.E. (2002) Globalization and its Discontents. New York: W.W. Norton.

Stiglitz, J.E. (2006) Making Globalization Work. New York: W.W. Norton.

Todaro, M.P. (1997) Economic Development, sixth edition. London: Longman.

Van de Mortel, E. (2000) An Institutional Approach to Transition Processes. Rotterdam: Erasmus Universiteit Rotterdam.

Veblen, T. (1919) The Limitations of Marginal Utility. In: Veblen, T. (1919). The Place of Science in Modern Civilization: 241-42. New York: B.W. Huebsch.

Williamson, O.E. (1985) The Economic Institutions of Capitalism. New York: Free Press.

Williamson, O. E. (1998) Transaction Cost Economics: how it works; where it is needed. De Economist 146(1): 23-58.

C) Innovationssysteme in verschiedenen Sektoren

Jüri Sepp

Institutionelle Innovationen im Infrastrukturbereich: Die Post in Estland

Theoretische Grundlagen

Der Begriff institutionelle Innovation (II) ist in der Fachliteratur nicht sehr verbreitet. Doch finden wir einige Autoren, die damit arbeiten. Nach Voß (2002) umfassen II die Veränderung bestehender bzw. die Etablierung neuer gesellschaftlicher Regeln mit Wirkung auf Handlungsmuster. Kanatschnig und Schmutz (2004) behaupten, dass II beziehen sich auf die Organisation der gesellschaftlichen Akteure und deren Ordnungsprinzipien. Sie zielen auf die Gestaltung entsprechender Rahmenbedingungen zur Stimulierung von mehr technischen, sozialen und institutionellen Innovationen durch Regeln mit Anreiz- und Hemmwirkungen ab

Gerade solche Ziele sind auch bei den Reformen im Infrastrukturbereich im Vordergrund. Mehr konkret kann man hier über zwei Hauptziele sprechen:

1. Sowohl statische als auch dynamische Effizienz der Infrastrukturwirtschaft zu erhöhen.
2. Das Angebot der spezifischen sozialpolitischen öffentlichen Güter, die vom Infrastrukturunternehmen erwartet werden, zu gewähren.

Die Innovationen betrafen hier alle drei grundlegenden Institutionen, die allgemein wirtschaftliche Aktivitäten koordinieren: den Staat, den Markt und die Organisationen.[1] Erste Zielsetzung (Effizienz) bedeutete die Bewegung in Richtung mehr Markt durch die Liberalisierung der Infrastruktursektoren. Das passierte wiederum durch Deregulierung, Markteröffnung und Privatisierung. Manchmal bedeutet es auch die Änderungen in der Organisation der Unternehmen, z.B. horizontale oder vertikale Entflechtung. Früher oder später ist man aber auch

---

[1] Zur dieser Dreiteilung siehe Homann, Suchanek 2005: 158-339.

gezwungen, die neuen Formen für die Durchsetzung der zweiten Zielsetzung zu suchen. So sind die Politiker und Ökonomen zur Problematik der Dienstleistungen im allgemeinen (auch wirtschaftlichen) Interesse und deren Spezialgebiet – der Universaldienstleistungen (UDL) - gekommen. In der deutschen Sprache wird oft auch über Grundversorgung bzw. Daseinsvorsorge gesprochen.

Graphisch können wir die Reformen als Suche nach dem neuen Gleichgewicht des Institutionen-Mix bzw. der Koordinationsstruktur darstellen (Abb. 1).

Abb. 1: Institutionelle Innovationen im Infrastrukturbereichen.

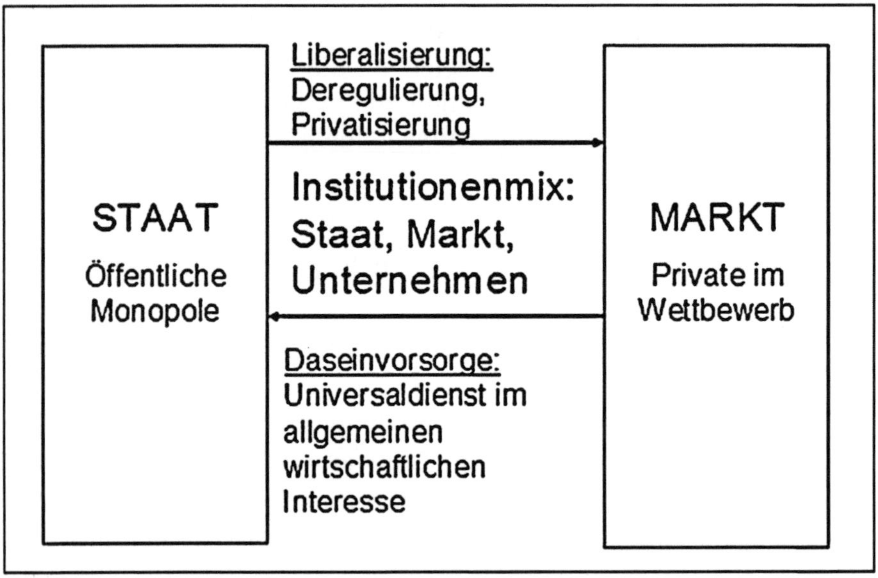

Quelle: eigene Darstellung

Die UDL, die die flächendeckende Versorgung mit gemeinwirtschaftlichen Leistungen zu „normalen" Preisen gewähren müssen, wird politisch definiert und vom Staat durchgesetzt. In Estland gibt das Verbrauchergesetz eine Legaldefinition für die UDL: „Universaldienstleistung ist im allgemeinen Interesse angebotene und von der Gesamtbevölkerung oder regional allgemein benutzte Dienstleistung, z.B. Gas-, Elektroenergie-, Wärme-, und Wasser-versorgung, Abfallbeseitigung, Kommunikation und sonstige ähnliche Dienste."[2]

UDL sind ein wesentliches Element des Wohlfahrtsstaates; ihre Bereitstellung soll die volle Teilhabe am gesellschaftlichen und wirtschaftlichen Leben ermöglichen. Die Liberalisierung früher durch die öffentliche Hand erbrachter Leistungen macht eine Anpassung der Regelungen zur Aufrechterhaltung der Versorgung mit diesen gemeinwohlorientierten Leistungen erforderlich. Verstärktes Kostenbewusstsein und Gewinnorientierung im Wettbewerb stehen aufgrund fehlender Kostendeckung teilweise im Widerspruch zu einem ausreichenden Angebot an gemeinwirtschaftlichen Leistungen. Die monopolistischen Betreiber waren zur Bereitstellung von UDL verpflichtet, eventuelle Defizite konnten durch Gewinne in anderen Bereichen finanziert werden. Mit der Einführung von Wettbewerbselementen kann eine interne Kostendeckung vielfach nicht mehr gewährleistet werden. Ohne Verpflichtung, UDL zu erbringen, würden nicht kostendeckende Leistungen aufgegeben. Gleichzeitig erzeugen Universaldienstverpflichtungen Wettbewerbsnachteile, sodass Mechanismen gefunden werden müssen, wie andere als der zur Erbringung des Universaldienstes verpflichtete Betreiber an der Finanzierung dieser Leistungen beteiligt werden können. Als bedeutende Aufgabe verbleibt der öffentlichen Hand nach der Liberalisierung des Marktzutritts die Konkretisierung des politischen Ziels, in welchem Umfang defizitäre UDL aufrechterhalten werden sollen, wer als Bereitsteller bestimmt wird, wer die Kosten trägt und wie die Finanzierung gesichert werden kann.

Bei den UDL haben wir mit den Dienstleistungen zu tun, die teilweise öffentliche Güter sind. Dabei sind diese Dienstleistungen von sich selbst in jedem Einzelfall gut anschließbar und können deswegen ohne weiteres auch privat im Gleichgewicht angeboten werden. Dieses Gleichgewicht ist aber oft politisch nicht erwünscht. Die geographische und ökonomische Zugänglichkeit (auch im Sinne des Preises) und Qualität der Dienstleistungen sind diese Eigenschaften, die die öffentliche Korrektur brauchen und so den zuerst einfachen priva-

[2] Verbrauchergesetz

ten Dienstleistungen eine öffentliche Komponente hinzufügen.

Tabelle 1: Güterkomponenten und Finanzierungsmodalitäten der UDL.

Komponente der UDL	Gütertypus	Finanzierung
Einzeldienstleistung	Privat	Preise
Systemcharakteristika: Zugänglichkeit u.a.	Öffentlich	Zuschüsse

Quelle: eigene Darstellung

Um diese gewünschten Eigenschaften zu gewähren, gibt es eigentlich zwei unterschiedliche Problemlösungen, die sicher auch kombinierbar sind.

1. Man kann für bestimmte Regionen bzw. Marktsegmente die Monopolrechte reservieren, um die durch Universaldienstpflicht entstehenden Zusatzkosten durch Quersubventionierung zu decken. Die ersten Reformschritte der Post beinhalteten üblicherweise die Beibehaltung der reservierten (monopolistischen) Bereiche für einfache Briefe und Parzellen.[3]
2. Es ist möglich die Zusatzkosten der UDL sozusagen von außen zu finanzieren, entweder direkt aus den öffentlichen Haushalten oder aus speziellen Ausgleichsfonds, die durch die Marktteilnehmer selbst zu bilden sind.[4]

Der reservierte Bereich bzw. die Monopollösung liefert erfolgreich eine einfache sowie stabile Quelle der Finanzierung für die UDL. Dennoch bedeutet die Tatsache, dass dies auf der Monopolerhaltung basiert, ein Risiko einige der Vorteile des Wettbewerbs aufzugeben, wie beispielsweise Verbesserungen der Effizienz und innovativen Lösungen von neuen Teilnehmern.

3 In Estland finden wir diesen Ansatz heute auch im Busverkehr. Gerade für die ländlichen Gebiete werden temporäre Regionalmonopole ausgeschrieben, um in diesen die Quersubventionenpotential auszunutzen.

4 In Estland finanzieren die öffentlichen Haushalte direkt den Personenverkehr mit, im Post- und Telekommunikationsbereich ist wiederum die Konkurrenz zur Kasse gebeten.

Andererseits könnte die Abschaffung des reservierten Bereiches und die Markteröffnung wesentliche finanzielle Auswirkungen auf den Universaldienstanbieter haben, da Wettbewerber in der Lage sein werden, die lukrativsten Marktbereiche abzuschöpfen, ohne die Last der Universaldienstverpflichtung tragen zu müssen.

Es scheint, dass der Erhalt gleichwertiger Universaldienstverpflichtungen ohne neue Finanzierungsmechanismen finanziell nicht umsetzbar ist. Darauf verweisen die Länder, die ihre Märkte bereits liberalisiert haben, und in denen etablierte Betreiber ihre Universaldienstverpflichtungen selbst finanzieren mussten. Diese Betreiber, so Riechmann u.a. (2007: 12-28), wurden gezwungen, den Zugang zu Diensten herabzusetzen (Schweden) oder ihr finanzielles Gleichgewicht aufs Spiel zu setzen (Vereinigtes Königreich).

Riechmann u.a. (2007: 4) betonen ebenso: „Kommt es statt oder neben einem End-to-End Wettbewerb (Newcomer bauen eigene Infrastruktur auf) auch zu kommerziell attraktiven Zugangsvereinbarungen zu Teilen der bestehenden Infrastruktur der Post, dann ergibt sich, dass die von der Post durch den Wettbewerb zu tragenden Defizite sich gegenüber einer Situation ohne Zugang erhöhen. Es spielen hier zwei gegenläufige Effekte eine Rolle: einerseits verliert die Post durch den Zugang im Bereich Zustellung weniger Umsatz, da sie immerhin noch die Zugangsleistung vermarkten kann, andererseits jedoch werden alternative Anbieter in wesentlich mehr Situationen zu einer preiswerteren Alternative zum Incumbent. Der letztere der beiden Effekte dominiert nach unserer modellbasierten Einschätzung. Mit anderen Worten: ohne kostengünstigen Zugang sind alternative Anbieter oftmals nicht konkurrenzfähig, da sie im Bereich der Zustellung, im Besonderen in nicht-städtischen Gebieten, relativ zum Incumbent zu teuer sind. Im Gegensatz zur Situation ohne wirksamen Zugang wird nun stattdessen auch der Wettbewerb im Marktsegment nicht-prioritäre Massensendungen kommerziell attraktiv sowie die Belieferung von Kunden in nicht-städtischen Gebieten. Erzielt die Post keine weitreichendere Kostenrationalisierung, kommt es langfristig zu einer Finanzierungslücke von 7 %. finden Kostenanpassungen statt kommt es trotz des Marktanteilsverlustes nicht zu einer Finanzierungslücke.“

Man kann aber erwidern, dass etablierte Betreiber die Kosten der Universaldienstverpflichtungen relativ leicht decken könnten, indem sie den Preis erhöhten, eine Umstrukturierung hin zu einer stärkeren wirtschaftlichen Ausrichtung durchführten oder indem sie den Nutzen aus Verbundvorteilen des Netzwerkes zögen (z.B. die Verwendung des gleichen Netzwerkes, um eine große Zahl wettbewerbsfähigerer Produkte anzubieten). Diese Vorteile werden aber kleiner, wenn auch die Wettbewerber den nichtdiskriminierenden Zugang zum Postnetz haben.

Andere Lösung wäre, das Qualitätsniveau der UDL herabzusetzen, damit sie die Anbieter weniger belasteten. Dies könne beispielsweise durch die Beschränkung von Preisuniformität und eine Reduzierung der Qualität geschehen. Eine Möglichkeit sei auch die Reduzierung der Dienste, die angeboten würden. Die Politik aber weist diese Idee oft zurück und bestätigt üblicherweise die existierenden Universaldienste.

Stattdessen haben die Theorie und Politik eine Reihe begleitender Maßnahmen identifiziert, welche die Länder verabschieden könnten, um sicher zu stellen, dass das Universaldienstangebot auf dem freien Markt finanziell umsetzbar bleibe.

- Staatlicher Ausgleich: durch direkte staatliche Subventionen oder – indirekt - durch den Einsatz öffentlicher Vergabeverfahren. Gegen die Möglichkeit der staatlichen Hilfe spricht, dass auf lange Sicht nationale Budgets immer Druck ausgesetzt sind. Außerdem gibt es Bedenken, dass es zu mehr Fällen von staatlicher Hilfe zu Lasten der Universaldienstanbieter kommen könnte, weil auch konkurrierende Dienste quersubventioniert werden, u.a. mit Mitteln, die für öffentliche Belange vorgesehen sind.
- Gebühren für den Netzzugang: Die Einführung einer Gebühr, die Markteinsteiger an die etablierten Betreiber zahlen müssen, um im Gegenzug dessen Netzwerk zu nutzen. Alternativ könnten Markteinsteiger sich dafür entscheiden, einen durchgehenden Dienst anzubieten (wie Sammlung, Sortierung, Transport und Zustellung im Postbereich).

- Ausgleichsfonds: Die Last der Universaldienstverpflichtung wird durch Steuern, die der Konkurrenz oder direkt den Kunden auferlegt werden, finanziert. Die Steuern können auf Einnahmen oder Gewinne angewendet oder auf einen festen Betrag festgelegt werden. Ausgleichsfonds wurden genutzt, um die Last der Universaldienstverpflichtung in den Sektoren Telekommunikation und Strom zu finanzieren; die Erfahrung mit dem Ausgleichsfonds als ein Finanzierungsmechanismus für den Universalpostdienst ist jedoch begrenzt.

- ‚Pay-or-play': Markteinsteiger können sich dazu entscheiden, nur kostengünstige Gebiete zu bedienen und in eine Art Ausgleichsfonds einzuzahlen, oder auch am Markt für kostenintensive Gebiete teilzunehmen (durch die Bereitstellung des Universaldienstes) und keine Steuer zu zahlen. Es existieren zwei Möglichkeiten dieses Schemas: eine ‚diskrete' Version, in der, wenn sich Markteinsteiger zur Teilnahme entscheiden, dies nur im vollen Umfang möglich ist (z. B. die Zustellung von Post in jedes Gebiet des Landes), sowie die ‚laufende' Version, wobei der Umfang, in dem der Markteinsteiger teilnehmen möchte, die Höhe der notwendigen Einzahlung in den Fonds bestimmt. Im Vergleich mit dem Ausgleichsfonds macht dieses System den Wettbewerb um kostenintensive Kunden für Markteinsteiger interessanter.

Es wurde in Europa keine einheitliche Lösung eingeführt, da jeder Mechanismus Vor- und Nachteile hinsichtlich Effizienz, Sicherstellung eines fairen Wettbewerbes, Wohlfahrtsgewinnen, Transparenz und Umsetzbarkeit beinhaltet. Auch aufgrund verschiedener politischer Ziele und regionaler Charakteristika sei ein einziger Ansatz für alle nicht durchführbar.

Das größte Problem in Zusammenhang mit diesen Mechanismen ist die Schwierigkeit, die genauen Kosten für die Universaldienstverpflichtung zu errechnen (Jaag u.a. 2008). Außerdem hat jeder Mechanismus seine Vor- und Nachteile hinsichtlich Effizienz, Sicherstellung von lauterem Wettbewerb, Wohlfahrtsgewinnen, Transparenz und Praktikabilität. Dadurch ist er jeweils mehr oder weniger angemessen hinsichtlich der Charakteristika der Region oder des Landes, wo er eingeführt werden soll, und in Bezug auf die Ziele der Politik dieser Regierungen. Dies macht einen einheitlichen Ansatz für alle nicht umsetzbar.

Es gibt aber auch fundamentalere Meinungsunterschiede. International Post Corporation (IPC) German Institute for Economic Research haben aber zum Schluss gekommen (Zapf u.a. 2007), dass die Grundlagen der Postwirtschaft in der Wirtschaftspolitik nicht immer richtig verstanden werden. Bei der Liberalisierung müssten hier andere Modelle gelten als in den anderen Infrastrukturbereichen. Wenn die Gas- und Elektroenergiewirtschaft und sogar Tele-kommunikation eines festen materiellen Netzes als *sunk costs* voraussetzen, wird die Postwirtschaft durch größere Offenheit und Mobilität charakterisiert. Die Autoren behaupten, dass wir hier kein natürliches Monopol haben, weil hier die Marktzutrittsschranken fehlen. Deswegen können hier die UDL und ihre Finanzierung mehr Wettbewerbsverzerrungen und -beschränkungen hervorrufen als Netzeigenschaften und Größenvorteile. Die Autoren empfehlen sogar die sektorspezifischen Regulationen aufzugeben und sich mit allgemeinem Wettbewerbsrecht zu beschränken. Auf der anderen Seite betonen die Gewerkschaften selbstverständlich die Beschäftigungsaspekte und stehen der Liberalisierung der Postmärkte wiederum kritisch gegenüber (Bares 2009).

Die Postreform in Europa

Obwohl die institutionelle Innovationen in der oben beschriebenen Richtung zurzeit globale Verbreitung haben (Bares 2009: 5-11), werden wir nur die Entwicklung innerhalb der EU konkreter ansehen, weil die den Hintergrund für estnische Reformen bilden und auch direkten Einfluss auf estnische Situation ausüben.

Der Postsektor ist wirtschaftlich gesehen von größter Bedeutung und wirkt sich auch auf andere Sektoren aus. Er erwirtschaftet jährlich ungefähr ein Prozent des Bruttoinlandsprodukts der EU und beschäftigt etwa 1,7 Millionen Arbeitnehmer.[5]

---

[5] http://www.euractiv.com/de/verkehr/liberalisierung-postdienste/article-161559

In der Praxis sehen wir eine lange schrittweise Liberalisierung. Die EU befindet sich derzeit in der letzten Phase eines seit 15 Jahren währenden Prozesses, der darauf abzielt, die Postdienste für mehr Wettbewerb zu öffnen. Inzwischen ist es gelungen, Meinungs-unterschiede über das Tempo der Liberalisierung und darüber, wie die Universaldienste für die Verbraucher gesichert werden könnten, wenigstens vorübergehend zu überwinden.

Die ersten Initiativen zur Liberalisierung des Postsektors, wurden bereits in den frühen 1990er Jahren im Rahmen der Bemühungen um einen Binnenmarkt eingeleitet. Das Ziel war:

- Nationale Monopole für den Wettbewerb zu öffnen, um die Postdienste günstiger, schneller, effizienter und innovativer zu gestalten – ähnlich wie es in den Telekommunikations- und Energiesektoren der Fall gewesen ist;
- Die Leistungen in den Mitgliedstaaten zu harmonisieren;
- Die Qualität der grenzüberschreitenden Dienste zu verbessern;
- Eine Antwort zu liefern auf die Zunahme an elektronischen Alternativen zur Post. Ursprünglich wurde befürchtet, dass die neue Elektronik zu einem Rückgang des Postaufkommens führen könnte, jedoch ist der Umfang der Postsendungen seit 2002 stabil.

Die erste Richtlinie über Postdienste wurde 1997 verabschiedet (97/67/EG). 2002 folgte eine zweite Richtlinie (2002/39/EG). Diese beiden Richtlinien haben dazu geführt, dass eine Reihe von Postdiensten für den Wettbewerb geöffnet wurden, unter anderem die Auslieferung von Paketen und Expressdienste, jedoch wurde bei den Briefen unter 50 Gramm keine Wettbewerbsöffnung erreicht. Etablierte Betreiber durften weiterhin diesen „reservierten Bereich“, der insgesamt über 70 % des gesamten Postaufkommens darstellt und ungefähr 60 % der Einnahmen des Sektors erwirtschaftet, abschirmen und sich „Betreiber der universellen Postdienste“ nennen. Staaten wie Frankreich, Italien, Spanien, Griechenland, Belgien, Ungarn und Polen (die so genannte „südliche Gruppe“) befürchteten jedoch, dass eine schnelle

?display=normal

Liberalisierung die öffentlichen Betreiber vernichten könnte und zu einer Minderung der Qualität der Dienstleistungen und einem umfassenden Abbau von Arbeitsplätzen führen könnte.[6]

In der dritten Postrichtlinie (2008/06/EG)[7] einigten sich die Europaabgeordneten und die Mitgliedstaaten darauf, die vollständige Liberalisierung für alle Länder bis zum 1. Januar 2011 durchzuführen oder bis 2013 aufzuschieben. Das gilt für folgende Fälle:

- neue Mitgliedstaaten;
- Länder mit einer „besonders schwierigen Topografie oder vielen Inseln", wie Griechenland, und;
- Länder „mit einer geringen Bevölkerungszahl und einer begrenzten geografischen Größe", wie Luxemburg.
- Um Wettbewerbsverzerrungen zu vermeiden, einigten sich das Parlament und der Rat auch auf die Einführung einer „Gegenseitigkeitsklausel", die es den Postanbietern untersagt, in Märkte einzudringen, die bereits vollständig geöffnet sind, wenn sie selbst in Ländern mit reserviertem Bereich ansässig sind (EurActiv vom 18. Juni 2007).[8]

Die endgültige Richtlinie bestimmt auch eine Reihe flankierender Maßnahmen, die die Staaten nutzen können, um sicherzustellen, dass die Universaldienste auch in einem liberalisierten Markt finanziell lohnend bleiben. Zu diesen Maßnahmen könnten finanzielle Hilfen, wie direkte staatliche Subventionen, Quersubventionierungen von gewinnbringenden Diensten zu Verlustgeschäften oder die Schaffung eines Entschädigungsfonds durch die Einführung von Gebühren für neue Marktteilnehmer oder Kunden.

Die neue Richtlinie ermöglicht den Regierungen, die Kosten der Bereitstellung von Universaldiensten in der Form zu finanzieren, die ih-

---

6 http://ec.europa.eu/internal_market/post/doc/reports/report_de.pdf

7 http://ec.europa.eu/internal_market/post/doc/legislation/2008-06_de.pdf

8 http://www.euractiv.com/de/verkehr/europaabgeordnete-verschieben-postreform-um-zwei-jahre/article-164703

rer individuellen Situationen am ehesten gerecht wird, sofern es dadurch nicht zu Wettbewerbsverzerrungen kommt. Die Kommission ermöglicht auch den Einsatz staatlicher Beihilfen. Einer Forderung des Parlaments folgend schließt die Richtlinie eine Ergänzung ein, welche die Kommission verpflichtet, detailliertere Angaben zu machen, wie die Nettokosten für Universaldienste zu kalkulieren sind. Damit sollen eine Rechtssicherheit und gleiche Bedingungen für alle Betreiber geschaffen werden sowie ein Missbrauch des Wettbewerbsrechts verhindert werden.[9] Im Jahr 2010 wurde zusätzlich die Gruppe europäischer Regulierungsbehörden für Postdienste gegründet.[10]

Die Ergebnisse sind bisher nicht so optimistisch ausgefallen. Riechmann u.a. beschreiben die Erfahrung der Liberalisierungs-vorreiter UK und Schweden wie folgend (2007: 14): „Art und Weise des Wettbewerbs scheint davon abzuhängen, wie günstig oder ungünstig die Zugangsbedingungen zur Zustellungs-infrastruktur des Incumbents sind:

- wo Zugangsbedingungen marktgerecht sind, z.B. in Großbritannien, scheint sich eher ein Zugangswettbewerb zu entfalten. D. h. Wettbewerber bieten Vorleistungen wie Sortierung und vor allen Dingen den Transport zu den Verteilzentren an und überlassen die Zustellung dem Incumbent;
- wo Zugangsbedingungen eher ungünstig sind, z.B. in Schweden, scheinen sich die Anbieter eher für so genannten „End-to-end“ Wettbewerb zu entscheiden. D. h. sie übernehmen auch die Zustellung. In der Regel bieten sie jedoch ggü. dem Incumbent nur einen eingeschränkten Service an, d.h. sie stellen die Briefpost z.B. nur zweimal die Woche oder nicht unbedingt flächendeckend zu.

Unabhängig von der dominierenden Form des Wettbewerbs lässt sich

---

9 Für weitere Informationen über die verschiedenen Finanzierungsmöglichkeiten, siehe http://www.euractiv.com/de/verkehr/finanzierung-universaldienste-post-lieferung/article-164740?display=normal

10 http://eurlex.europa.eu/LexUriServ/LexUriServ.do?uri=OJ:C:2010:217:0007:0009:DE:PDF

jedoch beobachten, dass es neben dem Incumbent typischerweise nur einen oder zwei bedeutende Konkurrenten gibt. Dies deutet auf Größenvorteile von Newcomern hin, die auch in einem großen Land wie Deutschland in einer Region nur den Marktzutritt einer geringen Anzahl von Anbietern zulässt."

Auch der Bundesbeauftragte Dieter Engels ist der Auffassung (2009), dass sich echter Wettbewerb im Briefpostmarkt allerdings erst noch entwickeln muss. Die Marktanteile der Wettbewerber bestätigen die zögerliche Entwicklung des Wettbewerbes selbst in jenen Mitgliedstaaten, die den Markt vollständig oder zum größten Teil geöffnet haben. Okholm u.a. sehen (2010: 16) die Entwicklung im Wettbewerb im Jahre 2010 nicht viel besser:

- National postal operators maintain dominance in a number of market segments, a number of important entry barriers are outstanding, and a number of competition issues are reported.
- Despite the fact that full legal market opening has been achieved in Estonia, Germany, the Netherlands, Sweden, and the United Kingdom, actual competition in these countries is still low or undisclosed.
- Competition tends to be stronger outside the letter post segment, especially in express and parcels, and to a lesser extent in cross-border mail, direct mail, and publications.
- Interviews with competitor postal operators and trade unions revealed significant entry barriers. These must be overcome before the market can be considered truly open. Important barriers include the special VAT treatment of "public postal operators"; strict licensing requirements; lack of clarity regarding the latest EU case law; the presence of a reserved area where this is still the case; employment regulations; regulation regarding the financing of the USO and regulation of access to the postal infrastructure of the NPOs.

Auch die zweite Richtung der institutionellen Innovationen – die UDL – ist nach Okholm u.a. mit Problemen verbunden (2010: 17-18):

- The USO definition varies across countries but seems to be stable over time. This may indicate that the USO does not evolve in line with the need of today's consumers.

- The Third Postal Directive foresees that the reserved area (the traditional source of financing for the net cost, if any, of the universal service), disappears. This has sparked a discussion about how to estimate the net costs of the USO. However, only a few countries have actually estimated net costs of the USO instead of gross costs of the USO.
- So far, financing of the USO does not seem to pose a major challenge in most countries. Only a few countries currently find it necessary to compensate the USP for the net costs of the USO. However, the countries that have implemented the Third Postal Directive have foreseen a compensation fund that can be activated if the USO will pose a (significant) net cost on the USP in the future.

Die Postreform in Estland

Im April 2009 hat Estland als fünftes Land in Europa[11] seinen Postmarkt vollständig geöffnet, was zuerst die Abschaffung allen reservierten Bereichen bedeutete.[12] Ganz konkret hat der bisherige Monopolist Eesti Post (EP) das Alleinrecht für einfache Briefe (unter 50 G) verloren. Dieses reservierte Bereich bildete noch im Jahr 2007 75 % allen Briefsendungen.[13] Theoretisch war auch damals möglich, den alten Postbetreiber Konkurrenz zu machen, aber in der Realität konnte man über prohibitive Marktschranke sprechen. Seit 2009 haben alle Postunternehmen wirklich das Recht, auch die einfachen Briefe ent-

[11] Six Member States: Austria, Estonia, France, Germany, the Netherlands, and Slovenia may be considered as countries where the existing laws are to a large extent already harmonised with the provisions in the Directive. This is based on the assessment of the respondents to the questionnaire. Germany may be in compliance to a large extent, but did not formally adopt any new law/amendments explicitly referring to Directive 2008/6/EC. http://ec.eu-ropa.eu/internal_market/post/doc/studies/2010-main-developments_en.pdf

[12] https://www.riigiteataja.ee/akt/13091513

[13] http://www.konkurentsiamet.ee/?id=13903

sprechend dem Postgesetz zu befördern. Von der Marktöffnung sollten die Verbraucher und kleinere und mittlere Postunternehmen am meisten profitieren und dadurch die gesamte Wirtschaft. Zur politisch definierten UDL gehören zurzeit in Estland die Briefe bis zu 2kg und Pakete bis zu 20kg (ohne Partiesendungen). Als Qualitätskriterium gilt die Anforderung, dass 90% der inländischen Briefsendungen müssen schon am nächsten Tag zugestellt sein (Postgesetz §37). Für die geographische Zugänglichkeit gilt die Anforderung, dass in jedem Gemeinde und jeder Stadt ein Postamt sein soll, wobei in den Städten für jede zusätzliche 20000 Einwohnern ein zusätzliches Postamt vorgesehen ist. Auch für die Preise der UDL werden vom Wirtschaftsminister die Obergrenzen gesetzt.[14]

Die UDL-Ausschreibung fand im Jahr 2008 statt. Der einzige Teilnehmer und dann auch der Gewinner war EP. EP ist aber nicht mehr der Monopolist und hat den Anreiz für die Effizienzerhöhung durch die Kostenoptimierung und Produktentwicklung. Doch ist EP im Postsektor dominierend geblieben. Dazu trägt einerseits die breite Produktpalette[15], anderseits aber das etablierte Postnetz bei. Am Jahresende 2009 hatte EP 351 Postämter (im Jahr 2008 noch 407) und 3100 Briefkästen. Insgesamt hatte EP 3200 Mitarbeiter, davon beschäftigten sich mit dem Postdienst mehr als 2600. Der Anteil der UDL an der Gesamtumsatz des EP war etwa ein Drittel. Das Unter-nehmen hat 2009 schwarze Zahlen gezeigt, hauptsächlich dank der Beschäftigung mit unterschiedlichen logistischen und finanziellen Dienstleistungen. 2010 war der Gesamtgewinn des Unternehmens 7,2 Mio. €.

Insgesamt sind zurzeit auf dem estnischen Postmarkt 33 Unternehmen tätig, davon doch nur 1 (Express Post) im Universaldienstleistungsbereich als Konkurrent für EP.[16] Im Jahr 2009 hatte EP noch zwei Mitbewerber. Doch hatte D2D Schwierigkeiten mit dem Ent-

---

[14] z.B. gelten in Estland seit 01.01.2011 für einfache Briefe folgende Preise: bis 50g 0,35, 50-100g 0,40 und 100-150g 0,45 Euro. http://www.post.ee/failid/UPT_kiri_EUR_2011.pdf

[15] Neben den traditionellen Postdienstleistungen bietet die Firma auch vielfältige Logistik- und Finanzdienstleistungen an.

[16] http://mtr.mkm.ee/default.aspx?s=sastatistika

schädigungsfond und hat sich zum Jahresende aufgelöst. So hat die Marköffnung im UPD-Bereich keine Belebung des Wettbewerbs mitgebracht. Auch die Anzahl der Marktteilnehmer insgesamt außerhalb der UDL hat sich nach anfänglichem Wachstum etwas reduziert. In den Jahren 2008 und 2009 waren auf dem estnischen Postmarkt noch entsprechend 39 und 40 Anbieter tätig (Tabelle 2). Man kann über bestimmte Ausleseprozesse sprechen und das erste Ergebnis unserer Analyse festhalten: Liberalisierung hat keinen wesentlichen Wettbewerb im UDL-Bereich gebracht. Was könnten hier die Ursachen sein?

Tabelle 2: Anzahl der Anbieter auf dem Postmarkt in Estland 2008-2009.

Dienstleistung	2008	2009
UDL	1	1
Briefe	2	3
Postpakete	0	1
Expressdienst	38	39
Werbesendungen	6	8
Pressezusendung	2	4
Sonstige	2	4

Quelle: Wettebewerbsamt

Erstens ist der Umsatz auf dem Postmarkt tendenziell rückgängig, weil elektronische Kommunikation an Bedeutung gewinnt (Abb. 2).

Abb. 2: Marktentwicklung für Briefe in Estland (Mio. Stück).

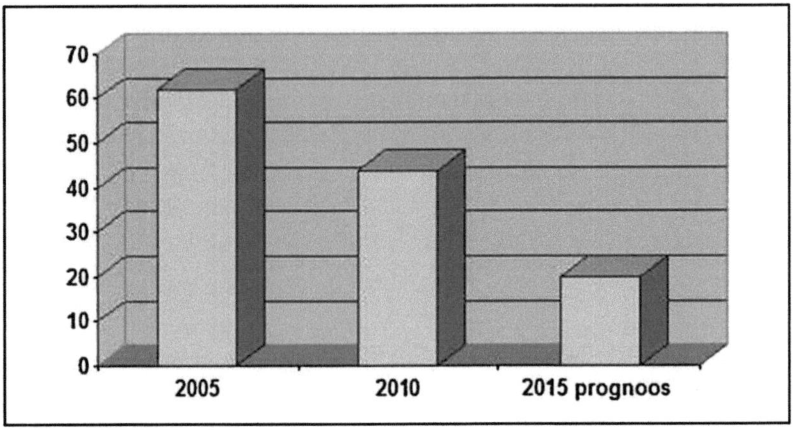

Quelle: Eesti Post

Im Jahr 2008 war der Umsatz noch 77 Mio. Euro (UDL 40,1%; Expressdienst 36,1%; Pressezusendung 12,7%). Im Jahr 2009 war der Umsatz um 17,6% kleiner und bildete nur 63 Mio. Euro, davon Expressdienst 37,3%. UDL ist auf 26,2% gefallen, weil ein Teil der Briefsendungen (Partiesendungen) jetzt unter sonstigen Postsendungen berücksichtigt werden.

Die zweite Ursache ist sicher die Finanzierungsmodell für die Zusatzkosten der UDL. Im Unterschied zu anderen Postdienst-leistungen, wo nur die Anmeldepflicht besteht (Expressdienst, Werbe- und Pressesendungen), müssen die im UDL-Bereich konkurrierenden Anbieter dafür vom Wettbewerbsamt (WA) eine Lizenz kriegen. Mit der Lizenz ist auch die Verpflichtung verbunden, sich an der Kompensation der UDL zu beteiligen.[17] Die Einzahlungen in entsprechende Entschädi-

[17] Finanzierungspflicht haben alle Postunternehmen, die nach dem §10 Postgesetzes die Lizenz für die Betätigung der Briefsendungen und Postpaketen haben. Allgemein sind die lizenzbedürftige Dienstleistungen dieselbe, die UPD bilden. Der Unterschied liegt nur bei den Partiesendungen, die Lizenz benötigen, aber nicht zur UPD gehören.

gungsfond werden von der Regierung festgelegt.[18] Das Postgesetz sieht dafür die Obergrenzen vor: entweder bis 5% vom Umsatz oder den festen Betrag für jede Sendeeinheit. Zum Beispiel darf dieser Betrag für den einfachen Brief nicht 0,19 Euro überschreiten (Postgesetz § 41).

Die Marktaufsicht wird für den Postmarkt durch das WA gewährleistet. In Estland haben wir mit einer integrierten Aufsichtsbehörde zu tun, der gleichzeitig für *ex post* und *ex ante* Aufsicht zuständig ist. Der Universaldienstleister hat einmal im Quartal das Recht von dem WA die Entschädigung der mit UPD verbundenen Zusatzkosten zu beantragen.[19]

Im Jahr 2009 waren die Zusatzkosten für EP, die vom WA anerkannt wurden, 2,8 Mio. Euro. Die Einzahlungspflicht für EP war insgesamt um 0,1 Mio. Euro kleiner. Die Wettbewerber haben in diesem Jahr 0,09 Mio. Euro eingezahlt. Diese Summe wurde dann am Jahresende dem EP ausgezahlt und die Differenz mit dem Sollwert blieb im Jahr 2010 auszuzahlen (Postiside 2009.a. aruanne: 21). In einer Parlamentsanfrage an den Wirtschaftsminister[20] wurde behauptet, dass EP im Jahre 2010 einen Verlust um 0,8 Mio. Euro hatte, obwohl das Unternehmen beim Umsatz 53,2 Mio. Euro insgesamt einen Gewinn um 7,2 Mio. Euro erreichte. Der Vorstand des EP droht den UPD-Vertrag abzubrechen. So sind wir zum zweiten Ergebnis gekommen. Ein Ausgleichsfond ist unter heutigen Umständen nicht nachhaltig oder gar nicht wirksam. Konkrete Ursachen sind zuerst die Wettbewerbssituation auf dem estnischen Postmarkt und zweitens politisch bestimmte Qualitäts- und Zugänglichkeits-, darunter auch Erschwinglichkeitskriterien. Es ist unmöglich, dass ein Konkurrent mit dem Marktanteil unter 10% (Express Post) allein alle UDL-Zusatzkosten für EP decken

---

[18] Die Verordnung von 5. März 2009 hat z. B. für einfache Briefe den Betrag 0,15 Euro und andere Briefe 1,21 Euro festgelegt. https://www.riigiteataja.ee/akt/13156387?leiaKehtiv

[19] Siehe die Verordnung des Wirtschaftsminister von 06.03.2009 Nr 21 https://www.riigiteataja.ee/akt/13156505

[20] http://www.riigikogu.ee/?op=ems&P_APKK=AP&page=apkk_nimekiri&user_id=1071439&sort=regnr

kann. Wie wir weiterhin sehen, will auch dieser einzige Konkurrent aus dem Markt raus.

Die folgenden Lösungsmöglichkeiten sind zu überlegen:

- Direktsubventionen aus dem Staatshauhalt,
- Reduzierung der Zugänglichkeit und Qualität der UDL, um Kosten zu sparen,
- Die Preiserhöhung für die Konsumenten auf Kosten der Erschwinglichkeit.

Eine besondere Marktschranke ist mit der vertikalen Integration der Altanbieter EP verbunden. Obwohl Postgesetz § 24 vorsieht, dass die Postnetze als *Essential Fassility* den anderen Betreibern mit angemessener (kostenbasierenden) Preisen zugänglich sein müssen, besteht hier für EP die wesentliche Marktmacht. Notfalls sollen das WA und Gerichte die Konflikte lösen. Zur Zeit läuft das erste Gerichtsverfahren, wo EP die Verordnung des WA bestreitet. Die Verordnung sah vor, den Zugang zum EP-Postnetz für den einzigen Konkurrenten Express Post zu erleichtern.[21] So sehen wir in der Praxis eine festgefahrene Lage. Weil die Lösung noch die gefunden ist, können wir das dritte Ergebnis feststellen: vertikale Integration hat sich als eine sichtbare Marktschranke erwiesen. Hier könnte man die vertikale Verflechtung nach Vorbild der Energie- und Gaswirtschft überlegen.

Es ist nicht verwunderlich, dass in solcher Lage beide Seiten sich für eine Fusion interessiert haben. Es wurde ein entsprechender Vorvertrag abgeschlossen und das Vorhaben im Wettbewerbsamt angekündigt. Wir sehen hier das vierte Ergebnis der Liberalisierung: es droht die Remonopolisierung des Postmarktes.

Der gemeinsame Marktanteil der fusionierenden Unternehmen auf den Märkten für Presse-, Werbe- und Briefsendungen beträgt 100 %. Bei der genauer Betrachtung betrifft die Fusion vier Teilmärkte, von de-

---

[21] http://majandus.delfi.ee/news/uudised/eesti-post-andis-konkurentsiameti-kohtusse.d?id=43679271

nen nur Expressdienst durch eine Fusion nicht gefährdet ist (Tabelle 3).[22] Die anderen drei werden vollständig monopolisiert, wobei bei der Pressezustellung die Unternehmen sogar ungefähr gleiche Positionen haben. Da wären Schäden von der Fusion am größten. Für die Werbe- und Briefsendungen wäre durch die Fusion nur die Marktbeherrschung durch das Monopol ersetzt. Dadurch wäre Wettbewerbspotential verloren gegangen. Es ist selbstverständlich, dass WA die durch das Wettbewerbsgesetz vorgesehenen zeitlichen Möglichkeiten für die Bearbeitung des Falles ausnutzte, aber letztendlich die Fusion doch untersagte.[23] Das war überhaupt die erste Untersagung in der nationalen Fusionskontrolle.

Tabelle 3: Marktanteile von Eesti Posti und Express Post.

Firma Teilmarkt	Eesti Post	Express Post
Pressezustellung	40-60	40-60
Direktwerbung	90-100	0-10
Einfache Briefe	90-100	0-10
Expressdienst	10-20	0-5

Quelle: Wettbewerbsamt

So ist theoretisch die Möglichkeit für den Wettbewerb im UDL-Bereich erhalten geblieben, aber praktisch funktioniert die vorgenommene institutionelle Innovation nicht. Als Ergebnis steigen zuerst die Preise für die Briefmarken und reduziert sich die Zugänglichkeit des Postnetzes für die Konsumenten durch die Schließung der Poststellen.

[22] Beschluss des WA 18.05.2011.a nr 5.1-5/11-011

[23] http://www.logistikauudised.ee/?PublicationId=480bbf85-9026-4286-a085-5954c32b6d1e

Zusammenfassung

In diesem Aufsatz haben wir die neue Spielregeln in einem von vielen Infrastruktursektoren, nämlich im Postbereich, untersucht. Wir haben festgestellt, dass hier alle grundlegenden Institutionen – Staat, Markt und Unternehmen – von den Innovationen betroffen sind. Diese Innovationen haben zwei Ziele – einerseits Effizienz durch mehr Markt und Wettbewerb, anderseits aber die Gewährleistung des Dienstleistungsangebots nicht nur im privaten, sondern auch im öffentlichen Interesse. Dabei haben wir innerhalb der EU auch eine bestimmte Arbeitsteilung festgestellt. Die EU setzt mit den eigenen Direktiven auf Liberalisierung und lässt die flankierenden Maßnahmen im Interesse der Grundversorgung mit der Universaldienstleistung den Mitgliedsstaaten zu verwirklichen. Die praktische Umsetzung der Reformen hat aber bisher keinen großen Erfolg gebracht. Der Wettbewerb ist insbesondere im Grundversorgungsbereich bescheiden geblieben und trotzdem sind die wichtigsten Merkmale der Universaldienstleistung – geographische und ökonomische Zugänglichkeit und Versorgungsqualität durch Sparmaßnahmen der Universaldienstleister gefährdet.

Konkret für den Fall Estland haben wir in der Entwicklung nach der vollständigen Markteröffnung im Jahre 2009 vier problematische Ergebnisse festgestellt:

- Liberalisierung hat keinen wesentlichen Wettbewerb im UDL-Bereich gebracht,
- Finanzierungsmodell für die UDL-Verpflichtung ist unter heutigen Umständen gar nicht wirksam,
- vertikale Integration hat sich als eine sichtbare Marktschranke erwiesen,
- es droht die Remonopolisierung des Postmarktes.

Literatur

Bares, E. (2009) Was hat die Postliberalisierung gebracht? UNI Post und Logistik.

Coase, R. (1937) “The Nature of the Firm”, Economica 4 (16): 386–405.

Engels, D. (2009) Die Postreform in Deutschland. Eine Rückschau. Kohlhammer Verlag.

Homann, K.; Suchanek, A. (2005) Ökonomik: Eine Einführung. 2. Aufl. Mohr Siebeck.

Jaag, Chr.; Koller, M.; Trinkner, U. (2008) Calculating the cost of the universal service obligation – the need for a global approach. Swiss Economics Working Paper 0010.

Kanatschnig, D.; Schmutz, P. (2004) Institutionelle Innovationsstrategien. Berichte aus Energie- und Umweltforschung, 26/2004.

North, D. (1990). Institutions, Institutional Change and Economic Performance, Cambridge University Press.

Okholm, H.B., Winiarczyk, M., Moller, A. (2010) Main developments in the postal sector (2008-2010). Copenhagen Economics.

Resel, K.; Ömer, B.; Kanatschnig, D. Institutionelle Innovationen für eine nachhaltige Entwicklung. Analyse institutioneller Nachhaltigkeitsdefizite. Berichte aus Energie- und Umweltforschung, 29/2002.

Riechmann, Chr.; Vaterlaus, S.; Zenhäusern, P. (2007) Auswirkungen Postmarktliberalisierung 2011, Frontier Economics Ltd.

Zapf, H.-M.; Wey, Chr.; Baake, P. (2007) How to regulate the postal industry: an economic approach. International Post Corporation, German Institute for Economic Research.

Williamson, O. E. (2002) "The Theory of the Firm as Governance Structure: From Choice to Contract." Journal of Economic Perspectives, 16(3): 171–195.

Voß, J.-P. ; Barth, R. Ebinger, F. (2001) Abschlussbericht zur Sondierungsstudie „Institutionelle Innovationen im Bereich Energie- und Stoffströme“. Institut für angewandte Ökologie.

Voß, J.-P., Barth, R., Ebinger, F. (2002) Institutionelle Innovationen: Potenziale für die transdisziplinäre Nachhaltigkeitsforschung. In: Balzer, I., Wächter, M. (eds): Sozial-ökologische Forschung. Ergebnisse der Sondierungsprojekte aus dem BMBF-Förderschwerpunkt. München: Ökom-Verlag, pp.69-87.

Justus Lenz

Innovationssystem Internet – Eine instituionenökonomische Analyse der digitalen Revolution

Einleitung

Spätestens mit dem Einzug der Piratenpartei in das Berliner Abgeordnetenhaus im September 2011 sind die Themen Digitale Revolution und Netzpolitik in der breiten Öffentlichkeit angekommen. Es wird viel und angestrengt diskutiert. Nicht nur über die politischen Implikationen des Aufstiegs der neuen Partei, auch manchen netzpolitischen Sachfragen wird nunmehr viel Raum in den deutschen Leitmedien eingeräumt. Beispielsweise stehen die Suche nach einem modernen Urheberrecht oder die Frage von neuen politischen Beteiligungsformen immer wieder im Fokus. Damit zeigt sich ein Lernfortschritt. Bei der ersten deutschen netzpolitischen Debatte in 2009 um die Einführung von Netzsperren zur Bekämpfung der Verbreitung von Kinderpornographie – man erinnere sich an das Stichwort *Zensursula* – sah dies noch anders aus. Hier wirkten Journalisten, Politiker und Beobachter noch überfordert und ließen sich nur langsam auf den neuen Diskurs ein. Aber trotz mancher Verbesserung gilt wohl auch heute noch, dass noch nicht weiter bekannt ist, welche Veränderungen hinter diesen Debatten stehen und welch grundlegende Transformation sich in Gesellschaft, Wirtschaft und Politik gerade vollzieht.[1]

Ziel des vorliegenden Beitrags ist es deshalb, zunächst aufzuzeigen, welche Faktoren hinter den angesprochenen Prozessen stehen. Dargestellt werden soll, wie die Entwicklung von Digitalisierung und Internet die Informationsverarbeitung und Kommunikationsmöglichkeiten

---

1 Der vorliegende Text enthält in Kapitel 2 und 3 Textbausteine aus der unveröffentlichten Masterarbeit „Politische Partizipation in der Informationsgesellschaft: Nutzen und Gestaltung einer wirtschaftspolitischen Ideation Plattform“ von Justus Lenz. Kapitel 1 ist im Ganzen ein überarbeiteter Abschnitt aus der genannten Masterarbeit. Die übernommenen Stellen sind im Sinne der besseren Lesbarkeit nicht einzeln gekennzeichnet.

verändert. Ähnlich wie die Kosten für (Arbeits-)Kraft und Warentransporte durch die industrielle Revolution massiv gesenkt wurden, führen Digitalisierung und Internet zu einem Preisrutsch der Kosten für Informationsverarbeitung, -transport und -verbreitung und damit auch zu einem Sinken der meisten Transaktionskosten. Diese grundlegende Transformation der Kostenstrukturen für Informationsverarbeitung, Kommunikation und Transaktionsorganisation entfaltet zunehmend ihre Wirkung. Zunächst soll kurz der Begriff der Transaktionskosten erklärt und ihre grundlegende Bedeutung für die Bedingungen menschlicher Interaktion kursorisch erläutert werden. Dann sollen die Kommunikationsmöglichkeiten im 20. Jahrhundert und ihre Auswirkungen auf die Ausgestaltung von Gesellschaft, Wirtschaft und Politik dargestellt werden, um anschließend die neue Logik des Internets und seine Transformationswirkung zu beschreiben.

1. Transaktionskostenbegriff

Der Begriff der Transaktionskosten ist eng mit dem Forschungsgebiet der Neuen Institutionenökonomik verbunden, die sich vor allem in der zweiten Hälfte des 20. Jahrhunderts entwickelt hat. Zurück geht das Konzept der Existenz von Transaktionskosten auf Ronald Coase, der in seinem grundlegenden Aufsatz *The Nature of the Firm* von 1937 beschreibt, dass die Benutzung des Marktmechanismus Kosten verursacht (S. 390). Vor dem Kauf eines Produktes – oder allgemeiner formuliert vor dem Abschluss eines (Kauf-)Vertrages – fallen Kosten durch die Suche nach geeigneten Möglichkeiten an. Zudem müssen die geeigneten Vertragsbedingungen (z.B. der Preis) ausgehandelt werden. Nach dem Abschluss eines Vertrages fallen weiterhin Überwachungskosten an, da sichergestellt werden muss, dass ein Vertrag auch eingehalten wird. All diese Kosten, die zusätzlich zu den eigentlichen Kosten eines Kaufvertrages – dem Preis – bestehen, nennt man Transaktionskosten. Sie entstehen, da alle Akteure nur über unvollständiges Wissen verfügen (Streit & Wegner 1989, S. 189).

Transaktionskosten entstehen aber nicht nur bei der Benutzung des Marktes, auch Aufbau und Nutzung einer Organisation wie einer Firma oder einer Behörde sind mit Transaktionskosten verbunden (Erlei,

Leschke & Sauerland, 1999, S. 199-202). Dies ist implizit schon im Artikel von Coase angelegt (1937, S. 394). Firmen wickeln laut Coase wie Märkte selbst Transaktionen ab. Sie entstehen, da sie die Abwicklung bestimmter Transaktionen zu dauerhaft niedrigeren Transaktionskosten als eine Abwicklung über den Markt ermöglichen. So kann es beispielsweise für einen Unternehmer unter Umständen vorteilhaft sein, bestimmte Dienstleistungen nicht bei jedem Bedarf aufs Neue am Markt einzukaufen. Denn in diesem Fall müsste er jedes Mal ein passendes Angebot auf dem Markt suchen und aushandeln. Stattdessen kann es sich lohnen, die Dienstleistungen zu internalisieren, z.B. in dem er einen Justiziar zur Rechtsberatung einstellt statt bei jedem Problem einen Anwalt zu konsultieren. Allerdings verursacht auch dies neben den einmaligen Suchkosten wiederum dauerhafte Transaktionskosten, da der Unternehmer die Arbeitsleistung seines Justiziars überwachen muss. Beide Formen der Abwicklung von Transaktionen – Markt wie Organisation – haben bestimmte Vorteile, weswegen sie nebeneinander existieren. Auch gibt es vielfältige Zwischenformen, so könnte der Unternehmer im obigen Beispiel versuchen, seine Transaktionskosten für die Abwicklung von Rechtsberatungen durch den Abschluss eines Rahmenvertrages mit einer Anwaltskanzlei zu senken, statt einen Justiziar einzustellen.

Neben der Internalisierung der Kosten einer Transaktionsabwicklung durch die Einrichtung einer Organisation zur Umgehung der Marktbenutzungskosten kann also versucht werden die Kosten der Marktnutzung zu senken. Neben dem oben angesprochenen Rahmenvertrag kann dies auch durch das Einschalten eines professionellen Informationsanbieters geschehen, der sein spezielles Wissen über die Marktverhältnisse zum Kauf anbietet (Streit & Wegner 1989, S. 191). Man denke an einen Vermögensberater, der gegen Bezahlung nach optimalen Anlagemöglichkeiten für seinen Kunden sucht. Transaktionen können auch durch die Anbieter selbst gesenkt werden. So diente die Selbstverpflichtung der Hamburgischen Kaufleute auf das Leitbild des ehrbaren Kaufmannes der Schaffung von Vertrauen bei (potentiellen) Kunden.

Besonders mächtig wird das Analyseinstrument der Transaktionskostentheorie, da es prinzipiell nicht nur auf wirtschaftliche, sondern auf jegliche menschlichen Transaktionen oder besser Interaktionen anwendbar ist. Dies gilt für politische Aktivitäten, aber auch für sonstige gesellschaftliche und private Interaktionen. Insofern ist es möglich, mit dem Instrument der Transaktionskostentheorie grundlegende Bedingungen für menschliche Interaktionen zu ergründen, sei es die „Nature of the Firm“, die Logik, die hinter der Entstehung von Parteien und zivilgesellschaftlichen Organisationen steht oder aber das Entstehen von neuen Organisations- und Protestformen wie beispielsweise Flashmobs.

Neben diesem grundlegenden Punkt sei erwähnt, dass eine weitere Möglichkeit zur Transaktionskostensenkung die Setzung von Regeln sein kann, nicht nur, aber auch durch den Staat. Deutlich wird dies am Beispiel von Straßenverkehrsregeln, z.B. zur Vorfahrt (vgl. hierzu auch Brennan & Buchanan, 1985, S. 10-15). Ohne die Existenz von Regeln zur Bestimmung der Vorfahrt an einer Kreuzung müssten zwei Autofahrer an einer Kreuzung stets neu verhandeln, wer zuerst fahren dürfte. Gäbe es aber Regeln, die von Stadt zu Stadt unterschiedlich wären, so müsste sich ein Autofahrer vor dem Besuch einer ihm fremden Stadt über die dort geltenden Vorfahrtsregeln informieren. Eine landesweit geltende Vorfahrtsregel wie die *Rechts-vor-Links-Bestimmung* in Deutschland senkt die oben beschriebenen Transaktionskosten einer Autofahrt dagegen erheblich. Ebenso wie die vorher genannten Beispiele stellen Vorfahrtsregeln Institutionen dar, die eingerichtet wurden, um Transaktionskosten zu senken. Institutionen sind laut Douglas C. North:

„… die Spielregeln einer Gesellschaft oder, förmlicher ausgedrückt, die von Menschen erdachten Beschränkungen menschlicher Interaktion. Dementsprechend gestalten sie die Anreize im zwischenmenschlichen Tausch, sei dieser politischer, gesellschaftlicher oder wirtschaftlicher Art“ (North, 1992, S. 3).

Die erheblichen Auswirkungen der transaktionskostensenkenden Effekte von Institutionen auf die Möglichkeiten menschlichen Handelns werden am Beispiel der Straßenverkehrsregeln offensichtlich. Mit einem zunehmenden Anstieg des Autoverkehrs wurden Vorfahrts- und andere Regelungen zur Ordnung des Straßenverkehrs zwingend notwendig. Ähnlich bedeutende Wirkung haben Institutionen im Bereich von Wirtschaft und Politik. Den großen Einfluss der Qualität der wirtschaftlichen Institutionen eines Landes auf das absolute und relative Wirtschaftswachstum zeigt z.B. Rodrik auf (2004). Die Qualität der wirtschaftlichen Institutionen hängt maßgeblich von politischen Entscheidungen ab, die wiederum durch politische Institutionen, wie z.B. durch die Regeln der Verfassung, beeinflusst werden (Brennan & Buchanan 1985 und North, Wallis & Weingast 2009).

2. Kommunikationsstrukturen im 20. Jahrhundert – das Zeitalter der Massenmedien

Bis Ende des 19. und Anfang des 20. Jahrhunderts waren die Möglichkeiten der Kommunikation neben Briefen (und später Telegrammen) auf das persönliche Gespräch beschränkt. Zur Informationsverbreitung standen zudem Printmedien zur Verfügung. Deren Bedeutung, insbesondere die der Zeitung, war schon in den vorherigen Jahrhunderten gewachsen. Mit der schnellen Weiterentwicklung der Drucktechnik seit Anfang des 19. Jahrhunderts erreichten Zeitungen immer größere Reichweiten und Umfänge (Stöber, 2003a, S. 46-49). Mit dieser Entwicklung begann gleichzeitig eine Konzentration der Zeitungen, da die neue Drucktechnik immer höhere Anfangsinvestitionen erforderte (Benkler, 2006, S. 187-189). Damit entwickelten sich Zeitungen im Laufe des 19. Jahrhunderts zum ersten echten Massenmedium, zu dessen Produktion sehr hohe Investitionen getätigt werden mussten. Diese Investitionen konnten sich nur bei einer großen Reichweite, also bei einer großen Zahl von zahlenden Konsumenten lohnen. Für gedruckte Bücher galten die gleichen Umstände, auch wenn sich die Zahl der nötigen Käufer zum Erreichen der Gewinnschwelle hier über einen längeren Zeitraum strecken konnte.

Die grundlegende Struktur der massenmedial geprägten Kommunikationsumgebung stand damit schon zur Zeit der weiter verbreiteten Zeitungen fest. Aufgrund der technischen Möglichkeiten konnte eine große Zahl von Rezipienten erreicht werden. Hierzu mussten aber zunächst hohe Investitionen getätigt werden und auch die variablen Kosten der Inhaltsproduktion waren durchaus beachtlich. Diese Entwicklung wurde im 20. Jahrhundert durch die Entwicklung weiterer Massenmedien fortgesetzt. Im 20. Jahrhundert veränderten sich die Möglichkeiten öffentlicher Kommunikation vor allem durch zwei Innovationen. Durch die Entwicklung und Verbreitung von Radio und Fernsehen (zunächst in einer Übergangsphase durch Kinos) wurde in der ersten Hälfte des 20. Jahrhunderts die weiträumige Verbreitung von Informationen in Ton und in bewegten Bildern möglich (Stöber, 2003b). Auch hier waren hohe Investitionskosten für die nötige Produktions- und Verteilungstechnik erforderlich, sodass sich auch hier die massenmediale Struktur herausbildete, in der eine relativ kleine Zahl von Anbietern ihre Programme an eine große Zahl von Empfängern und Konsumenten ‚verteilt' (Benkler, 2006, S. 178-180). Diese Sender-Empfänger-Struktur der Massenmedien wird auch als few-to-many Kommunikation bezeichnet, in der einige wenige Anbieter/Sender eine relativ große Zahl an Konsumenten/Zuhörern erreichen. Die Kommunikation verläuft also aufgrund der technischen und wirtschaftlichen Restriktionen einseitig vom Sender zum Empfänger.

Neben dem Aufstieg von Radio und Fernsehen veränderten sich auch die Möglichkeiten der direkten Kommunikation zwischen einzelnen Gesprächspartnern. Zu der Option, Gespräche von Angesicht zu Angesicht zu führen und Briefe zu schreiben, kamen im 19. und 20. Jahrhundert erst Telegramme, dann Telefonate und später Telefaxe hinzu (Stöber, 2003a). Diese ermöglichten im Vergleich mit den vorherigen Mitteln eine sehr schnelle Überwindung von örtlicher Distanz für Gespräche und schriftlichen Austausch. Diese schnelle und distanzunabhängige zweiseitige Kommunikation blieb jedoch immer auf Gespräche mit wenigen Teilnehmern beschränkt. Man konnte zwar mehr als nur zwei Personen an einem Gespräch beteiligen – beispielsweise durch Telefonkonferenzen; es gab auch Versuche, das Telefon als Programmmedium ähnlich dem Radio zu nutzen (a.a.O., S. 188). Für einen zweiseitigen Austausch größerer Gruppen war und ist das Medium Telefon aber nicht geeignet, es bleibt eine few-to-few Kommunikationsform. Natürlich lassen sich Telefongespräche auch über Radio und Fernsehen verbreiten – genauso wie im Radio- oder Fernsehstudio geführte Gespräche und Diskussionen. Die bereits beschriebenen Restriktionen dieser Medien lassen aber auch hier nicht zu, das

Telefon zur zweiseitigen Kommunikation größerer Gruppen zu benutzen. Die Logik der massenmedial bestimmten Öffentlichkeit wurde durch die Existenz des Telefons also nicht wesentlich verändert (Benkler, 2006, S. 179).

Die Logik der Massenmedien prägte im 20. Jahrhundert deshalb notwendigerweise nicht nur die Gestalt der Unterhaltungs- und Informationswirtschaft, sondern auch den öffentlichen Diskurs, die Möglichkeiten des Austausches zwischen Staat und Bürgern, die Bedingungen für Gruppenbildung und bildete die Grundlage aller wirtschaftlichen Aktivitäten. So hatte die beschriebene Struktur beispielsweise einen großen Einfluss auf die Inhalte der produzierten und verteilten Kultur und Nachrichten (siehe z.B. Lessig, 2004) und prägte die Gestalt der Öffentlichkeit entscheidend. Die kleine Zahl der Anbieter führte zwangsläufig zu einer Machtkonzentration bei der Verbreitung von Informationen. Sendestationen und Zeitungsverlage können von einem zentralen Punkt aus sehr viele Menschen erreichen und damit deren Meinung beeinflussen. Auch die angebotenen Inhalte wurden von dem Zwang geprägt, aufgrund der hohen Investitions- und Produktionskosten viele Konsumenten zu erreichen. Die Anbieter konzentrieren sich auf die Bereitstellung von Inhalten für möglichst große Konsumentengruppen, weswegen die Inhalte dem kleinsten gemeinsamen Nenner der Gruppe angepasst werden – sei es in Hinsicht auf Geschmack oder politische Einstellung (Benkler, 2006, S. 204-210).

Auch die Möglichkeiten zur Gestaltung der Kommunikation zwischen Staat und Bürgern unterlagen den geschilderten Restriktionen. Diese begrenzten beispielsweise die Möglichkeiten des öffentlichen Sektors Informationen zu akquirieren, die den wichtigsten Input für politische Prozesse und staatliches Handeln darstellen. Da Informationen dezentral bei den einzelnen Bürgern vorliegen (Hayek, 1974), müssen sie erst gesammelt und aufbereitet werden, bevor sie vom öffentlichen Sektor verwendet werden können. Die hohen Kosten einer zweiseitigen Kommunikation machen dies jedoch schwierig und teuer. Die zur Gestaltung und Durchführung von öffentlichem Handeln notwendigen Informationen wurden deshalb über den Rückgriff auf verschiedene Institutionen gesammelt, die diese Informationen gebündelt zur Verfügung stellen. In einer Untersuchung über das Informationsverhalten von Fachpolitikern im Deutschen Bundestag von 1997 hat Wasner herausgefunden, dass diese hauptsächlich auf Experten in der Ministerialbürokratie als Informationsquelle zurückgreifen (S. 170). Daneben nutzen sie auch häufig das Wissen von Verbänden und Fachliteratur und natürlich von Experten und Interessenvertretern. Mittlerweile existieren schätzungsweise mehr als 1000 Expertenkommissionen wie die Nationale Ethikkommission in Deutschland (Bogner & Torgersen, 2005, S. 7). Aus Sicht der Bürger bestehen die Engpässe in der Kommunikation mit dem öffentlichen Sektor vor allem in der fehlenden Möglichkeit, Informationen gezielt auszuwählen, und darin, Informationen an den öffentlichen Sektor weiterzugeben, bzw. mit Vertretern des öffentlichen Sektors zu kommunizieren (Priddat, 2004, S. 74-88). Diese Restriktionen durch direkte Kommunikationskosten und Transaktionskosten galten natürlich auch für den privaten Sektor – beispielsweise für die Kommunikation mit Kunden und die Suche nach Transaktionspartnern.

3. Die Kommunikationsstruktur des Internets – der Beginn der Digitalen Revolution

Mit der Erfindung von Druckerpresse, Radio, Fernsehen und Telefonen wurden die Möglichkeiten zur Informationsverbreitung und zur Kommunikation revolutioniert. Neben der Möglichkeit viele Menschen gleichzeitig über Massenmedien zu erreichen, wurde auch die Kommunikation zwischen einzelnen oder kleinen Gruppen über große Entfernungen möglich. Die aktuellen Veränderungen in Informationsverbreitung und Kommunikation, der Anstoß für die in der Einleitung beschriebenen gesellschaftlichen Diskussionen und für diesen Artikel, erweitern diese Möglichkeiten noch einmal erheblich.

An erster Stelle dieser Entwicklung stand die Digitalisierung. Digitalisierte Informationen lassen sich ohne Qualitätsverluste kopieren, bearbeiten, verbinden und wieder trennen sowie durchsuchen. Die Möglichkeit Informationen zu digitalisieren betraf, einhergehend mit der Entwicklung von Speicherplatz und Prozessorkapazität, nach und nach alle Arten von Informationen: Texte, Töne sowie unbewegte und bewegte Bilder. Die kontinuierliche Verbesserung der Mikroprozessoren

– die Kapazität von Mikroprozessoren verdoppelte sich bisher regelmäßig ungefähr alle 18 Monate nach dem Mooreschen Gesetz (siehe z.B. Van Lente & Rip, 1998, S. 206-207) – sorgte nicht nur für die hierzu nötigen Rechenleistung und Speicherkapazitäten. Auch die Verarbeitung digitalisierter Informationen wurde immer schneller und kostengünstiger. Im Zuge von Digitalisierung und kontinuierlicher Hardwareinnovation sanken damit nicht nur die Kosten für die Speicherung und Verarbeitung von digitalisierten Inhalten, sondern auch die Kosten für ihre Produktion. Die Anschaffungskosten sind durch digitale Technik im Vergleich zu älteren analogen Anlagen extrem gesunken (siehe z.B. Lessig 2004, S. 35). Heute kann jede Mittelschichtfamilie weltweit die nötige Ausrüstung wie beispielsweise PC, Software und Digitalkamera anschaffen, um Texte, Bilder, Musik und Videos zu erstellen.

Prinzipiell waren mit diesen Entwicklungen auch alle Formen der Kommunikation digitalisierbar. Ohne ein geeignetes Medium zur Verbreitung kämen diese Entwicklungen jedoch kaum zum Tragen. Disketten, CDs und DVDs unterscheiden sich zunächst grundsätzlich eher wenig von Büchern oder Videokassetten, so wie die Unterschiede zwischen digitalem und analogem Fernsehen oder digitaler von analoger Telefonie zunächst eher gering sind. Die Digitalisierung war erst die notwendige Vorbedingung der aktuell stattfindenden Informations- und Kommunikationsrevolution. Erst die Entwicklung des Internets ermöglicht es, die Vorteile digitalisierter Informationen voll zu nutzen.

Die Ursprünge des Internets reichen weit in das 20. Jahrhundert zurück – 1969 ging das ARPANET online (Naughton, 1999, S. 118-139), sozusagen das Ur-Internet. Aber sein Potential wird erst mit seiner zunehmenden Verbreitung seit Mitte der 1990er deutlich. 2011 hatten in Deutschland bereits 83% der Haushalte einen Zugang zum Internet (Eurostat 2012). Das von Benkler als „communications environment built on cheap processors with high computation capabilities, interconnected in a pervasive network“ beschriebene Internet hat enorme Auswirkungen (Benkler, 2006, S. 3), da es die fundamentalen Bedingungen von Informationsverarbeitung, Kommunikation und Wissensgenerierung verändert (Castells, 1996, S. 31).

Dies wird möglich, da das Internet eine unbestimmte und neutrale Kommunikationsstruktur bereitstellt, die grundsätzlich jede digitalisierte Information übertragen kann. Gleichzeitig ist die Struktur des Internets sehr innovationsfreundlich. Die drei wichtigsten Grundeigenschaften des Internets hierfür sind Paketstruktur, Netzneutralität und Interkonnektivität. Die digitalisierten Informationen werden zunächst geteilt, in Datenpakete verpackt und dann verschickt. Das Netz ist dabei für Inhalte jeder Art benutzbar, da jede digitalisierte Information in Datenpaketen verschickt werden kann (siehe Benkler 2006, S.147-149 und 396-399). Der Versand erfolgte zunächst unabhängig vom Inhalt der Pakete, was oft als Netzneutralität bezeichnet wird.[2] Zusätzlich sind die grundlegenden Übertragungsmechanismen so ausgestaltet und standardisiert, dass Rechner und Netze unterschiedlicher Hersteller zusammengeschlossen werden können, was als Interkonnektivität bezeichnet wird (Friedewald, 2000, S. 334). Damit war das ideale Medium für die Verbreitung von digitalisierten Informationen erfunden - es musste nur noch mit Leben gefüllt werden.

Nachdem 1969 die erste Verbindung zwischen zwei Computern im ARPANET aufgebaut wurde, stieg nicht nur die Zahl der angeschlossenen Rechner – im Oktober 1972 waren es gerade einmal 40 – exponentiell (a.a.O., S. 333). Auch die Zahl der nutzbaren Dienste, der über das Internet nutzbaren Kommunikationsmöglichkeiten und die Zahl der verfügbaren Inhalte wuchs rasant. Dabei zeigte sich bereits

---

2 Der Wissenschaftliche Dienst des Deutschen Bundestags definiert Netzneutralität als "die neutrale Übermittlung von Daten im Internet, das bedeutet eine gleichberechtigte Übertragung aller Datenpakete unabhängig davon, woher diese stammen, welchen Inhalt sie haben oder welche Anwendungen die Pakete generiert haben" (2010, S. 1). Weiterhin heißt es in dem Gutachten, die Netzneutralität galt "bislang als essentielle Eigenheit des weltweiten Netzes" (ebenda). Der zukünftige Umgang mit der Netzneutralität ist aktuell umstritten, es gibt beispielsweise Diskussion diese gesetzlich zu verankern. Für den Zweck der vorliegenden Arbeit reicht es festzustellen, dass die Netzneutralität eine große Rolle für das Innovationssystem Internet gespielt hat. Und dies, obwohl sie schon in der Vergangenheit nicht immer hundertprozentig gewährleistet war. Beispielsweise verboten die Nutzungsbedingungen des Netzes der National Science Foundation, ein bedeutendes Teilnetz in der Frühphase des Internets, kommerzielle Aktivitäten (Friedewald, 2000, S. 335).

sehr früh der Vorteil des offenen Aufbaus des Internets. Bereits 1970 wurde die elektronische Post, kurz Email entwickelt. Damit stand den Nutzern von ARPANET plötzlich eine Anwendungsmöglichkeit zu Verfügung, die von dem Betreiber des ARPANETS, der Advanced Research Project Agency (ARPA), überhaupt nicht vorgesehen war (a.a.O., S. 334). Es folgten die Entwicklung weiterer hilfreicher Werkzeuge für den Informationsaustausch durch Nutzer des Internets wie beispielsweise das Usenet, das textbasierte Foren zur Verfügung stellte (Naughton, 1999, S. 178-183). Parallel fand, wie bereits beschrieben, die ständige Leistungssteigerung im Bereich der Hardware statt, die es erlaubte, immer daten- und rechenintensivere Anwendungen zu entwickeln. Eine dieser Anwendungen war die Einbindung von Bildern in das Internet über die graphische Benutzeroberfläche des World Wide Web, die es ermöglichte, das Medium Internet für eine noch größere Zahl von Menschen benutzbar zu machen (Hafner & Lyon, 1996, S. 257-258 sowie Friedewald, 2000, S. 337 und 344).

Die Paketstruktur des Internets, durch die jegliche digitalisierte Information übertragen werden kann, erlaubte es, dass neue Anwendungen dezentral für das vorhandene Verbindungsnetz entwickelt werden konnten. Neue Dienste konnten einfach die etablierten Verbindungsprotokolle nutzen. So konnte beispielsweise die E-Mail erfunden werden, ohne dass eine solche Anwendung von den Erfindern oder den Betreibern des Internets vorgesehen war (Naughton, 1999, S. 183 und Friedewald, 2000, S. 334). Die Gleichbehandlung der Datenpakete, die Netzneutralität, sorgte dafür, dass sich die neuen Anwendungen verbreiten konnten, da sie im Datentransport gegenüber vorhandenen Diensten nicht behindert werden konnten. Dass sich unterschiedliche Geräte an das Internet anschließen lassen, hatte vor allem die Folge, dass es schnell wachsen konnte, in der jüngeren Geschichte des Internets auch durch den Anschluss von Handys, Netbooks und weiteren Geräten. Die Interkonnektivität hat aber auch zur Folge, dass durch die Anbindung neuer Geräteklassen neue Anwendungen und Dienste möglich werden. Der Interzugang über Handys ermöglicht beispielsweise den Abruf von Navigationsdiensten und weitere Anwendungen, die beim Zugang über Desktoprechner keinen Sinn ergeben. Durch die drei Eigenschaften Paketstruktur, Netzneutralität und Interkonnektivität wurde das Internet zu einem offenen System, in dem dezentral neue Dienste und Anwendungen von einer großen Zahl von Menschen entwickelt und verbreitet werden konnten. Das Internet ist damit ein Innovationssystem, das Programmierer und Nutzer mit Leben füllen, indem sie Innovationen entwickeln, testen, verbessern und verbreiten (siehe Naughton, 1999, S. 270-272 sowie Friedewald, 2000, S. 336).

Neben der technischen Betrachtungsweise, dass neue Anwendungen wie Foren oder E-Mails einfach neue technische Anwendungen sind, kann man diese auch durch den analytischen Fokus der Institutionenökonomie betrachten. Viele der im Internet verfügbaren Dienste wie Email, Foren, Twitter, Facebook oder NASAs Clickworkers (siehe nächste Seite) können auch als Institutionen betrachtet werden, die Transaktionskosten senken (siehe Brown & Duguid, 2000, S. 23). Lessing hält fest: "[C]ode is law" (1999, S. 6). Damit möchte er unter anderem ausdrücken, dass Software menschliches Verhalten steuert, durchaus vergleichbar mit Gesetzen oder sozialen Normen. Dass Erfindungen wie die E-Mail die Kommunikationskosten senken, ist einleuchtend. Eine E-Mail zu verschicken kostet deutlich weniger als der Versand eines Briefes. Das Internet ermöglicht es, Anwendungen zu entwickeln, die bereits vorhandene Kommunikationsformen kostengünstiger und effizienter nachbilden. Neben few-to-few Kommunikationsformen, wie E-Mail, lässt sich auch die massenmediale few-to-many Kommunikation ins Internet übertragen (Benkler, 2006, S.369-375). Über die Effekte der hiermit erreichbaren Kostensenkung hinaus, die sich auch auf die Transaktionskosten auswirken, hat das Internet einen noch größeren Effekt auf die Transaktionskosten.

Das Internet ermöglicht das erste Mal in der Geschichte kostengünstige many-to-many und many-to-few Kommunikation, was die Erfindung vollkommen neuer Dienste und Anwendungen oder anders ausgedrückt neuer Institutionen erlaubt. Diese haben das Potential die Transaktionskostenstruktur und damit die Grundlage für menschliche Interaktionen grundlegend zu ändern. Shirky stellte schon 2008 fest: „The internet is the first big communication network to make group communication a native part of its repertoire" (S. 157). Die Auswirkungen dieser Entwicklung lassen sich mittlerweile nicht mehr nur vereinzelt, sondern flächendeckend in der Praxis beobachten.

Ein bereits älteres Beispiel aus der Wissenschaft für eine Institution, die eine neue Art der menschlichen Zusammenarbeit möglich macht, ist das NASA-Project Clickworkers. Hier stellte NASA eine Softwareumgebung bereit, über die jeder interessierte Laie über das Internet an der Identifizierung und Kategorisierung von Marskratern mitwirken konnte. Dabei gab es keine Schranken, jeder Interessierte konnte auf der angebotenen Website mitwirken – sei es für ein paar Minuten oder für mehrere Stunden. Die Ergebnisse der einzelnen Mitwirkenden wurden mit einem Rechenalgorithmus zusammengefügt, wobei das System so gestaltet war, dass die gleichen Marsbilder immer von mehreren Menschen bearbeitet wurden (die Nachfolgseite Be a Martian ist hier zu erreichen: http://beamartian.jpl.nasa.gov/welcome). Die Analyse der Clickworkers-Ergebnisse zeigte:

“... that the automatically-computed consensus of a large number of clickworkers is virtually indistinguishable from the inputs of a geologist with years of experience in identifying Mars craters” (Benkler, 2006, S. 69).

Clickworkers ist damit auch ein Beispiel für die Zusammenarbeit von großen, anonymen Gruppen bei der Produktion von Inhalten, auch Kollaboratives Produzieren genannt. Mit einer geeigneten Plattform wird es über das Internet möglich, die Beteiligung sehr vieler Menschen an der Produktion von Inhalten zu organisieren. Wie das Beispiel Clickworkers zeigt, gilt dies mit geeigneten Prozessen auch für anspruchsvolle Aufgaben. Das wohl berühmteste Beispiel eines kollaborativen Projektes ist die Online-Enzyklopädie Wikipedia (siehe beispielsweise Shirky, 2008, S. 50-51 und Benkler, 2006, S. 101).

Das kollaborative Produzieren ist ein Teilphänomen, der über geeignete Plattformen und Kommunikationswege möglichen neuen Formen der Gruppenbildung und Zusammenarbeit. Denn auch die Transaktionskosten für soziale Interaktionen werden deutlich gesenkt, Shirky spricht von „ridiculously easy group-forming“ (2008, S. 54). Die Seite Meetup etwa erleichtert es Menschen mit ähnlichen Interessen, Gleichgesinnte zu identifizieren und Treffen zu organisieren (http://www.meetup.com/). Nutzer können dazu Gruppen gründen und vorhandene Gruppen nach Interessen oder Orten durchsuchen. Dies ermöglicht die Bildung von Gruppen, die sich sonst nicht bilden können, beispielsweise Selbsthilfegruppen für Betroffene sehr seltener Krankheiten. Mittlerweile gibt es natürlich zahlreiche weitere Seiten, die dies ermöglichen, unter anderem Facebook.

Im Bereich der Politik macht sich die neue 'Leichtigkeit' der Gruppenbildung und -handlung auch bemerkbar. So können sich beispielsweise auch größere und heterogenere Gruppen zusammenschließen und ihre Interessen vertreten sowie durchsetzen. Dies wäre ohne die veränderte Transaktionskostenstruktur aufgrund neuer Internet-Institutionen so nicht möglich. Der in der Einleitung erwähnte Protest gegen Internetsperren, der sich unter dem Schlagwort *Zensursula* organisiert hat, ist ein Beispiel hierfür. Hier gab es eine große Protestwelle gegen eine politische Maßnahme (Internetsperren), die eine große und heterogene Gruppe betraf (Internetnutzer). Nach den von Olson analysierten Regeln der Gruppenbildung wäre eine so große und heterogene Gruppe mit nur einem gemeinsamen Interesse (Internetnutzung) eigentlich kaum in der Lage, sich zu organisieren und ihre Vorstellungen politisch durchzusetzen (1965). Durch die neuen Möglichkeiten der Kommunikation und Gruppenbildung gilt diese Schlussfolgerung allerdings nicht mehr (siehe Müller 2012, S. 88-89) - die Transaktionskostenstruktur hat sich verändert.

Das Bewertungssystem von Ebay ist ein weiteres gutes Beispiel, diesmal aus dem Bereich der Wirtschaft, für eine Zusammenarbeit, die erst durch die neue Kommunikationsumgebung Internet möglich wurde. Um die Suche nach geeigneten Geschäftspartnern zu vereinfachen, können Benutzer die Bewertungen anderer Nutzer über vergangene Transaktionen eines Verkäufers ansehen (Sunstein, 2006, S. 194). Das System ermöglicht somit die Schaffung einer Vertrauensbasis für Transaktionen in einer sehr großen, anonymen Gruppe von Käufern und Verkäufern. Ähnliches leisten andere Plattformen in weiteren Märkten, beispielsweise im Bereich von Handwerksdienstleistungen. Dort gibt es intermediäre Plattformen, die zwischen Nachfrager- und Anbieterseite vermitteln. Hierzu gibt es beispielsweise auf der Seite My Hammer sehr differenzierte Bewertungs- und Kommentarsysteme, anhand derer Nachfrager Qualitäts- und Leistungsniveau eines Anbieters bewerten können (http://www.my-hammer.de/).

Die Verkaufsplattform von Ebay zeigt zudem die Auswirkungen des von Anderson *Long Tail* getauften Phänomens (2006). Laut Anderson wird es im Internet möglich effizient Nischenmärkte zu bedienen, da sich die „costs of connecting supply and demand" (a.a.O., S. 26), die Transaktionskosten, extrem verringern. Ebay ermöglicht mit der Bereitstellung seiner Auktionsplattform auch den Handel solcher Produkte, die sonst sehr selten nachgefragt werden. Analog hierzu können die bereits beschriebenen neuen Formen der sozialen Interaktion als *Long-Tail-Phänomen* betrachtet werden. Also als soziale (Gruppen-) Interaktionen, die erst durch neue, internetbasierte Kommunikationsdienste möglich wurden, da sie vorher durch prohibitiv hohe Kosten verhindert wurden (Shirky, 2008, S. 17-22). Dies gilt auch für neue politische Protestbewegungen und für die kollaborative Zusammenarbeit bei Projekten wie Clickworkers oder Wikipedia.

Fazit

Netzpolitik und Internet sind zu Recht im deutschen Diskurs angekommen. Die Entwicklung von Internet und internetbasierten Institutionen transformiert die Kommunikations- und Transaktionskostenstruktur grundlegend, was sich auf alle Bereiche des menschlichen Zusammenlebens auswirkt. In Politik Wirtschaft und Gesellschaft zeigt sich immer deutlicher, welche Auswirkungen dies mit sich bringt. Das zeigen politische Proteste wie *Zensursula*, Seiten wie Meetup oder Facebook und erfolgreiche Firmen wie Ebay oder Amazon. Dabei geht es allerdings nicht um einzelne Plattformen, um einzelne Projekte, wie immer noch oft suggeriert wird. Während vor einiger Zeit AOL, Yahoo und Altavista bewundert wurden, so sind gerade Google, Facebook und Twitter in aller Munde. Die Entwicklung zeigt jedoch, dass sich dies schnell wieder ändern kann. Der nächste technische und soziale Durchbruch kann jederzeit erfolgen, vielleicht wird gerade an einem Forschungsinstitut, in einer Garage oder in einer Studenten-WG daran gearbeitet.

Die eigentliche Nachricht ist nicht der jeweils aktuelle Medienhype über eine neue Plattform oder Seite, sondern das Innovationssystem Internet, das diese ermöglicht. Durch seinen offenen Aufbau, bestimmt durch Paketstruktur, Netzneutralität und Interkonnektivität, hat sich das Internet zu einem innovationsoffenen Raum entwickelt, in dem sich dezentrales Wissen und Kreativität entfalten können. Durch die Aktivitäten vieler Nutzer, Programmierer, Wissenschaftler, Studenten und Firmen, die neue Ideen entwickeln, umsetzen, testen, verbessern und verbreiten, wurden die Institutionen geschaffen, die heute bereits von der neuen Logik des Internetzeitalters zeugen.

Diese Entwicklung wird weiter fortschreiten, solange das Internet als offenes Innovationssystem besteht. So zeigt z.B. die zunehmende Einbindung von mobilen Geräten in das Internet, wie neue Möglichkeiten zu neuen Anwendungen und Diensten führen können. Es zeichnen sich auch weitere Entwicklungen ab, die das Potential von Digitalisierung und Vernetzung in ganz neuen Bereichen nutzen. Ein besonders bemerkenswertes Beispiel ist die Möglichkeit, dass sich ähnliche Veränderungen bei der Herstellung materieller Güter abspielen werden, wie sie im Bereich immaterieller Güter bereits beobachtet werden können. Dort sind sowohl Distribution, als auch die Produktion bereits durch Digitalisierung und Vernetzung voll im Wandel begriffen, während sich im Bereich materieller Güter bisher vor allem die Distribution verändert hat (Beispiele sind Ebay oder Amazon). Dies könnte sich durch die Entwicklung von 3D-Druckern ändern, die es schon jetzt ermöglichen, Gegenstände aus Materialien wie Plastik, Silber, Keramik, Glas oder Stahl zu ‚drucken'. Noch sind diese Drucker relativ teuer und in ihren Möglichkeiten beschränkt. Sie können beispielsweise zur Zeit nur Gegenstände aus einem Material herstellen. Die Entwicklungsgeschichte im Bereich des Digitaldrucks zeigt jedoch, dass sich dies wahrscheinlich schnell ändern wird. Schon heute werden 3D-Drucker genutzt, um die Vorteile von digitalisierten und vernetzten Informationen in die materielle Welt zu übertragen:

Erstens produzieren wir erst dann, wenn tatsächlich eine Bestellung eingeht. Wichtiger aber: Die Designer können jederzeit auf Kundenwünsche eingehen. Sie können Fehler beseitigen, die Farbe ändern oder Funktionen erweitern. Früher hätten sie erst die komplette Serie verkaufen müssen. *Heute können sie zunächst wenige Exemplare verkaufen und ihr Produkt dann anhand des Feedbacks verbessern.* (Wirtschaftswoche, S. 86, Hervorhebung durch J.L.).

Die Äußerung des Geschäftsführers einer Firma, die mithilfe von 3D-Druckern von Nutzern entworfene Produkte herstellt, zeigt, welches Potential sich hier verbergen könnte (http://www.shapeways.com/). Es wird spannend bleiben zu beobachten, welche Entwicklungen das Innovationssystem Internet noch hervorbringen wird.

Literatur

Anderson, C. (2006) *The Long Tail – How Endless Choice is Creating Unlimited Demand.* London: Random House Business Books.

Benkler, Y. (2006) *The Wealth of Networks.* New Haven and London: Yale University Press.

Brennan, G., & Buchanan, J. M. (1985) *The Reason of Rules: Constitutional Political Economy.* Gesamtausgabe James M. Buchanan 2000. Indianapolis: Liberty Fund.

Brown, J. S., & Duguid, P. (2000) *The Social Life of Information.* Harvard: Harvard Business School Press.

Castells, M. (1996) *The Rise of the Network Society Volume I: The Information Age: Economy, Society and Culture.* 2. Auflage 2000. Oxford: Blackwell Publishing.

Coase, R. H. (1937) The nature of the firm. *Economica*, 4/16., 386-405.

Erlei, M., Leschke, M., & Sauerland, D. (1999) *Neue Institutionenökonomik.* 2. Auflage 2007. Stuttgart: Schäffer-Poeschel.

EuroStat (2012) *Statistiken zur Informationsgesellschaft.* Heruntergeladen am 29.05.2012 von: http://epp.eurostat.ec.europa.eu/portal/page/portal/information_society/data/main_tables

Friedewald, M. (2000) Vom Experimentierfeld zum Massenmedium: Gestaltende Kräfte in der Entwicklung des Internets. In: Technikgeschichte 67, Nr. 4 (331–361). Berlin: edition sigma.

Hafner, K., & Lyon, M. (1996) *Where Wizards stay up late – The origins of the internet.* New York: Simon & Schuster.

Hayek, F. A. v. (1974) *The Pretence of Knowledge*. Prize Lecture to the memory of Alfred Nobel. Verfügbar unter: http://www.nobelprize.org/nobel_prizes/economics/laureates/1974/hayek-lecture.html

Lessig, L. (1999) *Code and other laws of cyberspace*. New York: Basic Books.

Lessig, L. (2004) *Free Culture: The Nature and Future of Creativity*. New York: Penguin Press.

Lösche, P. (2006) Demokratie braucht Lobbying. In T. Leif & R. Speth (Hrsg.), Die fünfte Gewalt: Lobbyismus in Deutschland (53-68). Wiesbaden: Verlag der Sozialwissenschaften.

Müller, P. (2012) *Machiavelli.net: Strategien für unsere offene Welt*. Bad Vilbel: Scoventa.

Naughton, J. (1999) *A brief history of the future: The origins of the internet*. London: Weidenfeld & Nicolson.

North, D. C. (1992) *Institutionen, institutioneller Wandel und Wirtschaftsleistung*. Tübingen: Mohr Siebeck.

North, D. C., Wallis, J. J., & Weingast, B. R. (2009) *Violence and Social Order*. New York: Cambridge University Press.

Olson, M. (1965) *The Logic of Collective Action: Public Goods and the Theory of Groups*. Cambridge: Harvard University Press.

Priddat, B. P. (2004) 2nd-order-democracy. Politikprozesse in der Wissensgesellschaft. In P. Collin & T. Horstmann (Hrsg.), Das Wissen des Staates: Geschichte, Theorie und Praxis (72-89). Baden-Baden: Nomos.

Rodrik, D. (2004) Getting Institutions Right. *CESifo DICE Report*, 2/2004, 10-15.

Shirky, C. (2008) *Here comes Everybody*. London: Penguin Books.

Streit, M. E., & Wegner, G. (1989) Wissensmangel, Wissenserwerb und Wettbewerbsfolgen – Transaktionskosten aus evolutorischer Sicht. *ORDO*, Bd. 40, 183-200.

Stöber, R. (2003a) *Mediengeschichte: Die Evolution neuer Medien von Gutenberg bis Gates. Eine Einführung. Band 1: Presse – Telekommunikation.* Wiesbaden: Westdeutscher Verlag.

Stöber, R. (2003b) *Mediengeschichte: Die Evolution neuer Medien von Gutenberg bis Gates. Eine Einführung. Band 2: Film – Rundfunk – Multimedia.* Wiesbaden: Westdeutscher Verlag.

Sunstein, C. R. (2006) *Infotopia.* Oxford: Oxford University Press.

Van Lente, H., & Rip, A. (1998) Expectations in Technological Developments: An Example of Prospective Structures to be filled in by Agency. In C. Disco & B. van der Meulen (Hrsg.), Getting new technologies together (203-230). New York: Walter de Gruyter.

Wasner, B. (1997) *Parlamentarische Entscheidungsfindung: Einblick in das schwierige Geschäft der Mehrheitsbeschaffung.* Passau: Wissenschaftsverlag Richard Rothe.

Wirtschaftswoche (07.04.2012) Drucken Sie doch Ihre eigene Lampe: Interview mit Peter Weijmarshausen. Nr. 15/2012 (86-87).

Wissenschaftlicher Dienst des Deutschen Bundestags (2010) *Aktueller Begriff: Netzneutralität.* Nr. 014/10 (05. März 2010). Verfügbar unter: http://www.bundestag.de/dokumente/analysen/2010/Netzneutralitaet.pdf.

Kärt Rõigas[1]

Linkage Between Productivity and Innovation in Different Service Sectors

Introduction

The importance of service sector has grown over time. In 2008, the share of the service sector in total value added was 70% in the EU-27. In Romania the share of service firms' value added was the lowest (55%) and in Luxembourg the highest (85%). In Estonia service sector value added was 68%. The average share of service sector value added is higher in older member states. (Eurostat 2011) The service sector and its productivity need to be studied, because in Western Europe the level of productivity is lower compared to the productivity level of the United States. The key reason for differences in productivity levels is lower productivity growth in Western European service sector. (van Ark *et al.* 2008)

There is growing interest in analyzing the relationship between productivity and innovation (see, for example, Janz *et al.* 2004, Griffith *et al.* 2006, Masso and Vahter 2008, Mairesse and Robin 2009, Polder et al. 2010) Compared to the manufacturing sector, the service sector has been less analyzed, mainly because productivity measurement in the service sector is complicated and the service sector itself is very heterogeneous. The development of measuring productivity has been slower in the service sector (Adam *et al.* 1981; Mills *et al.* 1983) mainly because of the nature of services – their labour intensiveness, perishability, simultaneity, and intangibility (Drucker 1974). There are many factors that have an influence on service sector productivity. In

[1] Acknowledgements: Author acknowledges the support of the Estonian Science Foundation's Grants 7405 and 8311 and target financing of the Estonian Ministry of Education and Research 0180037s08. The author is grateful to Urmas Varblane and Priit Vahter for their comments and ideas used in the paper. The author would also like to thank Kadri Ukrainski and Andrew Rozeik for their comments.

this paper those factors have been narrowed down to innovation types.

The importance of innovation as a productivity factor stems from the Solow growth theory (1956, 1957) where productivity is related to accumulated physical and human capital, and innovation. Innovation is also considered to be one of the five drivers of productivity among skills, investment, enterprise and competition (HM Treasury 2006).

The aim of the paper is to explore the differences in linkages between productivity and innovation among service sub-sectors through analyzing different service sectors in Estonia. Compared to previous studies concerning the relationship between productivity and innovation, in this paper four innovation types are considered. In many previous related articles only technical innovation has been considered, partly because there were not any well-structured questions about organizational and marketing innovations included in innovation surveys before Community Innovation Survey (CIS) 4 (2002-2004).

The second original contribution in this paper is that productivity is decomposed into three constituent components of the value added: labour costs, depreciation and gross profit[2] per employee. This enables the analysis of which components of value added are related to innovation. The linkages between productivity and innovation can be very different among countries (see Janz *et al.* 2004 for a comparison of Sweden and Germany), but they can also differ in one country between different sub-sectors. The third point of novelty is the use of a different classification of services to analyze whether the linkage between productivity and innovations is the same in different sub-sectors or not. Masso and Vahter (2012) and Evangelista and Vezzani (2010) have divided services into different groups, although they use different classifications. Masso and Vahter use the Eurostat classification of knowledge intensive services (KIS) and less knowledge intensive services (less-KIS) and a classification by Soete and Miozzo (1989) who divided services into four groups using Pavitt's (1984) taxonomy. In contrast, in this paper services are divided into three groups according to the report "Innovation in Services: Typology, case studies and poli-

2 In this paper gross profit is defined as EBIT (earnings before interest and taxes).

cy implications" (2006). This classification has not been used before for studying linkages between productivity and innovation. Usually firms are classified by their production process, for example labour/capital intensiveness, mass production, etc. Compared to previously used classifications, the one used in this paper divides services from the customer's (and not the producer's) point of view: this classification is based on how services create value for the costumer. These service groups are the following: assisting services, distributive services and problem solvers.

Literature review

In order to study the linkage between productivity and innovation it is useful to classify services to see whether these linkages are different among service sectors. Service firms have been classified in several ways, for different classifications see Judd (1964), Rathmell (1974), Soete and Miozzo (1989), Erramilli (1990), Lovelock *et al.* (2004), Viitamo (2007), Glücker and Hammer (2011), etc.

As mentioned previously, there is growing interest in modelling the linkage between productivity and innovation, but most of these articles analyze productivity and innovation in the manufacturing sector, for example Griffith *et al.* (2006) and Janz *et al.* (2004). In many articles only one type of innovation is considered at once. Mostly technological innovation (product and process innovation) is considered (for example, Suriñach *et al.* 2011, Mairesse and Robin 2009), while non-technological innovation is studied less. Many articles focus on the model introduced by Crépon *et al.* (1998), known as the CDM model. In these studies information about innovation activities is taken from Community Innovation Surveys (CIS).

Often, one innovation type is included in analysis of the productivity-innovation linkage; one exception is an article by Evangelista and Vezzani (2010), who consider different innovation types and their combinations. They use both manufacturing and service sector data from the Italian CIS 4. They divide the manufacturing sector into four sub-sectors according to Pavitt's taxonomy (1984) and the service sector also into four groups according to Evangelista's previous work (2000). Firstly, they identify the most common innovation behaviour in firms. Four categories were found to be the most common innovation modes: product oriented process oriented, organizational and complex. Thereafter, relations between those categories and economic indicators were controlled. All categories are positively related to productivity growth, but not in all sub-sectors. Process innovation separately is not significantly related to productivity in any subsectors and product innovation is significant only among the transport sector (for more detailed results see Evangelista and Vezzani 2010).

Evangelista and Vezzani (2010) found that combining product, process and organizational innovation has the strongest relationship with productivity. The relationship is the strongest among transport sector, followed by business services. Firms undertaking only one type (product or process) of innovation are less effective. Process innovation is not related to productivity. The relationship between organizational innovation and productivity in the manufacturing sector is stronger than in services. Using data from the Netherlands, Polder *et al.* (2010) found that undertaking product or process innovation separately does not have any significant relationship with productivity. Organizational innovation is the only type of innovation that has a significant relationship with productivity according to Evangelista and Vezzani (2010) and Polder *et al.* (2010) (see Table 1).

Most of the empirical studies use econometric models in order to model the linkage between productivity and innovation. Rochina-Barrachina *et al.* (2010), in contrast, use non-parametric methods. In their article, firms which undertake process innovation are compared to those which do not by comparing their cumulative distribution functions of productivity levels. They use stochastic dominance to rank those distributions, reaching the following results: firms that undertake process innovation have higher productivity levels compared to others. They also notice that there is a divergence between these different types of firms.

Table 1: Previous studies on the linkages between productivity and innovation types in the service sector

Authors	Innovation types					
	Product	Process	Organi-zational	Product and process	Process and organi-zational	Product, process and or-ganiza-tional
Suriñach *et al.* (2011)	+ (26 European countries)	+ (26 European countries)				
Rochina-Barrachina *et al.* (2010)		+ (Spain)				
Evangelista and Vezzani (2011)			+ (Italy)			+ (Italy)
Griffith *et al.* (2006)	+ (France, Spain, UK)	+ (France) NS (Spain, UK)				
Mairesse, and Robin (2009)	+ (France)	NS (France)				
Janz *et al* (2004)	+ (Sweden, Germany)	- (Germany) NS (Sweden)				
Polder *et al.* (2010)	NS (Netherlands)	NS (Netherlands)	+ (Netherlands)	- (Netherlands)	+ (Netherlands)	+ (Netherlands)
Masso and Vahter (2012)	+ (Estonia)	NS (Estonia)	NS (Estonia)	+ (Estonia)		

Notes: "+ " indicates the relationship is positive

"- " indicates the relationship is negative

NS indicates the relationship was analyzed, but is not significant

Source: Suriñach *et al.* 2011; Rochina-Barrachina *et al.* 2010; Evangelista and Vezzani 2010; Griffith *et al.* 2006; Mairesse and Robin 2009; Janz *et al.* 2004; Polder *et al.* 2010; Masso and Vahter 2012.

Gu and Tang (2004) measure innovation with four different indicators: R&D expenditures measured as a percentage of output, patents per employee, technology adoption measured by real investment in machinery and equipment, and skills intensity measured by high educated staff per employee. In order to be innovative a firm has to invest in R&D expenditures to create or use new products or production processes. Therefore, R&D is an important input for the innovation process. Also, the above mentioned CDM model shows that R&D is important in the innovation process (for a more detailed overview of the CDM model see Crépon *et al.* 1998). Many authors use the CDM model to analyze the relationship between productivity and innovation, for example Janz *et al.* (2004), Griffith *et al.* (2006), Mairesse and Robin (2009), Polder *et al.* (2010), and Masso and Vahter (2012). All these authors use CIS data for measuring innovation. Griffith *et al.* studied the relationship among four European countries – France, Germany, Spain and the United Kingdom. Process innovation is related to productivity only in France and the relationship is weak. Product innovation is significant in France, Spain and the UK. For further information about the data and measures used in above mentioned studies, see Appendix 1. Mairesse and Robin (2009) also studied the relationship between productivity and innovation in France using data from the CIS. They estimated models for both the manufacturing and service sector, with the following results: product innovation is significant in the service sector, but process innovation does not have any significant relationship with service sector productivity.

A related paper about the relationship between productivity and innovation in the Estonian service sector has been written by Masso and Vahter (2012). They also consider four types of innovation and divide the service sector into sub-sectors. Two different classifications are used in their article. Using the Eurostat classification, Masso and Vahter found that technological innovation and product innovation are positively related to productivity (for detailed analysis including sub-sectors results see Masso and Vahter 2012). Also, Suriñach *et al.* (2011) tried to analyze the relationship among sub-sectors, but dividing the economy into seven sub-sectors resulted in no significant correlations between productivity and innovations.

Methodology

As mentioned above, classifying the service sector might give some more detailed information about the relationship between productivity and innovation. As the previous articles show (Evangelista and Vezzani 2010; Masso and Vahter 2012), the relationship between productivity and innovation differs among different service sectors. The report "Innovation in Services: Typology, case studies and policy implications" (2006) is used to classify service firms in this paper. According to this report services are divided into four groups: assisting services, distributive services, problem solvers and leisure services. This classification is based on how services create value for the customer. Assisting services are those which help people to do things they can do themselves, like cleaning, but which are time consuming. Distributive services include a large amount of different services, for example banking, transport, and wholesale trade. Problem solvers are solving specific problems that customers cannot handle themselves, like law firms, architect bureaus, information technology solutions, medical services, etc. Leisure services are activities like art, entertainment, sports, and restaurants. However, leisure services are not considered in this paper, because there are too few observations in this group in the case of Estonian data. This classification is based on the NACE 5 digit nomenclature (see Appendix 2). In this paper the service sector is defined as NACE sectors E and G to O, with some exceptions in sector E, for example gas production.

A Cobb-Douglas type of production function is estimated. Labour productivity is measured as value added per employee, innovation types are taken as dummy variables whether a firm is an innovator or not (1 and 0 respectively). Also capital intensity as the capital-labour ratio is included[3]. The first model estimates productivity per employee for the whole service sector, therefore sub-sector dummies for assisting and distributive services are included. All the models are estimated with ordinary least squares (OLS). Using OLS for estimating those

[3] In the case of adding capital-labour ratio in the model, total factor productivity instead of labour productivity is estimated.

models, correlative relations result and causality effects cannot be estimated. See limitations for this model in the conclusion section. Four different models are estimated: one for productivity, the second for labour costs, the third for depreciation and the fourth with gross profit per employee as the dependent variable. Decomposing productivity into three different variables gives the opportunity to look deeper at the relationship between productivity and innovation. The model is the following:

$$(1) Log(value\_added\_per\_employee)_i = \alpha_0 + \alpha_1 \log(K/L)_i + \alpha_2 \log(number\_of\_employees)_i + \alpha_3 Foreign\_ownership_i + \alpha_4 Product\_innovation_i + \alpha_5 Process\_innovation_i + \alpha_6 Organizational\ innovation_i + \alpha_7 Marketing\_innovation_i + \alpha_8 Assisting\_services_i + \alpha_9 Distributiveservices_i + u_i,$$

where K/L stands for capital intensity measured as capital-labour ratio, while capital is measured as firm's fixed assets. u_i is the error term and subscript i indexes firms.

As the next step, in order to analyze the linkages between productivity and innovation in a more detailed way the same model is estimated based on sub-sector data. The first four models are estimated based on distributive service firms' data, then using problem solvers' data and finally based on assisting service firms' data.

$$(2) Log(value\_added\_per\_employee\_in\_one\_sub-sector)_i = \beta_0 + \beta_1 \log(K/L)_i + \beta_2 \log(number\ of\_employees)_i + \beta_3 Foreign\_ownership_i + \beta_4 Product\_innovation_i + \beta_5 Process\_innovation_i + \beta_6 Organizational\_innovation_i + \beta_7 Marketing\_innovation_i + v_i$$

According to theoretical studies, the estimations of parameters should be as follows: based on Solow's growth theory (1956, 1957), long-term productivity growth depends on innovation and capital intensity, both variables of which are positively related to productivity. The number of employees is included in the model to control for economies of scale. Therefore, the number of employees is assumed to be positively related to productivity. Bigger firms have advantages for lowering costs and therefore also increasing productivity (Kendrick 1977, Silvestre 1987, De Witte and Marques 2011). Productivity and foreign ownership are interrelated, similar to productivity and innovation (Helpman *et al.* 2004). On the one hand foreign ownership increases firm's productivity and on the other hand only productive firms are able to receive foreign investments. It is more costly for firms to be active in a foreign country, because the local firms have more information about the local markets, business practices and customer preferences. Therefore foreign firms must have some other competitive advantages, like higher productivity or greater market power. (Griffith *et al.* 2004) Having foreign ownership is positively related to productivity. Smarzynska Javorcik (2004) analyzed the relationship between foreign ownership and productivity in Lithuania and showed that firms that having joint ownership is positively correlated with productivity. Based on Estonian data, Vahter and Masso (2007) analyzed the relationship between productivity and foreign investments, also finding a positive relationship.

Considering previous studies capital intensity is positively related to productivity, see Griffith *et al.* (2006), Mairesse and Robin (2009), Polder *et al.* (2010), and Masso and Vahter (2012). All above mentioned studies also include the number of employees in their models. In the Griffith *et al.* and Mairesse and Robin studies the number of employees is added as a dummy variable. Mairesse and Robin found that the more employees the firms have, the lower their productivity level is. In the Griffith *et al.* paper there are both negative and positive relations between the number of employees and productivity. Polder *et al.* and Masso and Vahter use the logarithm of the number of employees to measure firm size. In both of these papers the relationship between the number of employees and productivity is negative.

Data and descriptive statistics

To investigate the relationship between productivity and innovation, data from the Estonian innovation survey CIS2006 (covering the years 2004-2006) are used as a source for innovation indicators. Four types of innovation are considered: product, process, organizational and marketing innovation. Information about innovation activities in CIS2006 is based on self-reporting, whether firms conducted any kind of innovative activities (there are questions about 15 different activities) during this period. In CIS2006 there are 739 service firms, which comprise 38% of all the firms included in this survey.

The Estonian Business Register is used for indicators of productivity and its components. Data in the Business Register is based on firms' annual reports. In this paper labour costs, depreciation, and gross profit are taken from those annual reports for calculating value added. Data about fixed assets are taken from Business Register. Productivity is taken as the dependent variable in the regression model; therefore its values are taken for the year 2006 which marks the end of the innovation survey period. Innovation and other explanatory variables are taken as the average for the years 2004-2006, because it is assumed that changes in innovation activities are likely not affecting productivity in the same period.

In Appendix 3 descriptive statistics for the variables in the model is given. Differences between the values of sub-sectors have been tested with the t-test (see Appendix 4). It is seen in the table that among problem solvers labour costs per employee are the highest. Compared to other sectors problem solvers need more qualified employees who also have higher wages. The lowest labour costs are among distributive services. Average depreciation is the lowest among problem solvers and the highest among assisting services. This can be explained by the nature of these services, as problem solvers do not need much capital to offer services, for example law firms and architecture bureaus. There are not any statistically significant differences between sub-sectors in the case of gross profit and value added per employee.

The share of product and process innovators is the highest among problem solvers, at the same time the share of organizational innovators is the lowest. However, organizational innovation has a similar share in all other sectors, where differences are not significant. In the case of marketing innovation, distributive services have the highest share of innovators.

The number of employees and capital intensity is the highest among assisting services and the lowest among problem solvers. Similar to the share of innovators, the share of foreign owned firms[4] in sub-sectors is given. The shares of foreign owned firms are not significantly different from each other.

Results

The first model (1) is estimated with OLS for the whole service sector. Results are given in Table 2 (standard errors are given in parentheses). For models with heteroscedasticity, robust standard errors are calculated. All the models are significant at the 1 per cent level. The Ramsey RESET test shows that there might be some important omitted variables in the labour costs and depreciation model. These omitted variables could be unobserved variables, such as skills and knowledge.

Table 2: Productivity and its components models for all service firms

Dependent / Explanatory	Log(value added per employee)	Log(labour costs per employee)	Log(depreciation per employee)	Log(gross profit per employee)
Log(K/L)	0.163	0.059	0.706	0.186
	(0.026)***	(0.013)***	(0.018)***	(0.033)***
Product innovation	0.219	0.077	0.067	0.436
	(0.100)**	(0.059)***	(0.080)	(0.149)***
Process innovation	-0.037	0.070	-0.015	-0.098
	(0.089)	(0.054)***	(0.073)	(0.137)
Organizational innovation	0.102	0.178	0.069	0.147
	(0.093)	(0.053)***	(0.072)	(0.134)
Marketing innovation	0.220	0.130	-0.090	0.147
	(0.117)*	(0.060)**	(0.081)	(0.152)
Log(number of em-	0.003	0.037	0.014	0.019

[4] Either fully or partially owned.

ployees)	(0.040)	(0.023)	(0.032)	(0.060)
Foreign ownership	0.600 (0.083)***	0.501 (0.053)***	0.207 (0.072)***	0.592 (0.135)***
Assisting services	-0,147 (0,135)	-0,323 (0,101)***	-0,191 (0,137)	-0,014 (0,245)
Distributive services	-0.357 (0.089)***	-0.511 (0.053)***	-0.099 (0.072)	0.064 (0.132)
Constant	10.878 (0.291)***	11.318 (0.158)***	1.723 (0.213)***	9.407 (0.396)***
Number of observations	517	558	557	468
F-statistic	13.44***	32.06***	199.23***	8.38***
R2	0.193	0.345	0.766	0.141
Hettest	5.38**	2.19 (H0)	2.26 (H0)	2.56 (H0)
Multicollinearity	1.32	1.32	1.32	1.32
Ramsey test	0.26 (H0)	3.90**	2.47*	0.48 (H0)

Notes: There is heteroscedasticity in the value added model; therefore robust standard errors are given for this model. This estimation is based on Estonian CIS2006 and Estonian Business Register 2004-2006 data. All models are estimated with ordinary least squares.

* - significant at 10 per cent level

** - significant at 5 per cent level

*** - significant at 1 per cent level

Productivity per employee has a positive relationship with capital intensity and the foreign ownership dummy. Of the innovation types product and marketing innovation are significant. Marketing innovators have on average 22.0% higher productivity than non-innovators, once other determinants of productivity are accounted for, and product innovators have on average 21.9% higher productivity than non-innovators. Compared to previous studies, the results found in this paper are quite similar. Product innovation is also significant and positive in the Masso and Vahter (2012) paper on Estonia, Griffith et al.

(2006) based on data from France, Germany, Spain and the UK, and Janz et al. (2004) based on German and Swedish data. Marketing innovation is not significant in Masso and Vahter (2012) in the case of adding all four types of innovation in the model. Combining product and process innovation into a technological innovation dummy, they found marketing innovation significant at the 10 per cent level. Some authors like Mairesse and Robin (2009), Griffith et al. (2006), and Rochina-Barrachina et al. (2010) also found process innovation significant and positive, whilst in the Janz et al. (2004) study the relationship between productivity and process innovation is negative. Polder et al. (2010) and Evangelista and Vezzani (2010) found that productivity is positively related to organizational innovation. According to the Estonian data used in this paper, organizational innovation is related to productivity in some service sub-sectors and process innovation is related to labour costs in the whole service sector model and among problem solvers (see Table 6). The distributive services sector dummy shows (see Table 3) that firms in the distributive service sector have on average 35.7% lower productivity level than firms that belong to the group of problem solvers.

In addition to the foreign ownership dummy and capital intensity, all four types of innovation are also significant in the labour costs model. Process innovation, which is not statistically significant in the value added model is significant in the labour costs model, but has a lower coefficient than other innovation types. The strongest linkage is between organizational innovation and labour costs per employee (compared to other innovation types). Organizational innovators have on average a 17.8% higher productivity level than non-innovators, once other productivity determinants are accounted for. Capital intensity has the lowest coefficient in the labour costs model compared to other components models. Firms that have foreign ownership have on average 50.1% higher labour costs per employee.

In the labour costs model both sub-sector dummies are significant. Both assisting services and distributive services have lower labour costs than problem solvers. The only variable that is not significant in the labour costs model is the number of employees. Therefore, in bigger firms wages are not significantly higher. In the depreciation model only two variables are significant: capital intensity and foreign ownership. In the gross profit model product innovation in significant – product innovators have on average 43.6% higher gross profit compared to non-innovators. Capital intensity and foreign ownership are significant, as in all previously described models. Sub-sector dummies are, in this model, insignificant, which means that there are no significant differences between gross profit levels comparing the subsectors.

In Table 3 results based on distributive service firms' data are given. For productivity, depreciation and gross profit model standard errors are corrected with heteroscedasticity. Similar to the whole service sector model, productivity per employee is significantly linked to capital intensity, foreign ownership and marketing innovation. Marketing innovators have on average 36.5% higher productivity per employee than non-innovators. The strongest linkage is between productivity and foreign ownership – firms with foreign ownership have on average 77.4% higher productivity per employee.

Analyzing the models of productivity components shows that in all the models capital intensity and foreign ownership are significant and the linkage between capital intensity and depreciation per employee is the strongest. Foreign ownership has the strongest linkage with gross profit per employee. In the labour costs model two types of innovation are also significant: organizational and marketing innovation. In the depreciation model (like in the case of the whole service sector model) only capital intensity and foreign ownership are significant. Among distributive service firms gross profit per employee is significantly and positively related to capital intensity and foreign ownership. Firms with foreign ownership have on average 82.9% higher gross profit per employee. In the case of the whole service sector only product innovation is significant in the gross profit model, but in the case of distributive services both product and marketing innovations are significant. Product innovators have on average 44.3% higher gross profit per employee and marketing innovators have on average 34.0% higher gross profit per employee than non-innovators.

Table 3: Productivity and its components models for distributive service firms

Dependent / Explanatory	Log(value added per employee)	Log(labour costs per employee)	Log(depreciation per employee)	Log(gross profit per employee)
Log(K/L)	0.170 (0.033)***	0.064 (0.082)***	0.739 (0.022)***	0.167 (0.043)***
Product innovation	0.232 (0.158)	0.062 (0.082)	0.175 (0.112)	0.443 (0.196)**
Process innovation	-0.129 (0.128)	0.041 (0.073)	-0.141 (0.099)	-0.316 (0.203)
Organizational innovation	-0.005 (0.127)	0.172 (0.070)**	0.047 (0.099)	0.022 (0.181)
Marketing innovation	0.366 (0.158)**	0.196 (0.077)**	-0.099 (0.106)	0.340 (0.195)*
Log(number of employees)	-0.016 (0.047)	0.015 (0.028)	-0.006 (0.034)	0.016 (0.076)
Foreign ownership	0.774 (0.112)***	0.560 (0.070)***	0.180 (0.091)**	0.829 (0.155)***
Constant	10.506 (0.419)***	10.796 (0.213)***	1.322 (0.273)***	9.725 (0.532)***
Number of observations	343	361	360	301
F-statistic	11.97***	18.92***	187.33***	7.56***
R^2	0.200	0.273	0.784	0.153
Hettest	5.59**	0.10 (H_0)	3.68*	7.12***
Multicollinearity	1.32	1.30	1.31	1.34
Ramsey test	0.26 (H_0)	2.07 (H_0)	1.57 (H_0)	0.35 (H_0)

Notes: There is heteroscedasticity in the value added, depreciation, and gross profit model; therefore robust standard errors are given for those models. This estimation is based on Estonian CIS2006 and Estonian Business Register 2004-2006 data. All models are estimated with ordinary least squares.

* - significant at 10 per cent level

** - significant at 5 per cent level

*** - significant at 1 per cent level

In Table 4 results from estimating the models based on problem solvers' data are given. As in the previous sectors capital intensity and foreign ownership are significant in the productivity model. Organizational innovation has positive a linkage with productivity – organizational innovators have on average 29.3% higher productivity per employee than non-innovators. The only model among problem solvers where capital intensity is not significant is the labour costs model. This is due to the nature of the problem solvers sector, where a large amount of capital is not necessary for offering services. The other difference compared to previously analyzed sectors is that the number of employees is significant in the labour costs model.

Labour costs per employee are linked to two types of innovation: process and organizational innovation. Process innovators have on average 14.2% higher labour costs per employee than non-innovators and organizational innovators have on average 22.6% higher labour costs per employee. Also, foreign ownership has a positive linkage with labour costs per employee. Surprisingly, in the gross profit model foreign ownership is not significant. This means that foreign owned and domestic firms do not have any significant differences in their gross profit levels. Product innovation has a positive linkage with gross profit per employee – product innovators have on average 39.7% higher gross profits per employee than non-innovators.

Table 4: Productivity and its components models for problem solvers

Dependent / Explanatory	Log(value added per employee)	Log(labour costs per employee)	Log(depreciation per employee)	Log(gross profit per employee)
Log(K/L)	0.117 (0.048)**	0.023 (0.030)	0.547 (0.043)***	0.227 (0.070)***
Product innovation	0.136 (0.115)	0.038 (0.083)	-0.026 (0.119)	0.397 (0.224)*
Process innovation	0.147 (0.111)	0.142 (0.076)*	0.147 (0.116)	0.240 (0.217)
Organizational innovation	0.293 (0.152)*	0.226 (0.089)**	0.198 (0.121)	0.283 (0.226)
Marketing innovation	-0.027 (0.186)	-0.015 (0.117)	-0.056 (0.163)	0.004 (0.263)
Log(number of employees)	-0.011 (0.068)	0.089 (0.048)*	0.042 (0.076)	-0.107 (0.130)
Foreign ownership	0.249 (0.101)**	0.407 (0.080)***	0.216 (0.110)*	0.049 (0.223)
Constant	11.437 (0.489)***	11.560 (0.350)***	3.237 (0.480)***	9.362 (0.834)***
Number of observations	140	160	160	134
F-statistic	3.96***	7.51***	31.04***	3.49**
R^2	0.174	0.240	0.559	0.163
Hettest	4.22**	4.31**	4.53**	0.93 (H_0)
Multicollinearity	1.24	1.23	1.23	1.22
Ramsey test	0.52 (H_0)	0.98 (H_0)	1.67 (H_0)	1.29 (H_0)

Notes: There is heteroscedasticity in the value added, labour costs, and depreciation model; therefore robust standard errors are given for those models. This estimation is based on Estonian CIS2006 and Estonian Business Register 2004-2006 data. All models are estimated with ordinary least squares.

* - significant at 10 per cent level

** - significant at 5 per cent level

*** - significant at 1 per cent level

Table 5 illustrates the results of the estimations based on assisting services data. It is important to notice that the number of observations in assisting services is low compared to other sectors. Therefore, there are not so many significant variables in the models and the estimations are less accurate and are not as reliable as the previous results which have a bigger sample. Despite the small number of observations all models are significant at the 1 per cent level.

Assisting service firms are the only sector where productivity per employee is not linked to foreign ownership. Similar to problem solvers, organizational innovation is significant in the productivity model. Organizational innovators have on average 50.9% higher productivity per employee than non-innovators.

Table 5: Productivity and its components models for assisting service firms

Dependent / Explanatory	Log(value added per employee)	Log(labour costs per employee)	Log(depreciation per employee)	Log(gross profit per employee)
Log(K/L)	0.216	0.088	0.812	0.211
	(0.053)***	(0.036)**	(0.084)***	(0.085)**
Product innovation	0.344	0.375	-0.424	0.083
	(0.327)	(0.201)*	(0.405)	(0.526)
Process innovation	-0.046	-0.122	-0.096	0.219
	(0.269)	(0.185)	(0.317)	(0.428)
Organizational innovation	0.509	0.121	0.206	0.857
	(0.287)*	(0.200)	(0.431)	(0.467)*
Marketing innovation	-0.269	0.093	0.004	-0.878
	(0.302)	(0.201)	(0.325)	(0.484)*
Log(number of employees)	0.188	0.158	0.069	0.200
	(0.126)	(0.083)*	(0.132)	(0.201)
Foreign ownership	0.400	0.363	0.352	1.029
	(0.319)	(0.206)*	(0.321)	(0.594)*
Constant	9.259	10.170	-0.048	8.188
	(0.776)***	(0.485)***	(1.054)	(1.236)***
Number of observations	34	37	37	33

F-statistic	5.02***	4.22***	28.33***	3.93***
R^2	0.575	0.504	0.871	0.524
Hettest	0.35 (H_0)	1.56 (H_0)	3.56*	0.00 (H_0)
Multicollinearity	1.41	1.56	1.56	1.43
Ramsey test	0.82 (H_0)	5.13***	1.59 (H_0)	1.13 (H_0)

Notes: There is heteroscedasticity in the depreciation model; therefore robust standard errors are given for this model. This estimation is based on Estonian CIS2006 and Estonian Business Register 2004-2006 data. All models are estimated with ordinary least squares.

* - significant at 10 per cent level

** - significant at 5 per cent level

*** - significant at 1 per cent level

In the labour costs model foreign ownership and capital intensity are significant. Similar to problem solvers, the number of employees has a positive linkage with labour costs. Product innovation has a positive linkage with labour costs per employee: product innovators have on average 37.5% higher labour costs per employee than non-innovators. In the depreciation model only capital intensity is significant. The gross profit model is the only model with a negative linkage between innovation and productivity components. Marketing innovation has a negative linkage with gross profit per employee: marketing innovators have on average 87.8% lower gross profit per employee than non-innovators. The reason for the negative linkage could be the fact that firms that have lower gross profit are not able to undertake more expensive innovations like product or process innovations. This highlights the causality problem – whether productivity has an influence on innovation, or innovation on productivity. In this paper causality effects are not analyzed and only correlative linkages between variables are analyzed. At the same time gross profit per employee has a positive and very strong linkage with organizational innovation: organizational innovators have on average 85.7% higher gross profit per employee than non-innovators. Gross profit per employee is also highly linked to foreign ownership: firms with foreign ownership have on average 102.9% higher gross profit than those that do not have foreign ownership.

In Table 6 all significant linkages between innovation and productivity (including productivity components) are given. The "+" or "-" sign in parentheses shows whether this linkage is positive or negative. In the whole service sector all types of innovations are significant in different models. Among distributive and assisting service firms process innovation is not related to productivity nor to its components. In the problem solvers sector process innovation is positively linked to labour costs per employee. The distributive service sector is the only sector where marketing innovation has a positive linkage with productivity or its components.

Table 6: The linkages between innovation and productivity and its components in different service sectors

	Product innovation	Process innovation	Organizational innovation	Marketing innovation
The whole service sector	Value added per employee (+) Labour costs per employee (+) Gross profit per employee (+)	Labour costs per employee (+)	Labour costs per employee (+)	Value added per employee (+) Labour costs per employee (+)
Distributive services	Gross profit per employee (+)		Labour costs per employee (+)	Value added per employee (+) Labour costs per employee (+) Gross profit per employee (+)
Problem solvers	Gross profit per employee (+)	Labour costs per employee (+)	Value added per employee (+) Labour costs per employee (+)	
Assisting services	Labour costs per employee (+)		Value added per employee (+) Gross profit per employee (+)	Gross profit per employee (-)

Looking at the sub-sectors' models, it can be seen that productivity per employee is linked to organizational (problem solvers and assisting service firms) and marketing innovation (distributive service firms). Technological innovation is not linked to productivity per employee. As previous studies focus more on technological innovation, they underestimate the importance of innovations in service sector. In different sub-sectors different innovation types are linked to productivity and its components. Therefore, it is important to analyze the linkage between productivity and innovations in different sub-sectors.

Limitations

Estimating this type of model with ordinary least squares has some limitations. This model has an endogeneity problem which means that all the explanatory variables are not fully exogenous. For example innovations increase the productivity level of the firm, but at the same time productive firms have more resources to adopt innovations. As there is no clear direction of influence effects between those two variables, only correlative linkages and not causality effects are studied. Analyzing this type of model with OLS gives biased estimations of the parameters. One solution to this problem is to use instrumental variables. Another way is to estimate the model according to Olley and Pakes (1996) or Levinsohn and Petrin (2003) who added some explanatory variables to control for the unobservable parts of productivity.

Another limitation lies with the data source used in this paper – CIS2006. There can be problems that the person who answers the questions concerning innovation activities might not be able to distinguish between different innovation types, especially product and process innovation, because services have processes in their nature (Gallouj and Weinstein 1997).

Conclusion

In this paper four innovation types – product, process, organizational and marketing innovation – are considered. For analyzing the linkage between productivity and innovation, services are divided into three groups: assisting services, distributive services and problem solvers. Productivity is measured as value added per employee, which consists of labour costs, depreciation and gross profit per employee. For modelling the linkages of productivity and its components, data from Estonian CIS 5 (covering the years 2004-2006) and Estonian Business Register for the year 2006 are used.

Estimating the linkage between productivity and innovation, a Cobb-Douglas type of production function is used. Estimating the models with ordinary least squares revealed that considering the whole service sector productivity has a positive linkage with product and marketing innovation. The labour costs model is the only one where all four types of innovation are significant. The strongest linkage is between organizational innovation and labour costs and the weakest is the linkage with process innovation. In the case of the depreciation model no type of innovations are significant. Gross profit has a strong linkage with product innovation.

Among distributive services productivity is also related to marketing innovation. Among distributive services marketing innovation is significant in three models out of four. In the labour costs model organizational and marketing innovations are significant and there are not any significant innovations in the depreciation model. In the problem solvers sector organizational innovation is positively linked to productivity. Labour costs are linked to process and organizational innovation. Based on problem solvers' data, the labour costs model is the only model where process innovation is significant. Labour costs are the only productivity component that is in all sectors related at least to one type of innovation. Product innovation is significantly related to gross profit. Among assisting services productivity is related to organizational innovation and labour costs are related to product innovation. In the gross profit model there are both positive and negative linkages between gross profit and innovation: organizational innovation is positively linked to gross profit and marketing innovation has a negative linkage with gross profit.

References

Adam, E. E. Jr., Hershauer, J. C., Ruch, W. A. (1981) Developing Quality Productivity Ratios for Public Sector Personnel Services. – Public Productivity Review, Vol. 5, No. 1, pp. 45-61.

Cobb, C. W., Douglas, P. H. (1928) A Theory of Production. – The American Economic Review, Vol. 18, Vo. 1, pp. 139-165.

Crépon, B., Duguet, E., Mairesse, J. (1998) Research, innovation, and productivity: an econometric analysis at the firm level. – Economics of Innovation and New Technology, Vol. 7, No. 2, pp. 115-158.

De Witte, K., Marques, R. C. (2011) Big and beautiful? On non-parametrically measuring scale economies in non-convex technologies – Journal of Productivity Analysis, Vol. 35, No. 3, pp. 213-226.

Drucker, P. F. (1974) Management: Tasks, Responsibilities, Practices. Oxford: Butterworth-Heinemann, 576 p.

Erramilli, M. K. (1990) Entry Mode Choice in Service Industries. – International Marketing Review, Vol. 7, No. 5, pp. 50-62.

Eurostat. http://epp.eurostat.ec.europa.eu/portal/page/portal/eurostat-/home. 22.06.2011.

Evangelista, R. (2000) Sectoral patterns of technological change in services. – Economics of Innovation and New Technology, Vol. 9, No. 3, pp. 183-221.

Evangelista, R., Vezzani, A. (2010) The economic impact of technological and organizational innovations. A firm-level analysis. – Research Policy, Vol. 29, No. 3, pp. 1253-1263.

Gallouj, F., Weinstein, O. (1997) Innovation in services. – Research Policy, 1997, Vol. 26, No. 4/5, pp. 537-556.

Glücker, J., Hammer, I. (2011) A pragmatic service typology: capturing the distinctive dynamics of services in time and space. – The Service Industries Journal, Vol. 31, No. 6, pp. 941-957.

Griffith, R., Redding, S., Simpson, H. (2004) Foreign Ownership and Productivity: New Evidence from the Service Sector and the R&D Lab. – CEP Discussion Paper, No. 649, 33 p.

Griffith, R., Huergo, E., Mairesse, J., Peters, B. (2006) Innovation and productivity across four European Countries. – Oxford Review of Economic Policy, Vol. 22, No. 4, pp. 483-498.

Grimsby, G., Grünfeld, L. A. (2008) To Certify Your Services: A study of the market for certification in Northern European service sectors. Nordic Innovation Centre, 102 p.

Gu, W., Tang, J. (2004) Link between innovation and productivity in Canadian manufacturing industries. – Economics of Innovation and New Technology, Vol. 13, No. 7, pp. 671-686.

Helpman, E., Melitz, M. J., Yeaple, S. R. (2004) Export Versus FDI with Heterogeneous Firms. – The American Economic Review, Vol. 94, No. 1, pp. 300-316.

Innovation in Services (2006) Typology, case studies and policy implications. Econ-report No. 2006-025. Oslo, 30 p.

Janz, N., Lööf, H., Peters, B. (2004) Firm Level Innovation and Productivity – Is there a Common Story Across Countries. – Problems and Perspectives in Management, No. 2, 22 p.

Judd, R. C. (1964) The Case of Redefining Services. – Journal of Marketing, Vol. 28, No 1. pp. 58-59.

Kendrick, J. W. (1977) Understanding productivity: an introduction to the dynamics of productivity change. – Policy studies in employment and welfare, No. 31. Baltimore: The Johns Hopkins University Press, 141 p.

Levinsohn, J., Petrin, A. (2003) Estimating Production Functions Using Inputs to Control for Unobservables. – Review of Economic Studies, Vol. 70, No. 243, pp. 317-341.

Lovelock, C. H., Gummesson, E. (2004) Whither Services Marketing? In Search of a New Paradigm and Fresh Perspectives. – Journal of Service Research, Vol. 7, No. 1, pp. 20-42.

Mairesse, J., Robin, S. Innovation and productivity: a firm-level analysis for French Manufacturing and Services using CIS3 and CIS4 data (1998-2000 and 2002-2004). [http://congres.afse.fr/docs/20-10/543572jmsr_ep2009.pdf]. 28.03.2011.

Masso, J., Vahter, P. (2008) Technological innovation and productivity in late-transition Estonia: econometric evidence from innovation surveys. – The European Journal of Development Research, Vol. 20, No. 2, pp. 240-261.

Masso, J., Vahter, P. (2012) The link between innovation and productivity in Estonia's service sector. – The Service Industries Journal, [forthcoming], pp. 1-15.

Mills, P. K., Chase, R. B., Margulies, N. (1983) Motivating the Client/Employee System as a Service Production Strategy. – Academy of Management Review, Vol. 8, No. 2, pp. 301-310.

Olley, G. S., Pakes, A. (1996) The Dynamics of Productivity in the Telecommunications Equipment Industry. – Econometrica, Vol. 64, No. 6, pp. 1263-1297.

Pavitt, K. (1984) Sectoral patterns of technical change: towards a taxonomy and a theory. – Research Policy, Vol. 13, Vo. 6, pp. 343-373.

Polder, M., van Leeuwen, G., Mohnen, P., Raymond, W. (2010) Product, Process and Organizational Innovation: Drivers, Complementarity and Productivity Effects. – UNU MERIT Working Paper Series, No. 2010-035, 46 p.

Productivity in the UK 6 (2006) Progress and new evidence. HM Treasury. London, 90 p.

Rathmell, J. M. (1974) Marketing in the Services Sector. Cambridge, MA: Winthrop Publishers, 232 p.

Rochina-Barrachina, M. E., Mañes, J. A., Sanchis-Llopis, J. A. (2010) Process innovations and firm productivity growth. – Small Business Economics, Vol. 34, No. 2, pp. 147-166.

Silvestre, J. (1987) Economies and diseconomies of scale. – The New Palgrave: A Dictionary of Economics, Vol. 2, pp. 80-84.

Smarzynska Javorcik, B. K. (2004) Does Foreign Direct Investment Increase the Productivity of Domestic Firms? In Search of Spillovers through Backward Linkages. – The American Economic Review, Vol. 94, No. 3, pp. 605-627.

Soete, L., Miozzo, M. (1989) Trade and development in services: a technological perspective. – *MERIT Research Memorandum,* No. 89-031.

Solow, R. M. (1956) A Contribution to the Theory of Economic Growth. – The Quarterly Journal of Economics, Vol. 70. No. 1, pp. 65-94.

Solow, R. M. (1957) Technical Change and the Aggregate Production Function. – The Review of Economics and Statistics, Vol. 39, No. 3, pp. 312-320.

Suriñach, J., Manca, F., Moreno, R. (2011) Extension of the Study on the Diffusion of Innovation in the Internal Market. – Economic Papers 438, European Commission, 195 p.

Vahter, P., Masso, J. (2007) Home versus Host Country Effects of FDI: Searching for New Evidence of Productivity Spillovers. – Applied Economics Quarterly, Vol. 53, No. 2, pp. 165-196.

van Ark, B., O'Mahony, M., Timmer, M. P. (2008) The Productivity Gap between Europe and the United States: Trends and Causes. – Journal of Economic Perspectives, Vol. 22, No. 1, pp. 25-44.

Viitamo, E. (2007) Productivity of Business Services – Towards A New Taxonomy. Lappeenranta, 61 p.

Jai Chun Chang

Erfolgsfaktoren für Internationale Projekte in Korea

1. Einleitung

Im 21. Jahrhundert führte der Fortschritt in den Kommunikationstechnologien zu einer rasanten Übermittlung von Informationen rund um den Globus. So wächst die Welt immer mehr zusammen. Dieses Zusammenwachsen hat den Umgang mit Technik geprägt. Deshalb arbeiten Ingenieure und Wissenschaftler weltweit zusammen, um die menschlichen Gesellschaften stärker zu vereinen. Die Basis hierzu stellen internationale Projekte dar, wobei Voraussetzungen für den Erfolg solcher Projekte im Wesentlichen folgende Aspekte sind:

Die Kultur der Beteiligten kennen, Vertrauen schaffen und Technikexzellenz bieten. Seit Jahrzehnten bin ich international tätig und möchte meine Erfahrungen hierzu vorstellen.

2. Korea in Asien

Geographisch liegt Korea mit 44 Millionenstädten in Südostasien und ist innerhalb von 4 Stunden Flugzeit von den meisten ostasiatischen Großstädten erreichbar. So sind beispielsweise Bejing und Shanghai (beide China) innerhalb von 1,7 Stunden, Tokyo(Japan): 2,3 Stunden, Vladivosktok (Russland): 2 Stunden, Taipei (Taiwan) und Hong Kong (Volksrepublik China) und Manila (Philippinen): 4 Stunden per Flugzeug zu erreichen. Asien besitzt heute ca. 35% des globalen Bruttonationaleinkommens und entspricht ca. 56% der Weltbevölkerung. Im Vergleich weist Deutschland mit seinen 82 Mio. Einwohnern ein BIP von seinen 3.300 Milliarden US$ aus. Und hat Außenhandelsbeziehungen mit Korea von 35.000 Mrd.US$. Japan mit 128 Mio. Einwohnern, handelt mit Korea 71 Mrd. US$ und hat ein BIP von 5.474 US$.

Die Volksrepublik China (inklusive Hong Kong), als aufblühende Wirtschaftsmacht handelte 2010 mit Korea 98 Mrd. US$ und hat auch ein BIP von 5.800 Mrd. US$ sowie eine Bevölkerung von 1.300 Mio.

Einwohnern. Die Organization Association of Southeast Asian Nations (ASEAN) handelte 97 Mrd. US$ mit Korea und hat ein BIP von 1.800 Mrd. US$ (bei einer der ASEAN zurechenbaren Bevölkerungsanzahl von 600 Mio. Menschen). Somit zeigt sich, dass Korea ein wichtiger Handelspartner und Global Player geworden ist.

3. Kultur

Durch die zunehmende Globalisierung, wie internationale Produkterstellung und gemeinsame globale Projekte, wird ein Verständnis der unterschiedlichen Kulturen unumgänglich.

So sollten die Kulturen stets unter folgenden Aspekten betrachtet werden:

1. mithilfe eines grundlegenden Verständnisses der Unterschiedlichkeit einzelner Kulturen
2. Berücksichtigung einzelner Traditionen
3. gesellschaftliche und politische Hierarchien und Titel
4. die vorherrschenden sozialen Netzwerke und Familienverhältnisse
5. Kommunikationsstrukturen und Unternehmensphilosophien

Diese Aspekte dienen dazu richtige und angepasste Konzepte zur Zusammenarbeit zu entwickeln.

Am Beispiel Korea können zwei historische Beispiele für ein grundlegendes Kulturverständnis aufgeführt werden.

4. König Sejong der Große (1397-1450)

König Sejong soll hier als erstes Beispiel für die historische Betrachtung Koreas genutzt werden. Sowohl in anthropologischer als auch in naturwissenschaftlicher Betrachtungsweise leistete Sejong einiges für Korea. So betrachtete er den „Menschen als Mittelpunkt" und entwickelte die koreanische Schrift „Hangul", welche bis heute in Korea genutzt wird. Diese Schrift besteht ähnlich wie die lateinische Schrift aus 24 Buchstaben. Diese setzt sich aus 13 Konsonanten und 11 Vokalen zusammen. Auch in der Astronomie leistete König Sejong einiges, er entwickelte unter anderem Sternenbilder und Sonnenuhren. Auch die naturwissenschaftlichen Erkenntnisse zu König Sejongs Zeiten sind nicht zu vernachlässigen, so leistete die Ingenieurswissenschaft Beiträge zur Entwicklung Koreas, wie beispielsweise Windmesser, Wasseruhren und neue Drucktypen.

5. Admiral Yi Sun-Sin (1545-1598)

dient zur weiteren Veranschaulichung. So sind die meisten Koreaner davon überzeugt, dass Admiral Yi Sun-Sin der größte Held sei, den Korea hervorgebracht hat. Bekannt war Yi Sun-Sin durch die Entwicklung der s.g. „Geobukseons“ (Schildkrötenschiffe), welche die ersten gepanzerten Kriegsschiffe der Menschheit waren. Diese im 15. Jahrhundert entwickelte Innovation (u.a. Eisenplatten und angebrachten Metallnägeln) verhalfen Korea zu einem Sieg gegen die japanische Übermacht (1592-1598) auf See und prägten Korea somit maßgeblich.

Lassen Sie mich nun auf die heutige Zeit zurückkommen. Ich möchte Ihnen zwei Beispiele aktueller Unternehmensphilosophien darstellen.

6. Die Samsung Group

Der Samsunggründer Lee Byung-Chul (1910-1987) hat 1954 in der Firma „Cheil Textil Industrie“ begonnen. Sein Erfolgsrezept bestand darin, 80 % seines Lebens damit verbracht zu haben, in die Ausbildung von Humanressourcen investiert zu haben. Sein Sohn, Lee Keon-Hee (*1942) führte das von seinem Vater aufgebaute Unternehmen weiter. Dieser baute auf der Philosophie seines Vaters auf und prägte das Unternehmen maßgeblich mit dem Spruch: „Ändere alles, außer deine Frau und Kinder“. Für die Samsung Group bedeutet soziale Verantwortung mithilfe überlegener Produkte und Dienstleistungen die globale Gesellschaft zu verbessern. Unter dieser Unternehmensphilosophie entwickelte die Samsung Group 35 sehr bekannte Produkte wie: Nano D RAM, verschiedene Smartphones (800 Tausend Smartphones wurden innerhalb eines Monates nach Verkaufsstart verkauft) und Drillship. Die Drillships sind für die Förderung von Rohöl und Rohgas eine große Rechengröße geworden. So können diese in 10.000m Tiefe die fossilen Brennstoffe fördern und sofort auf Schiffe verladen werden. Dies bedeutet quasi schwimmende Raffinerieschiffe.

Auch das weltgrößte Gebäude, der „Burykahlifa" (arabisch: برج خليفة) in Dubai wurde von der Samsung Group errichtet und trägt stolze 828 Meter Höhe.

7. Die Hyundai Group

Ein weiteres weltweit operierendes Unternehmen aus Korea ist die Hyundai Group, welche von Ju-Young Chung (1915-2001) gegründet wurde. Dessen Ansicht: „Wenn kein Weg vorhanden ist, suche nach ihm. Findest Du ihn nicht, baue ihn Dir selbst." wurde die Unternehmensphilosophie der Hyundai Group. Die Hyundai Group, entwickelte unter Chung und seinen Söhnen: Mong-Koo (*1938) und Mong-Joon (*1951) Automobile, technische Konstruktionen, Stahlwerke und Schiffbauindustrie. Ich möchte Ihnen nun die Zahlen der Hyundai Group vorstellen.

2010 wurde Hyundai mit 5,7 Mio. weltweit verkaufter Autos zum viertplatzierten Autobauer.

1. Toyota Group: 8.560.000 Einheiten
2. General Motors: 7.140.000 Einheiten
3. Volkswagen AG: 7.140.000 Einheiten
4. Hyundai Group: 5.740.000 Einheiten
5. Ford: 5.131.000 Einheiten

Zusätzlich baut Hyundai umweltfreundliche Stahlwerke welche ca. 4,65 Tonnen im Jahr 2010 produzieren und für das Jahr 2011 8,52 Mio. Tonnen planen. Gleichzeitig bauten sie das größte LPG Transportschiff der Welt und zählen als Schiffbauunternehmen Nummer 1.

8. Die Hierarchie im Vergleich Deutschland-Korea

In Deutschland ist eine Unternehmenshierarchie meist sehr einfach aufgebaut: Sachbearbeiter-Projektleiter-Gruppenleiter-Abteilungsleiter-Direktor (Vizepräsident)-Geschäftsführung(Präsident)-Vorstand (Chairman). Die Hierarchie in Korea ist abstrakter und mehrstufiger: so bspw.: Engineur-Assistan Manager-Manager-General Manager-Director-Managing Director-executive Director-Vice President-President-Chairman.

9. Vertrauen

Vertrauen spielt eine sehr wichtige Rolle. Vor allem mit Kunden und der Belegschaft. Dieses Vertrauen kann man erreichen durch:

1. Business-Pläne (definierte Abläufe und Inhalte)
2. vertrauensbildende Maßnahmen einleiten und umsetzen (um Vertrauen zwischen Kunden und eigenen Mitarbeitern zu schaffen)
3. ein klares Unternehmenskonzept
4. richtige Personalauswahl für Schlüsselpositionen (die nicht nur als Schnittstelle zwischen Stammhaus und Basis dienen, sondern auch Vertrauen der lokalen Mitarbeiter genießen)

Vertrauensbildende Maßnahmen sind:

1. Abläufe und Inhalte definieren, sodass alle Beteiligten (Entwicklung, Einkauf, Produktion bis zum Vertrieb) nach gleichen Qualitätskriterien und Parametern arbeiten
2. Missinterpretationen ausräumen

Als Unternehmensziele sollte folgendes definiert sein:

1. Kundenorientierung
2. Kundenzufriedenheit
3. Afterservice
4. Wettbewerbsanalysen
5. Projektplanungssicherung

6. Projektplanungstreue

Innerbetriebliche Regelungen zur Vertrauensbildung:

1. Kostenmanagement
2. Fortbildungsmöglichkeiten
3. Aufstiegs- u. persönliche Entwicklungsmöglichkeiten schaffen
4. klare Führungsstrukturen und Hierarchien
5. Festlegung von Verantwortlichkeiten
6. Möglichkeiten von Jobsharing
7. effizienter Kommunikationsaustausch
8. und gesicherter Projektablauf (gegenseitiger Besuch oder Videokonferenzen)

10. Technische Innovationen

Nun möchte ich auf ein paar Erfolgsfaktoren für Internationale Projekte eingehen. Die Begriffe „Kultur“ und „Vertrauen schaffen“ sind absolut erforderliche Bestandteile einer Philosophie, die umgesetzt werden muss. Doch stellen sie nicht die einzigen Erfolgsparameter dar.

Hier kommt der eigentliche Ansatz zum Tragen, nämlich die technische Innovation, welche sich auf dem Markt etablieren möchte bzw. die für einen vitalen Großkunden für Produkteerstellung, sowohl als Teile oder Endprodukte notwendig sind. Zwei Beispiele für diese technischen Innovationen:

Beispiel 1:

Ein in Deutschland ansässiger Automobilzulieferer will in einem anderen Land produzieren. Dazu baut er in der Regel als ersten Schritt eine SKD- oder CKD-Montage auf, die sukzessiv in eine „local content productions“ umgewandelt wird. Dazu braucht er die Unterstützung eines einheimischen Zulieferers. Dieser stellt selbst Teile her, die verbaut und als lokales Fertigungsteil hergestellt werden. Damit erfüllt er laut Automobilhersteller Forderungen nach einem „local content“.

Diese Situation impliziert eine Wertschöpfungskette, die es dem Hersteller erlaubt auf dem Markt erfolgreich bestehen zu können.

Warum?

Wenn sie ein Produkt in einem fremden Land einführen wollen, gibt es neben den nationalen Bestimmungen landesspezifische Besonderheiten in Form von Anforderungen, die es im eigenen Land nicht gibt, d.h. Sie müssen das Produkt an diese Anforderungen anpassen oder neu ausrichten.

Die Umsetzung bedarf einer sauberen, kosteneffizienten und zeitnahen Projektführung, die sich nicht immer mit neuen Zulieferern erreichen lässt. Je geringer die Eigenfertigung ist, desto mehr sind sie auf die Zulieferer angewiesen. Mit einem eingespielten Team ist dies jedoch zu meistern.

Beispiel 2:

Sie haben in einem Land einen neuen Kunden gewonnen, können ihr Produkt aber nur verkaufen, wenn sie es in diesem Land auch entwickeln und produzieren. Sie haben ihren Kunden davon überzeugen können, dass ihre Produkt- und Marktführerschaft und ihre technische Kompetenz seine Anforderungen zu erfüllen und sie der geeignete Partner sind. Die Umsetzung erfordert eine Fülle von Maßnahmen, die nicht nur auf den Kunden abgestimmt sein müssen, sondern auch in ihrer Komplexität mehrgleisig und parallel z.B. ein Entwicklungszentrum und eine Produktion aufzubauen und zu steuern bedeuten.

Nur um einige Parameter zu nennen, wie effiziente Logistiksteuerung, Qualitätsnormen für Einkauf, Produktion und Lieferungen, ein effektives Kostenmanagement, Vernetzung zwischen mechanischen, elektronischen, analogen und digitalen Abläufe eine interkulturelle Zusammenarbeit durch technische Innovationen ermöglicht. All diese Punkte müssen in der richtigen Reihenfolge organisiert sein. Eine echte Herausforderung, die sich aus eigener Erfahrung speist und von der man auch überzeugt sein muss, sie meistern zu können.

Wichtig ist hier eine richtige Risikoabschätzung und die Entwicklung einer machbaren Strategie zur Umsetzung. Jedoch sollte man nie vergessen, dass eine international erfolgreiche Projektarbeit eine Win-Win-Situation für beide Seiten ist.

11. Technik Exzellenz

Ein Auto besteht aus mehr als 20.000 Teilen. Um diese Anzahl verwalten zu können, ist viel Zeit vonnöten. Und auch die Lagerhaltung ist mit enormen Kosten verbunden. Durch Integration kann dieser Aufwand jedoch realisiert werden. Dadurch wird Logistik vereinfacht, an Gewicht gespart und Kosten reduziert. Weiterentwickelte Integration nennt man Modulkonzept. Ein Modul besteht aus mehreren integrierten Teilen. Dadurch werden Montagekosten reduziert und die Qualität verbessert. Dies bedeutet Gewinnsteigerung.

Weiter ist zu erwähnen, dass mechanische (analoge) Teile in elektronische (digitale) Teile ersetzt werden. Dies hat eine Gewichtsreduktion von bis zu 60 % zur Folge. Die Teildicke wird um das 2-3fache dünner und auch die Lebensdauer und Qualität wird erhöht. Dies bedeutet somit auch einen geringeren Stromverbrauch. Und durch die Schaffung solcher hochinnovativen Technikexzellenzen wird Marktführerschaft erreicht. Denn durch eine automatisierte Fertigung werden Kosten gesenkt und effektivere Gewinne erzielt. Dies bedeutet im Umkehrschluss mehr Wettbewerbsfähigkeit.

12. Zusammenfassung

Umsatzgeschwindigkeit ist ein wesentlicher Faktor für die wirtschaftliche Erfolgsgeschichte Asiens. Durch diese Geschwindigkeit werden Veränderungen und Innovationen schneller umgesetzt und entwickelt. Auch hier kann man die Firmen MAN/Wartsila und Hyundai Heavy Industry darstellen.

Abb. 1: Schiffsmotor der Fa. MAN/Wartsila

Abb. 2: Schiffsmotor der Fa. Hyundai Heavy Industry

Die Firma MAN/Wartsila ist eine 100-jährige Erfolgsgeschichte eines Schiffmotorbauers. Diese Firma hat weltweit einen so hohen Marktanteil genossen, der quasi ein Monopol darstellt.

Viele Kunden haben jahrelang beklagt, dass Reparatur, Teilewechslung und die Reinigung aufwendig und schwierig war. Trotz dieser Beschwerden hat die Firma nicht darauf reagiert.

Die Firma Hyundai Heavy Industry (HHI) hat 7 Jahre lang (bis 1993), 26 Mio Euro in Forschung und Entwicklung investiert. Dadurch wurden zwar erst im Jahr 2001 vier Schiffsmotoren im Smart Design entwickelt. Diese Art von Schiffsmotoren wurden durch eine kontinuierliche Auswertung von Beschwerden der Kunden, in der Reparatur, Teilewechslung und Reinigung den Kundenwünschen angepasst. Dies hatte den Effekt, dass im Jahr 2010 1.350 Schiffsmotoren gebaut und innerhalb eines Jahres auf 2.000 erhöht wurde. Durch diese Kundenorientierung konnte die Hyundai Heavy Industry einen Weltmarktanteil von ca. 25 % erwarten.

Weiter entwickelte die HHI einen umweltfreundlichen gasbetriebenen Schiffsmotor (H35G) Dieses Innovationsprodukt hat einen Ausstoß um 20 % Kohlendioxid (CO_2), 97 % Stickoxid (NOX) reduziert, d.h. den weltweit niedrigsten Ausstoß von 50 ppm.

Eine höhere Effizienz und höchste Motorleistung von 47 % weltweit. (Anwendung von Lean Burn Engine, und die Verringerung von Teilen welche eine Gewichtsreduktion nach sich zog.)

Internetquellen:

(1) www.mk.co.kr

(2) www.wikipedia.org

(3) www.kama.or.kr

(4) www.joinsmsn.com

Autorenverzeichnis

Chang, Jai Chun (Prof. Dr.-Ing.) Kyung Hee University, College of Mechanical and Industrial System Enginneering, 303 Haeryung Parkvill, 104-1 Yangjae-Dong, Seocho-Ku, Seoul, Korea (E-Mail: drjcchang@yahoo.co.kr)

Effelsberg, Martin (wissenschaftlicher Mitarbeiter) Centrum für angewandte Wirtschaftsforschung (CAWM), Institut für Genossenschaftswesen (IfG), Westfälische Wilhelms-Universität, Am Stadtgraben 9, 48143 Münster (E-Mail: 06maef@wiwi.uni-muenster.de)

Gerl, Jörg (Architekt) Max-Liebermann-Str. 24, D-99099 Erfurt (E-Mail: info@gerl.biz)

Jänsch, Janina (wissenschaftliche Mitarbeiterin), Universität Köln, Institut für Wirtschaftspolitik, Pohligstr. 1, 50969 Köln (E-Mail: jaensch@wiso.uni-koeln.de)

Kolev, Stefan (Prof. Dr.), Westsächsische Hochschule Zwickau, Fakultät Wirtschaftswissenschaften, Postfach 2010 37, 08012 Zwickau, (E-Mail: stefan.kolev@fh-zwickau.de)

Lenz, Justus (wissenschaftlicher Mitarbeiter) Universität Erfurt, Staatswissenschaftliche Fakultät, Postfach 90 02 21, 99105 Erfurt (E-Mail: justus.lenz@philosophy-economics.de)

Nusser, Michael (Prof. Dr.) Fachhochschule Hannover, Fakultät IV - Wirtschaft und Informatik, Ricklinger Stadtweg 120, D-30459 Hannover (E-Mail: michael.nusser@fh-hannover.de

Paltser, Ingra (wissenschaftliche Mitarbeiterin) Universität Tartu, Fakultät Wirtschaftswissenschaften, Narva mnt. 4, 51009 Tartu, Estland (E-Mail: Ingra.Paltser@ut.ee)

Platje, Joost (Prof. Dr.) Opole University, Faculty of Economics, ul. Ozimska 46a, 45-058 Opole, Poland (E-Mail: jplatje@uni.opole.pl)

Reiljan, Janno (Prof. PhD) Universität Tartu, Fakultät Wirtschaftswissenschaften, Narva mnt. 4, 51009 Tartu, Estland (E-Mail: Janno.Reiljan@mtk.ut.ee)

Rõigas, Kärt (wiss. Mitarbeiterin) Universität Tartu, Fakultät Wirtschaftswissenschaften, Narva mnt. 4, 51009 Tartu, Estland (E-Mail: kart.roigas@ut.ee)

Seliger, Bernhard (PD Dr. habil.) Hanns Seidel Stiftung, Seoul Office, 501, Soo Young Bldg., 64-1 Hannam-1-Dong, Yongsan-Gu, Seoul, Südkorea (E-Mail: seliger@hss.or.kr)

Sepp, Jüri (Prof. Dr.) Universität Tartu, Fakultät Wirtschaftswissenschaften, Narva mnt. 4, 51009 Tartu, Estland (E-Mail: juri.sepp@ut.ee)

Tamm, Dorel (Ph.D., Senior Researcher) Universität Tartu, Fakultät Wirtschaftswissen-schaften, Narva mnt. 4, 51009 Tartu, Estland (E-Mail: dorel.tamm@ut.ee)

Ukrainski, Kadri (Ph.D., Senior Researcher) Universität Tartu, Fakultät Wirtschaftswissenschaften, Narva mnt. 4, 51009 Tartu, Estland (E-Mail: kadri.ukrainski@mtk.ut.ee)

Varblane, Urmas (Prof. Dr.) Universität Tartu, Fakultät Wirtschaftswissenschaften, Narva mnt. 4, 51009 Tartu, Estland (E-Mail: urmas.varblane@ut.ee)

Wrobel, Ralph (Prof. Dr.) Westsächsische Hochschule Zwickau, Fakultät Wirtschaftswissenschaften, Postfach 2010 37, 08012 Zwickau (E-Mail: ralph.wrobel@fh-zwickau.de)

Ordnungspolitische Dialoge

Herausgegeben von Bernhard Seliger, Jüri Sepp und Ralph Wrobel

Band 1 Bernhard Seliger / Jüri Sepp / Ralph Wrobel (Hrsg.): Das Konzept der Sozialen Marktwirtschaft und seine Anwendung. Deutschland im internationalen Vergleich. 2009.

Band 2 Bernhard Seliger / Jüri Sepp / Ralph Wrobel (Hrsg.): Chancen und Risiken für die Soziale Marktwirtschaft im internationalen Wettbewerb der Wirtschaftssysteme. 2010.

Band 3 Bernhard Seliger / Jüri Sepp / Ralph Wrobel (Hrsg.): Die Soziale Marktwirtschaft als Vorbild in internationalen Krisen. Ökonomischer und technologischer Wandel zwischen 1989 und 2009. 2012.

Band 4 Bernhard Seliger / Jüri Sepp / Ralph Wrobel (Hrsg.): Innovationssysteme und Wohlstandsentwicklung in der Welt. 2014.

www.peterlang.com